Künstliche Intelligenz

Volker Wittpahl • Herausgeber

iit-Themenband

Künstliche Intelligenz

Technologie | Anwendung | Gesellschaft

OPEN

Herausgeber
Prof. Dr. Volker Wittpahl
Institut für Innovation und Technik (iit)
in der VDI/VDE Innovation + Technik GmbH
Berlin, Deutschland

ISBN 978-3-662-58041-7   ISBN 978-3-662-58042-4 (eBook)
DOI 10.1007/978-3-662-58042-4

Die Deutsche Nationalbibliothek verzeichnet diese Publikation in der Deutschen Nationalbibliografie; detaillierte bibliografische Daten sind im Internet über http://dnb.d-nb.de abrufbar.

Springer

Geleitwort

Robert Thielicke

„Künstliche Intelligenz ist eines der wichtigsten Dinge, an denen Menschen arbeiten. Ihre Bedeutung ist grundlegender als Elektrizität oder das Feuer", sagte Google-Chef Sundar Pichai 2018 auf einer Veranstaltung in San Francisco.

Das Wall Street Journal zitierte Microsoft-Chef Satya Nadella: „Künstliche Intelligenz ist nicht einfach nur eine weitere Technologie, es könnte eine der wirklich grundlegenden Technologien sein, die Menschen jemals entwickelt haben."

Sind diese Äußerungen schlichtes Marketing oder zutreffende Analyse? Es kann durchaus sein, dass wir in zehn oder zwanzig Jahren zurückblicken und beiden zubilligen, richtig gelegen zu haben. Momentan jedoch sind beide Sätze vor allem Versprechungen, geäußert von Konzernlenkern, die Geld verdienen möchten.

Und trotzdem taucht insbesondere Pichais Behauptung in vielen Artikeln und Vorträgen über das Potenzial der Künstlichen Intelligenz auf. Dort dient sie als Hinweis auf die umwälzenden Wirkungen, die uns erwarten. Beim Thema „Künstliche Intelligenz" nimmt man Marketing allzu oft für bare Münze.

Warum? Es wäre eine zu einfache Antwort, lediglich technisches Unwissen anzuführen. Die Ursache reicht tiefer. Sie findet sich in unserer Sicht auf diese neue Entwicklung. Europäer und gerade Deutsche sehen Künstliche Intelligenz kritisch, in der breiten Wahrnehmung überragen die Nachteile die Vorteile. Gefürchteter Verlust von Job und Entscheidungsfreiheit wiegen schwerer als bessere Entscheidungen in der Medizin oder weniger Todesfälle im Straßenverkehr. Wenn also Sundar Pichai oder Satya Nadella die Macht einer Entwicklung beschwören, die viele eher fürchten – sollte man ihnen dann nicht glauben? Würden beide eine unheimliche Zukunft an die Wand malen, wenn es ihnen nicht ernst wäre?

Es ist höchste Zeit, Werbung und Wirklichkeit zu trennen. Sich dem Thema mit einer gewissen Distanz zu nähern, sich genau anzuschauen, welche Möglichkeiten die Künstliche Intelligenz bietet, wo ihre Grenzen liegen – und wo die wirklichen Gefahren lauern. Es ist richtig, dass die Entwicklung an niemandem spurlos vorübergehen wird. Aber wie tief werden diese Spuren? Wer sie jenseits des Hypes vermisst, bekommt ein gutes Gefühl dafür, was tatsächlich auf Gesellschaft und Wirtschaft zukommt. Und sieht klarer, wie beide sich vorbereiten können.

Wie jede Technologie ist auch die Künstliche Intelligenz kein unausweichliches Schicksal. Sie lässt sich gestalten. Umgekehrt bedeutet dies aber auch: Wenn wir sie nicht mitgestalten, tun es andere für uns. Die große Frage lautet daher: Wie soll diese Zukunft aussehen? Wohin wollen wir mit lernenden Maschinen und denkenden Robotern? Ich hoffe, dieser Band hilft dabei, die richtigen Antworten zu finden.

Vorwort

Volker Wittpahl

Vielen Menschen scheinen die Debatten über Künstliche Intelligenz (KI) vom Alltag noch weit entfernt, doch als Internetnutzerin oder Internetnutzer ist man täglich mit ihr – meist unbewusst – schon konfrontiert: sei es hinter der Auswahl von Werbung, welche beim Surfen auf Internetseiten auf die individuellen Präferenzen und das Nutzerverhalten der Surfer abgestimmt ist, die Kaufempfehlungen beim Online-Shop von Amazon, die Chatbots, welche auf Webseiten die oft gestellten Fragen (engl. Frequently Asked Questions, FAQ) als Dialogassistenz beantworten oder die Sprachsteuerungen Siri und Alexa, welche auf Smartphones oder als Smart Speaker im Haus auf Spracheingabe reagieren.

Wenn man in der Fachpresse und in den Medien die Entwicklungen der KI-Technologie aufmerksam verfolgt und beobachtet, kann man feststellen, dass immer häufiger von Erfolgen der KI berichtet wird. Diese lassen nicht nur Laien, sondern auch Expertinnen und Experten oft ein staunend überraschendes bis ängstliches „Oh mein Gott!" ausrufen. Hier nur einige Beispiele:

Auf den ersten Blick harmlos und doch spektakulär sind die Entwicklungen im Bereich der Spiele. So schlug schon im Jahr 1996 der Computer „Deep Blue" von IBM den damaligen Schachweltmeister Garri Kasparow (Neander 1996). Im Oktober 2015 wurde der Europameister des japanischen Brettspiels „Go", Fan Hui, von der KI AlphaGo aus der KI-Schmiede DeepMind von Google geschlagen. Im März 2016 wurde dann auch der internationale Champion Lee Sedol von AlphaGo geschlagen (Lossau 2017). Im Jahr 2017 stellte DeepMind den Nachfolger AlphaGo Zero vor, ein KI-System, das ohne vorab gespeichertes Expertenwissen auskommt. AlphaGo Zero kannte nur die Spielregeln, mit denen es die Go-Steine auf dem Brett setzen und bewegen kann, und nutzte verstärktes Lernen (Reinforcement Learning, siehe Einleitungskapitel Teil A Technologie „Entwicklungswege zur KI"). Während des Trainings benötigte AlphaGo Zero durchschnittlich 0,4 Sekunden Denkzeit pro Zug. In nur drei Tagen war AlphaGo Zero der beste Go-Spieler aller Zeiten. Selbst den im Vorjahr noch gefeierten AlphaGo schlug AlphaGo Zero in einer ersten Spielserie mit schlappen 100 zu 0. Die Leistung ist umso erstaunlicher, als Alpha Go Zero mit einer sparsameren Hardware auskommt als sein Vorgänger und nur 3,9 Millionen statt 30 Millionen Trainingsspiele benötigte (Weber 2017).

Neben klassischen Brettspielen wurden auch Video- und Computerspiele genutzt, um die Leistungsfähigkeit von KI-Systemen aufzuzeigen. So war im Jahr 2015 die KI von DeepMind imstande, 49 verschiedene Atari-Spiele für die Atari-2600-Konsole wie „Breakout", „Video Pinball" und „Space Invaders" erfolgreich zu bewältigen. Im Test schaffte es die KI, sich die Regeln der Atari-Spiele selbst beizubringen (Spiegel Online 2015). Für das Spiel „Breakout" entdeckte sie sogar eine optimale Strategie. Insgesamt gelang es dem KI-System, Menschen in 29 der 49 unterschiedlichen Spiele zu schlagen (Tegmark 2017).

Im Jahr 2018 gelang es einer weiteren KI, den Atari-Klassiker Q*bert zu spielen – sie erreichte dank eines Bugs „unmögliche" (Wittenhorst 2018) Highscores. Forschende hatten evolutionäre Algorithmen auf die Atari-Spieleklassiker losgelassen, um zu untersuchen, wie sie sich gegen das etablierte Reinforcement Learning schlagen. Dabei fand die KI im Hüpfspiel Q*bert einen „Bug" und trickste ungeplant das Gamedesign aus. Das Jahr 2018 bot aber noch weitere „spielende" Erfolge von selbstlernender KI: In dem komplexem Computerspiel Dota 2, einem Multiplayer-Online-Battle-Arena-Game, hat ein Team aus fünf kollaborativen KI-Systemen eine Gruppe von Menschen im Teamwork geschlagen (Knight 2018). Eine weitere KI brachte sich selbst mittels tiefem Lernen (Deep Learning, DL) bei, wie man den Zauberwürfel (Rubik's Cube) löst. Die theoretisch kleinste Anzahl der Schritte, die notwendig sind, um den Würfel aus einer zufälligen Position zu lösen, ist 26. Die KI kann jeden zufällig eingestellten Würfel zu 100 Prozent lösen und erreicht dabei eine mittlere Schrittzahl von 30. Das ist genauso viel wie oder weniger als Menschen erreichen (TR online 2018).

KI-Sprachassistenten sind auf dem Vormarsch, seit 2011 Siri in das Betriebssystem von iPhones integriert wurde: Siri steht inzwischen 700 Millionen Nutzerinnen und Nutzern von iPhones zur Verfügung, 400 Millionen Menschen können mit dem Google Assistant sprechen, weitere 400 Millionen mit Microsofts Assistent Cortana. Zu diesen gesellen sich seit der Markteinführung von Alexa durch Amazon im Jahr 2015 auch noch Millionen von Smart Speakern, die als Assistenten zu Mitgliedern des Haushalts werden (Boeing 2018).

Um die Akzeptanz KI-gestützter Assistenzsysteme zu steigern, müssen die Sprachassistenzen wie echte Menschen klingen. Googles aktuelle synthetische Sprachausgabe ist klanglich kaum mehr als Roboterstimme zu erkennen. Die KI hat eine verbesserte Intonation für einen natürlicheren Sprachfluss. Sie berücksichtigt bei der Betonung den Schreibstil und die Position von Wörtern im Satz. Wenn ein Fragezeichen am Satzende steht, geht die Stimme nach oben. Emotionen im Klang sowie Sprachausgabe in Echtzeit sind jedoch noch nicht möglich (Bastian 2018a).

Ergänzend zu dem Einsatz der Sprachassistenzen entwickelt sich derzeit das Klonen von Stimmen und Gesichtern. So ist das chinesische Unternehmen Baidu mit seiner

KI-Anwendung „Deep Voice" in der Lage, anhand von wenigen Sekunden Ausgangsmaterial eine Stimme zu klonen. Dass ein System so schnell arbeitet, ist schon besonders, wenn man bedenkt, dass im Jahr 2017 noch 30 Minuten Trainingsmaterial benötigt wurden und Adobe im Jahr 2016 ein Stimmklonverfahren vorgestellt hat, das 20 Minuten benötigte. Mit der KI-Klonstimme von Baidu lässt sich mittels Text-zu-Sprache-Software jede Aussage mit der Intonation und in der Stimmlage des Originalsprechers wiedergeben, unabhängig vom Inhalt der Aussage, mit der sie trainiert wurde (Bastian 2018b).

Nicht nur Stimmen lassen sich mittels KI klonen, sondern auch Personen in Filmen. Im Frühjahr 2018 stellten Forschende auf der Siggraph „Deep Video Portrait" vor. „Deep Video Portrait" ist eine Methode zur Video-Manipulation mittels DL-Verfahren. Anders als bei existierender kostenfreier Software[1] zur Videomanipulation wird die Mimik samt Kopfbewegungen von einer Person auf das Gesicht einer zweiten Person in einem Video projiziert. Kopfbewegungen in drei Dimensionen, Kopfdrehung, den Gesichtsausdruck, die Blickrichtung und Blinzler erkennt das KI-System und kann sogar den Schatten, den der Kopf auf den Hintergrund wirft, im Nachhinein perspektivisch korrekt in das Video rechnen (Kim et al. 2018).

KI-Systeme unterstützen nicht nur Sprachassistenten oder klonen Stimmen und Gesichter, inzwischen sind sie auch in der Lage, eigenständig mit Menschen zu kommunizieren. So zeigte Google mit seinem Duplex-System, wie ein KI-System als Kunde am Telefon einen Friseurtermin bucht und einen Tisch im Restaurant reserviert. Bei der natürlich erscheinenden Stimme am Telefon hätte man keine KI vermutet. Anders als die klassischen Roboterstimmen fügt Google Duplex Unregelmäßigkeiten in die Sätze ein. So sind scheinbare Denkpausen zu hören oder ein hin und wieder gemurmeltes „Mhmm" und unvermittelt auftretende Sprechpausen. Hierdurch ergibt sich das Gefühl, die KI geht auf Gesprächspartner ein oder denkt nach (Kremp 2018). Duplex soll ab 2018 zunächst testweise in den Google Assistant integriert werden (Herbig 2018). Ebenfalls KI-basiert eruiert Googles E-Mail-Dienst Gmail mit der „Smart Compose"-Funktion, was die Nutzenden sagen wollen (Schwan 2018a).

Eine ganz andere Dimension der KI-Anwendung in der Kommunikation ist der 2016 vorgestellte Smart Speaker MOODBOX. Die MOODBOX besitzt eine KI zur Emotionserkennung. Der Smart Speaker prüft, wie sich der Besitzer fühlt und spielt Musik passend zur Gefühlslage (Gineers Now 2018).

---

[1] *z. B. FakeApp, https://www.chip.de/news/FakeApp-kostenlos-Software-tauscht-Personen-in-Videos_133462513.html, zuletzt geprüft am 22.07.2018.*

KI-Anwendungen werden längst nicht mehr nur für die zwischenmenschliche Kommunikation optimiert. So ist der Podcast „Sheldon County" komplett von einem KI-System geschrieben und eingesprochen. Die Sprecherin Justine mit ihrer jungen Frauenstimme ist eine realistisch klingende Sprachsoftware, die man sich von Amazons Webdienstetochter AWS mieten kann. Mittlerweile gibt es mehrere Folgen, die von der KI entworfen und eingesprochen wurden (Schwan 2018b).

KI ist zu einem Thema geworden, das viele Menschen ähnlich wie Digitalisierung nicht vollständig greifen und einschätzen können. Der zunehmende Einsatz von KI in unterschiedlichen Lebens- und Wirtschaftsbereichen kommt – aber wie werden wir damit umgehen? Im privaten Umfeld verdrängt der gefühlte Komfort das Unbehagen gegenüber der Nutzung von KI-Systemen. Jedoch ist der Einsatz von KI im Arbeits- und Wirtschaftsumfeld schon etwas, das erhebliche Veränderungen innerhalb kürzester Zeit mit sich bringen kann, was wiederum eine große Verunsicherung bei vielen Menschen in Bezug auf ihre Arbeit auslöst. Die aufgeführten Beispiele zeigen die rasante Geschwindigkeit in der KI-Entwicklung. Die damit einhergehenden Veränderungen machen eine gesellschaftliche Diskussion zum Einsatz der KI-Nutzung immer dringlicher.

Aktuelle Publikationen zeigen die Notwendigkeit einer faktenbasierten Technologiefolgenabschätzung sehr deutlich. So hat Yvonne Hofstetter im Jahr 2016 noch vor den Wahlen in den USA in ihrem Buch „Das Ende der Demokratie – Wie die künstliche Intelligenz die Politik übernimmt und uns entmündigt" (Hofstetter 2016) aufgezeigt, wie sich mittels KI Massen manipulieren lassen und durch ihren Einsatz unsere Demokratie bedroht wird.

Der MIT-Professor Mark Tegmark hat dann in seinem Buch „Leben 3.0 – Mensch sein im Zeitalter der künstlichen Intelligenz" (Tegmark 2017) einen allgemeinen Überblick zur Geschichte der KI-Entwicklung sowie zu aktuellen und möglichen Anwendungsfeldern gegeben. Diese sind zum Beispiel der Einsatz im Finanzwesen, in der Fertigung, im Transportwesen, im Energiesektor, im Gesundheitswesen oder bei der Erforschung des Weltraums. Aber auch der Einsatz von KI-Systemen als Richter oder in autonomen Waffen wird diskutiert. Tegmark zeigt im Buch auch mögliche Szenarien für den Punkt auf, dass eine Allgemeine Künstliche Intelligenz (AKI) auf menschlichem Niveau geschaffen wird und sogar über dieses hinaus wächst. Das von Tegmark mitbegründete „Future of Life Institute" hat sich dem Ziel gewidmet, existenzielle Risiken für die Menschheit zu verringern, die durch transformative Technologien wie die KI hervorgerufen werden. Dem Beirat gehören unter anderem der Unternehmer Elon Musk, der KI-Forscher Stuart Russel und der 2018 verstorbene Physiker Stephen Hawking an.

Wie weit bereits die KI in unseren Alltag und Bereiche menschlicher Kultur vorgedrungen ist, hat Holger Volland nun in „Die kreative Macht der Maschinen – Warum

Künstliche Intelligenzen bestimmen, was wir morgen fühlen und denken" (Volland 2018) sehr anschaulich an verschiedenen Aspekten wie Sprache, Bilder, Kreativität und Emotionen aufgezeigt.

Was alle drei Bücher zur KI gemein haben, ist die Warnung vor anstehenden tiefgreifenden und unumkehrbaren Veränderungen sowie die Aufforderung, hierfür gestalterische Verantwortung zu übernehmen.

Mit dem vorliegenden iit-Themenband „Künstliche Intelligenz" wird den Leserinnen und Lesern für den gesellschaftlichen Diskurs Wissen zum Einsatz von KI bereitgestellt. Die Beiträge in den Teilen A „Technologie" und B „Anwendung" zeigen schlaglichtartig das Potenzial vom KI-Einsatz auch jenseits des Offensichtlichen auf. Dabei liegt der Fokus mehr auf den Voraussetzungen zur Nutzung und Anwendung, wie z. B. die Datenverfügbarkeit, Infrastruktur oder Akzeptanz. Die Beiträge im abschließenden Teil C „Gesellschaft" zeigen die Breite der gesellschaftlichen Diskurse zur KI auf und mögen anregen, diese Diskurse auf das eigene Umfeld zu übertragen und im jeweiligen Kontext fortzuführen.

Berlin, Deutschland   Prof. Dr. Volker Wittpahl
Juli 2018   Geschäftsführender Direktor

Literatur

Bastian, Matthias (2018a): Neue Sprachsynthese: Google-KI klingt jetzt wie ein Mensch. Online verfügbar unter https://vrodo.de/neue-sprachsynthese-google-ki-klingt-jetzt-wie-ein-mensch/, zuletzt geprüft am 22.07.2018.

Bastian, Matthias (2018b): Künstliche Intelligenz: Algorithmus klont Stimme in nur 3,7 Sekunden. Online verfügbar unter https://vrodo.de/kuenstliche-intelligenz-algorithmus-klont-stimme-in-nur-37-sekunden/, zuletzt geprüft am 22.08.2018.

Boeing, Niels (2018): Dein Freund und Lauscher. Online verfügbar unter https://www.heise.de/tr/artikel/Dein-Freund-und-Lauscher-4050426.html, zuletzt geprüft am 22.07.2018.

Gineers Now o. V. (2018): This Smart Speaker Knows How To Feel Your Mood. Online verfügbar unter https://gineersnow.com/industries/audio-video/smart-speaker-knows-feel-mood, zuletzt geprüft am 22.08.2018.

Herbig, Daniel (2018): Google Duplex: Guten Tag, Sie sprechen mit einer KI. Online verfügbar unter https://www.heise.de/newsticker/meldung/Google-Duplex-Guten-Tag-Sie-sprechen-mit-einer-KI-4046987.html, zuletzt geprüft am 22.07.2018.

Hofstetter Yvonne (2016): Das Ende der Demokratie Wie die künstliche Intelligenz die Politik übernimmt und uns entmündigt. C. Bertelsmann: München.

Kim, Hyeongwoo; Garrido, Pablo; Tewari, Ayush; Xu, Weipeng; Thies, Justus; Niessner, Matthias; Perez, Patrick; Richardt, Christian; Zollhöfer, Michael; Theobalt, Christian (2018): Deep Video Portraits. Online verfügbar unter https://arxiv.org/pdf/1805.11714.pdf, zuletzt geprüft am 22.07.2018.

Knight, Will (2018): KI knackt komplexes Computerspiel im Teamwork. Online verfügbar unter https://www.heise.de/tr/artikel/KI-knackt-komplexes-Computerspiel-im-Teamwork-4092655.html, zuletzt geprüft am 22.07.2018.

Kremp, Matthias (2018): Google Duplex ist gruselig gut. Online verfügbar unter http://www.spiegel.de/netzwelt/web/google-duplex-auf-der-i-o-gruselig-gute-kuenstliche-intelligenz-a-1206938.html, zuletzt geprüft am 22.08.2018.

Lossau, Norbert (2017): Diese Super-Software bringt sich übermenschliche Leistungen bei. Online verfügbar unter https://www.welt.de/wissenschaft/article169782047/Diese-Super-Software-bringt-sich-uebermenschliche-Leistungen-bei.html, zuletzt geprüft am 22.07.2018.

Neander, Joachim (1996): Computer schlägt Kasparow. Online verfügbar unter https://www.welt.de/print-welt/article652666/Computer-schlaegt-Kasparow.html, zuletzt geprüft am 22.07.2018.

Schwan, Ben (2018a): Google als Ghostwriter. Online verfügbar unter https://www.heise.de/tr/artikel/Google-als-Ghostwriter-4069514.html, zuletzt geprüft am 22.08.2018.

Schwan, Ben (2018b): Regie: KI, Buch: KI, Gesprochen von: KI. Online verfügbar unter https://www.heise.de/tr/artikel/Regie-KI-Buch-KI-Gesprochen-von-KI-4068201.html, zuletzt geprüft am 22.08.2018.

Spiegel Online o. V. (2015): Künstliche Intelligenz bewältigt 49 Atari-Spiele. Online verfügbar unter http://www.spiegel.de/netzwelt/games/google-ki-computer-lernt-atari-spiele-wie-space-invaders-a-1020669.html, zuletzt geprüft am 22.07.2018.

Tegmark, Max (2017): Leben 3.0. Mensch sein im Zeitalter der künstlichen Intelligenz. Ullstein: Berlin. ISBN: 978-3-550-08145-3.

TR online o. V. (2018): Maschine knackt den Zauberwürfel. Online verfügbar unter https://www.heise.de/tr/artikel/Maschine-knackt-den-Zauberwuerfel-4095333.html, zuletzt geprüft am 22.07.2018.

Volland, Holger (2018): „Die kreative Macht der Maschinen". Warum Künstliche Intelligenzen bestimmen, was wir morgen fühlen und denken.

Weber, Christian (2017): Computer spielt Go gegen sich selbst – und wird unschlagbar. Online verfügbar unter https://www.welt.de/wissenschaft/article169782047/Diese-Super-Software-bringt-sich-uebermenschliche-Leistungen-bei.html, zuletzt geprüft am 22.07.2018.

Wittenhorst, Tilman (2018): Atari-Klassiker: Bot spielt Q*bert und erreicht dank Bug "unmögliche" Highscores. Online verfügbar unter https://www.heise.de/newsticker/meldung/Atari-Klassiker-Bot-spielt-Q-bert-und-erreicht-dank-Bug-unmoegliche-Highscores-3986024.html, zuletzt geprüft am 22.07.2018.

Inhaltsverzeichnis

TECHNOLOGIE

Einleitung:
Entwicklungswege zur KI

-

Hardware für KI

-

Normen und Standards in der KI

-

Augmented Intelligence –
Wie Menschen mit KI
zusammen arbeiten

-

Maschinelles Lernen
für die IT-Sicherheit

Einleitung: Entwicklungswege zur KI

Moritz Kirste, Markus Schürholz

Wir nennen uns selbst Homo sapiens – der weise Mensch. Erste Versuche, diese Weisheit zu beschreiben, zu verstehen, abzubilden und in Gesetzmäßigkeiten zu verwandeln, reichen bis in die Antike zurück und haben eine lange Tradition in der Philosophie, Mathematik, Psychologie, Neurowissenschaft und Informatik. Vielfach wurde versucht, den Begriff der Intelligenz – also die kognitive Leistungsfähigkeit des Menschen – besser zu verstehen und zu definieren. Als KI bezeichnet man traditionell ein Teilgebiet der Informatik, das sich mit der Automatisierung von intelligentem Verhalten befasst. Eine genaue Begriffsbestimmung ist jedoch kaum möglich, da auch alle direkt verwandten Wissenschaften wie Psychologie, Biologie, Kognitionswissenschaft, Neurowissenschaft an einer genauen Definition von Intelligenz scheitern.

Die Versuche, Intelligenz zu beschreiben und nachzubilden, lassen sich grob in vier Ansätze unterteilen, die sich mit menschlichem Denken, menschlichem Handeln, rationalem Denken und rationalem Handeln befassen (Russell et al. 2010). So gehört beispielsweise der berühmte Turing-Test (TURING 1950) in den Bereich menschliches Handeln, da bei diesem eine KI menschliches Handeln perfekt reproduziert, während moderne Programme zur Bilderkennung und damit verbundenen Entscheidungen eher im Bereich des rationalen Handelns verortet werden können. Neben den definitorischen Schwierigkeiten befasst sich ein Teil dieser philosophischen Debatte zur KI mit den Unterschieden und Konsequenzen zwischen erstens einer schwachen oder eingeschränkten KI (weak or narrow AI), welche spezielle Probleme intelligent lösen kann, zweitens einer starken oder generellen KI (strong/general AI), welche allgemeine Probleme ebenso gut wie Menschen lösen kann und drittens einer künstlichen Superintelligenz, welche die menschlichen Fähigkeiten weit übertrifft (Kurzweil 2001, Bostrom 2014).

Trotz dieser Vielzahl von Ansätzen und Definitionen lässt sich jedoch ein zentraler Aspekt benennen, den alle als KI bezeichnete Systeme aufweisen: Es ist der Versuch, ein System zu entwickeln, das eigenständig komplexe Probleme bearbeiten kann. Es gibt viele Möglichkeiten, das sehr heterogene Forschungsgebiet der KI und seiner vielen Unterkategorien zu beschreiben. Manche Ansätze befassen sich mit den Problemen, die auf dem Weg zur Intelligenz von Computersystemen auftreten, andere mit den Lösungsansätzen für diese Probleme und wiederum andere mit den Vergleichen zur menschlichen Intelligenz. Um die vielen Teilgebiete soll es hier nicht im

V. Wittpahl (Hrsg.), *Künstliche Intelligenz*,
DOI 10.1007/978-3-662-58042-4_1, © Der/die Autor(en) 2019

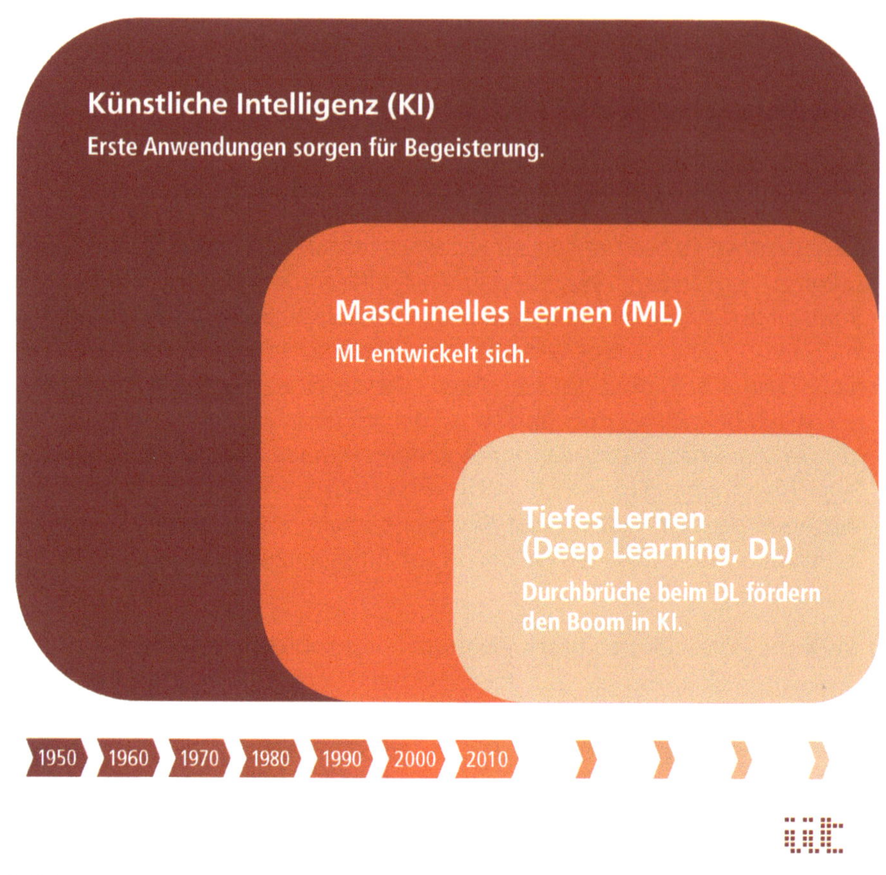

Abbildung A.1: Methoden der KI (eigene Darstellung in Anlehnung an Copeland 2016)

Einzelnen gehen.[2] Vielmehr sollen die wichtigsten Grundlagen der KI ohne den Anspruch auf Vollständigkeit erläutert werden (Abbildung A.1).

Die Anfänge

Am Anfang befasste sich die Entwicklung der KI häufig mit Spielen und mathematischen Repräsentationssystemen von Wissen und Entscheidungen, während seit dem Ende des 20. Jahrhunderts die Technik des maschinellen Lernens (Machine Learning,

---

[2] *Ausführliche Darstellungen zu Teilgebieten wie Verarbeitung natürlicher Sprache, Wissensrepräsentation, automatisches logisches Schließen, Planung und Wahrnehmung, Robotik und viele mehr finden sich in Russell et al. (2010) und Luger (2003).*

ML) und in jüngster Zeit das tiefe Lernen (Deep Learning, DL) große Erfolge verzeichnen konnten und letztlich das aktuell starke Interesse an KI verursachen.

Erste Ansätze der KI orientierten sich an klassischen Prinzipien der mathematischen Logik. In der Aussagenlogik können einfache logische Verknüpfungen wie UND, ODER, NICHT kombiniert und Aussagen mit einem Wahrheitsgehalt (WAHR, FALSCH) belegt werden, während in der Prädikatenlogik Argumente formuliert und auf ihren Wahrheitsgehalt überprüft werden können. Die ersten Systeme der KI waren logische Repräsentationssysteme, mit deren Hilfe sich einfache Schlussfolgerungen wie Aussage 1: „Die erste Konferenz zu KI fand 1956 am Dartmouth College statt", Aussage 2: „Claude Shannon hat an der ersten Konferenz zu KI teilgenommen" und Schlussfolgerung: „Claude Shannon war 1956 am Dartmouth College" nachvollziehen und beweisen lassen. KI-Systeme, die auf Logik basieren, werden natürlich für deutlich komplexere mathematische Beweise und Theoreme eingesetzt und werden mit Hilfe logischer Programmiersprachen wie PROLOG (Colmerauer und Roussel 1996) bis heute in modernen KI-Anwendungen wie WATSON von IBM genutzt (Lally und Fodor Paul 2011).

Ein beliebtes Anwendungsgebiet der KI war und ist das Gebiet der menschlichen Spiele (Samuel 1959). Dieser Ansatz ist naheliegend, denn die Fähigkeiten der KI lassen sich gut und vergleichbar daran messen, wie gut sie gegen den Menschen spielen oder diesen übertreffen. Der Vorteil dieser Spiele als Messlatte besteht in ihrem üblicherweise einfachen Regelsystem und einfach beschreibbaren Handlungsmöglichkeiten bei gleichzeitig, je nach Spiel, fast unbegrenzten Variationen. Schach beispielsweise hat sehr einfache Regeln, aber geschätzte 10^{120} Zugmöglichkeiten. Diese sehr große Zahl liegt außerhalb der menschlichen Vorstellungskraft und es ist bei einer derart hohen Anzahl zunächst unmöglich, dass ein Programm alle Möglichkeiten durchrechnet, um daraus die perfekte Spielstrategie zu entwickeln. Diese hohe Anzahl von Zugmöglichkeiten entsteht dadurch, dass jede Entscheidung, das heißt jeder mögliche Zug im Schach, wieder neue Entscheidungsalternativen und neue Züge, aber mit jeweils anderen Ausgangssituationen und immer so weiter hervorruft. Diese Entscheidungsvarianten können als Baum oder sogenannter Graph beschrieben werden, bei dem jedes Blatt beziehungsweise Knoten eine Möglichkeit – im Spiel ist das ein Spielzug – darstellt, aus der sich dann immer neue und andere bis ins Unendliche ergeben. So wie ein Baum wächst, so entfalten sich die möglichen Spielzüge in immer wieder neue Verzweigungen und Verästelungen bis ins quasi Unendliche aller möglichen Spielzüge. Einen solchen Baum nennt man Entscheidungsbaum (Decision Tree), und ganze Bereiche der Mathematik und Informatik beschäftigen sich mit der möglichst effizienten Suche in solchen verzweigten Graphen.

Eine sehr effektive Möglichkeit der Suche in Entscheidungsbäumen sind sogenannte Heuristiken. Eine Heuristik ist ein Verfahren, das innerhalb eines solchen zu durchsuchenden Graphen für jeden Punkt immer wieder die Sinnhaftigkeit einer weiteren vertieften Suche bestimmt und auf diese Weise verhindert, dass nach der besten Strategie lange – im schlimmsten Falle unendlich lange – gesucht wird. Beim Schach bedeutet dies, dass die möglichen Züge nach bestimmten Kriterien bewertet werden und die Möglichkeiten, die sich aus offensichtlich schlechten Zügen ergeben, nicht mehr weiter in Betracht kommen. Demnach führt die Heuristik dazu, dass ein Entscheidungsbaum ganz gezielt durchsucht wird, bis ein zufriedenstellendes Ergebnis herauskommt, das nicht unbedingt das bestmögliche Resultat sein muss. Entscheidungsbäume und die damit verbunden Heuristiken sind in der KI ein sehr effektives Verfahren für Problemstellungen, die durch ein klares und unveränderliches Regelsystem beschrieben werden können.

Auf die ersten Erfolge der KI im Bereich der Logik und Spiele folgten Versuche, die Verfahren auf allgemeinere Anwendungsfälle zu erweitern. In den 1970er Jahren entstanden Expertensysteme, die über Wenn-Dann-Beziehungen probieren, eine menschliche Wissensbasis in für Computer lesbare Informationen zu verwandeln. Mit den Möglichkeiten zu logischen Schlussfolgerungen und dem effektiven Suchen in diesen Wissensbasen mit Hilfe von Heuristiken konnten die Systeme zunächst einige Erfolge aufweisen und weckten in den 1980er Jahren große Erwartungen an die Möglichkeiten der KI. Ein wesentlicher Nachteil dieser Systeme ist jedoch der immense Aufwand bei der Erfassung menschlichen Wissens und der Umwandlung in die für das Expertensystem notwendige Wissensbasis. Anfang der 1990er Jahre wurden die großen Erwartungen an die KI enttäuscht: Viele Firmen, die zuvor für viel Geld Expertensysteme gekauft hatten, schafften diese wieder ab. Eine große Anzahl von Unternehmen, die solche Systeme angeboten hatten, verschwanden vom Markt. Diese Misserfolge führten gemeinsam mit einer signifikanten Reduktion von Forschungsgeldern im Bereich der KI ab Ende der 1970er Jahre zur ersten und zweiten Phase des sogenannten AI Winters (Crevier 1995).

Maschinelles Lernen

Trotz der genannten Rückschläge für die Forschung wurden in den 1980er Jahren die Grundlagen für den heute so zentralen Ansatz des ML gelegt. Die Grundidee ist einfach: Wie bringt man ein Computerprogramm, das eine bestimmte Aufgabe hat, dazu, aus Erfahrungen zu lernen und mit diesen Erfahrungen die Aufgabe in Zukunft besser zu erfüllen (Mitchell 2010)? Der Unterschied zu einem statischen Programm liegt darin, dass sich die Entscheidungsregeln über eine Rückkoppelung an das Erlernte anpassen (Abbildung A.2). ML unterteilt sich in die drei Hauptkategorien überwachtes Lernen (Supervised Machine Learning), unüberwachtes Lernen (Unsupervised Machine Learning) und verstärktes Lernen (Reinforcement Machine Learning), auf die im Folgenden näher eingegangen werden soll. Zusätzlich unterscheidet

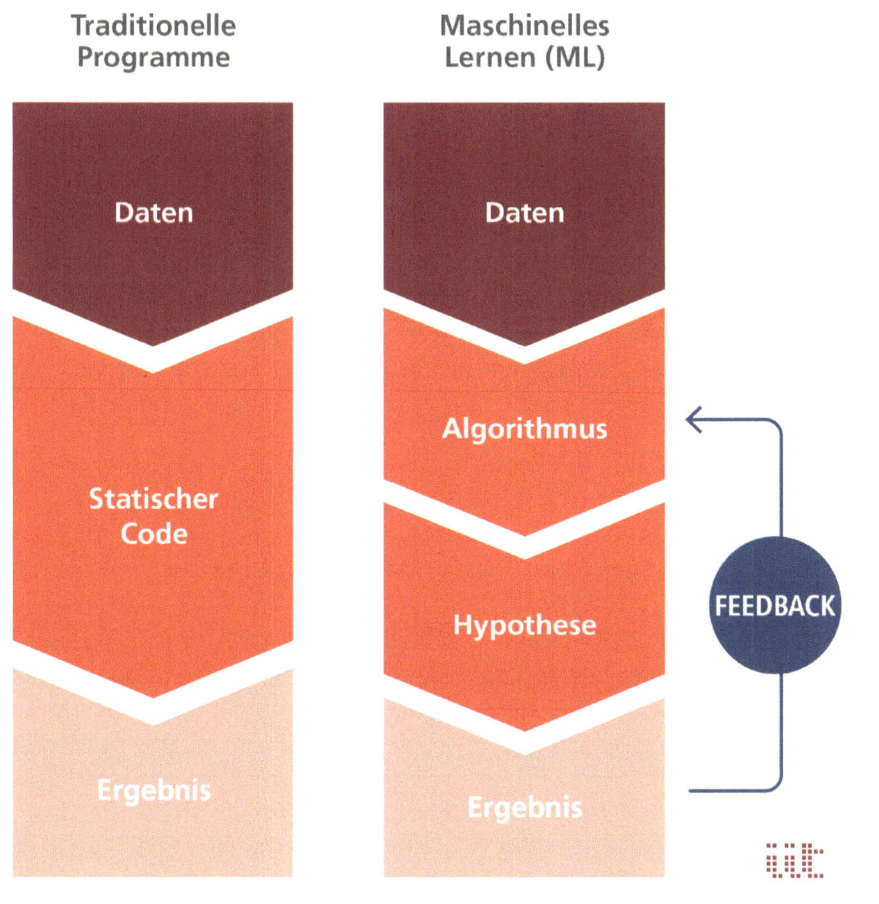

Abbildung A.2: Traditionelle Programme versus ML

man zwischen Offline- und Online-Lernsystemen. Bei dem ersten System findet das Lernen von Verhalten zunächst offline, also getrennt vom Anwendungsszenario, statt. Erst dann wird das Gelernte angewendet und nicht mehr verändert. Die Online-Lernsysteme hingegen lernen und verändern ihr Verhalten stets innerhalb des Anwendungsszenarios und passen sich beständig an.

Beim überwachten Lernen (Supervised Machine Learning) bekommt ein Computerprogramm bekannte Beispieldaten und wird auf eine gewünschte Interpretation und die damit verbundene Ausgabe trainiert. Das Ziel ist es, generelle Regeln zu finden, welche die bekannten Eingabedaten mit den gewünschten Ausgabedaten verbinden, und im Anschluss diese Regeln zu verwenden, um mit neuen Eingabedaten neue Ausgaben zu erstellen. In diesem Sinne hat das Computerprogramm etwas gelernt, und mit diesem gelernten Wissen lassen sich dann Vorhersagen über künftige und bisher unbekannte Eingabe- und Ausgabedaten treffen. Es entsteht also eine Art eigenständiges Verhalten des Computerprogramms. Das einfachste Verfahren einer solchen Modellbildung ist das der Regression, welches sich an folgendem Beispiel erläutern lässt. Zwischen der Körpergröße und der Schuhgröße eines Menschen gibt es den einfachen linearen Zusammenhang: je größer der Mensch, desto größer auch der passende Schuh. Dieser Zusammenhang lässt sich als lineare Funktion darstellen, mit einer unabhängigen Eingangsvariable (Körpergröße) und einer abhängigen Ausgangsvariable (Schuhgröße). Durch das mathematische Verfahren der Regression werden nun die Parameter der Funktion ermittelt, und man erhält ein Modell, mit dem sich Schuhgrößen aus Körpergrößen vorhersagen lassen (siehe Abbildung A.3).

Ein zweites wichtiges Verfahren des überwachten Lernens ist das der Klassifikation. Dabei werden während des Lernprozesses jeweils mehrere Werte voneinander als Klassen unterschieden und bei der späteren Vorhersage einzelne Werte einer bestimmten Klasse zugeordnet. Beispielsweise könnte man mittels Klassifikation linke und rechte Füße unterscheiden, indem man alle Richtungen eines Fußes genau vermisst (Abbildung A.3). Oder man könnte ein einfaches Modell zur Kreditwürdigkeit erstellen, das auf den beiden Eingabewerten Einkommen und Ersparnisse beruht. Personen unterhalb einer bestimmten Einkommens- und Ersparnisgrenze wären demnach in der einen Klasse, nämlich der nicht kreditwürdigen, und oberhalb einer solchen Grenze in der anderen Klasse, der kreditwürdigen. Der Vorteil der Klassifikation besteht darin, dass immer aufgrund des Zusammenspiels mehrerer Werte beurteilt wird. Demzufolge würde eine Person mit zwar niedrigen Ersparnissen, dafür aber hohem Einkommen in der Klasse kreditwürdig eingeordnet werden.

Sowohl Regression als auch Klassifikation sind Vorhersagemodelle, die Aussagen über die Zukunft treffen können. Sie werden sehr effektiv beispielsweise im Bereich der Preisentwicklung, vorausschauenden Instandhaltung und Bilderkennung eingesetzt. Der Unterschied liegt in der Anwendung: Die Regression erlaubt Vorhersagen über stetige Werte, beispielsweise die Einkommensentwicklung einer Person, während bei der Klassifikation Klassen unterschieden werden, beispielsweise die Kreditwürdigkeit.

Unüberwachtes Lernen (Unsupervised Machine Learning) funktioniert ohne vorher bekannte Zuordnung und Kennzeichnung von Eingabedaten. Die möglichen Ergebnisse sind dabei gänzlich offen. Deshalb kann das Computerprogramm auch nicht trainiert werden, sondern muss vielmehr in den Daten Strukturen erkennen und diese in interpretierbare Informationen verwandeln. Ein anschauliches Verfahren des unüberwachten Lernens ist das Clustering, welches der zuvor beschriebenen Klassifikation ähnelt, mit dem Unterschied, dass beim Clustering die Klassifikationsklassen

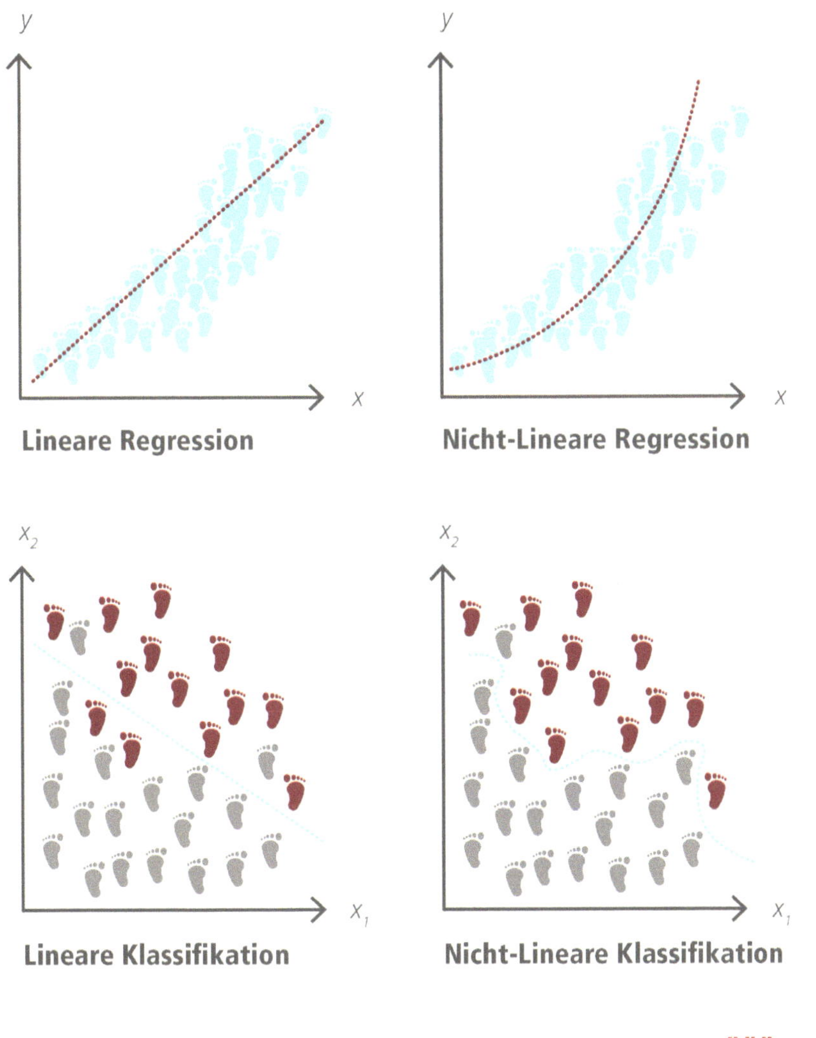

Abbildung A.3: Bei der linearen Regression (oben links) wird zwischen einer Eingangsvariable x (hier die Körpergröße) und einer Ausgangsvariable y (hier die Schuhgröße) ein linearer Zusammenhang hergestellt. Mit dem Modell lassen sich im Anschluss bisher noch unbekannte Werte vorhersagen. Dasselbe ist auch für einen komplizierteren nicht-linearen Zusammenhang möglich (oben rechts). Bei der Klassifikation (unten) werden die Eingangsvariablen für eine Unterteilung in verschiedene Klassen genutzt. In diesem Beispiel wird anhand von zwei Eingabewerten (x1 und x2) unterschieden, ob es sich um linke (grau) oder rechte (rot) Füße handelt. Auch bei der Klassifikation gibt es lineare (links) und nicht-lineare Verfahren (rechts).

Bearbeitung durch Algorithmus
(z. B. k-means)

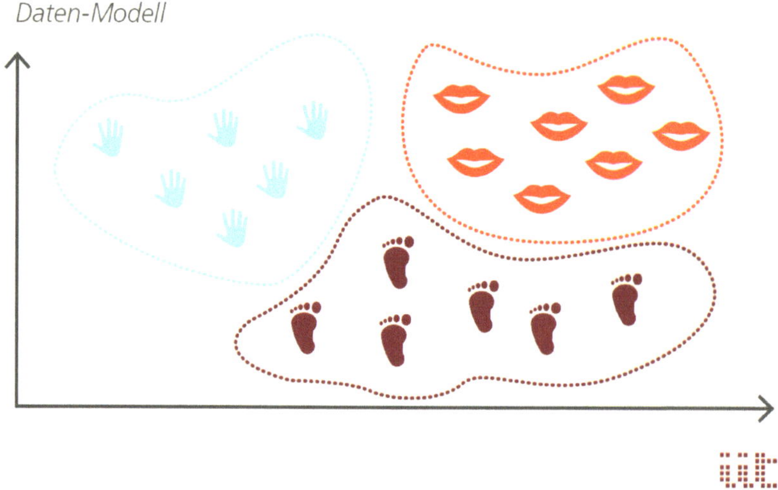

Abbildung A.4: Beim Clustering werden Eingabedaten durch Algorithmen (wie z. B. der bekannte k-means-Algorithmus) in Gruppen zusammengefasst. Alle Mitglieder dieser Gruppen haben ähnliche Merkmale – hier sind es Hände, Füße oder Münder. Auf diese Weise entsteht eine geordnete Struktur in den Daten und das zugehörige Modell kann für eine Interpretation genutzt werden.

erst dadurch entstehen, dass Ähnlichkeiten in den Daten erkannt und zu Gruppen zusammengefasst werden (Abbildung A.4). Weitere weniger anschauliche Verfahren sind Dimensionsreduktion und Hauptkomponentenanalyse sowie Dichteermittlung. Methoden des unüberwachten Lernens kommen in vielen alltäglichen Anwendungen zum Einsatz. So können Kaufverhalten und Nutzerverhalten im Onlinehandel vorhergesagt sowie Empfehlungssysteme beispielsweise für Filme erstellt werden (Netflix Prize o. J.).

Beim verstärkten Lernen (Reinforcement Machine Learning), der dritten Kategorie des ML, lernt ein Computerprogramm direkt aus den Erfahrungen. Hierzu interagiert es mit seiner Umgebung und erhält für richtige Ergebnisse eine Belohnung. Das Programm ist mit einem dressierten Tier zu vergleichen, indem es beispielsweise in einer Spielsituation dafür belohnt wird, wenn es das Spiel gewinnt. Das Ziel ist nun, dass das Programm sich die Konsequenzen seiner Handlung merkt und mit diesem Wissen versucht, seine Belohnung zu maximieren. Die Belohnung ist dementsprechend die Regelgröße, die in diesem Verfahren optimiert wird. Das zurzeit recht bekannte Beispiel für den Einsatz von verstärktem Lernen ist AlphaGo Zero, die Weiterentwicklung von AlphaGo.[3] AlphaGo Zero erlernte das Spiel Go mittels verstärktem Lernen ohne vorherige Kenntnis über das Spiel in nur drei Tagen so gut, dass es besser spielte als seine Vorgängerversion und weitaus besser als die weltbesten menschlichen Spieler (Silver et al. 2017). Verstärktes Lernen könnte sich in den nächsten Jahren als eine wichtige Technologie in der Automatisierung und insbesondere der Robotik erweisen (Kober et al. 2013). So erlernten etwa die Roboterarme der Firma Fanuc mittels verstärkten Lernens binnen weniger Stunden, ihnen bislang unbekannte Objekte sicher zu greifen und zu bewegen (Knight 2016).

Tiefes Lernen

Im Laufe der Zeit wurden unterschiedliche Ansätze, Methoden und (Software-)Technologien unter dem Namen KI entwickelt. Sie werden weiterhin erforscht und adaptiert. Der aktuelle KI-Boom beruht im Wesentlichen auf dem tiefen Lernen mit künstlichen neuronalen Netzen (KNN). So nennt man das Lernen mit Algorithmen, die Netzstrukturen von Nervenzellen nachbilden. „Tief" bedeutet in diesem Zusammenhang unabhängig von der genauen Netzstruktur, dass diese einige bis viele Schichten tief ist. Wie auch im Begriff KI schwingt im alltäglichen Wortgebrauch ein gewisser Hauch von „tiefem Verständnis" abstrakter Zusammenhänge mit. Obwohl sich das tiefe Lernen in Grundzügen an der Funktionsweise biologischer neuronaler Netze

---

[3]   *AlphaGo ist das Programm der Firma Google Deep Mind, das die weltbesten Go-Spieler im März 2016 mühelos schlagen konnte.*

orientiert und viele Medien verkürzt nur von neuronalen Netzen sprechen, gibt es deutliche Unterschiede zum biologischen Vorbild.

Die Neurowissenschaft hat mittlerweile ein gutes Verständnis dafür entwickelt, wie ein einzelnes biologisches Neuron, z. B. eine Gehirnzelle, Information weiterverarbeitet. Dabei geben vorgeschaltete Neuronen elektrische Impulse über chemische Potenziale an ihren Synapsen an ein Neuron weiter. Das Neuron erhält im Zeitverlauf zahlreiche solcher Impulse und lädt sich dabei auf, bis ein Schwellenpotenzial erreicht ist. Dann feuert das Neuron einen eigenen Impuls über sein Axon, das einem großen Datenkabel entspricht, an dessen Ende der Impuls über die eigenen Synapsen des Neurons wieder an nachgeschaltete Zellen weitergegeben wird. Dieser Prozess findet kontinuierlich in allen Neuronen statt, die in ganz unterschiedlichen Netzwerkstruk-

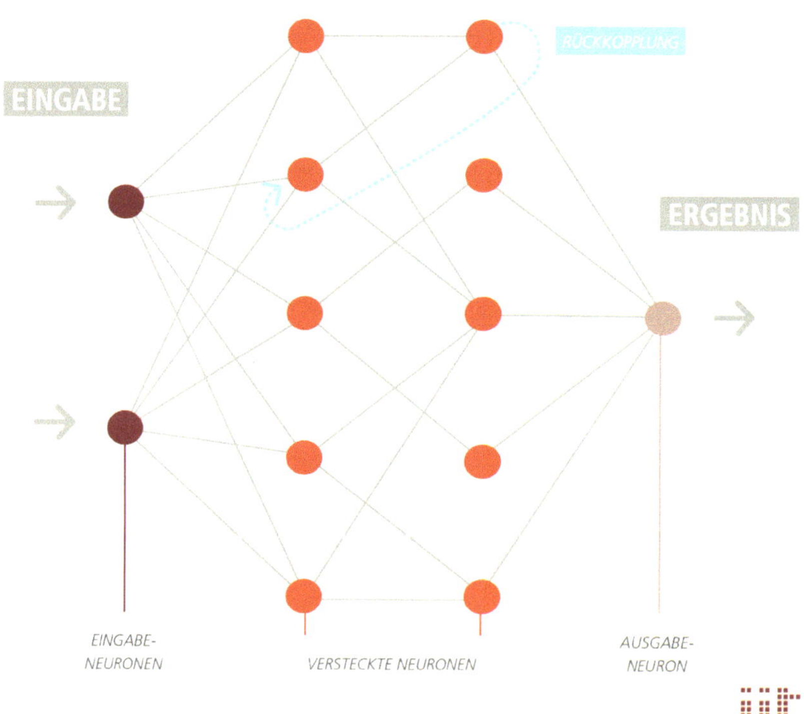

Abbildung A.5: In einem KNN werden Eingabewerte in Schichten versteckter Neuronen (hier beispielhaft zwei Schichten) verarbeitet. Wenn Rückkopplungen (hier der hellblau gepunktete Pfeil) eingesetzt werden, spricht man von einem rekurrenten Netz. Das Ergebnis der Berechnung sind die Ausgabewerte der Ausgabeneuronen (hier nur eins)

turen verschaltet sein können. Eine wesentliche Eigenschaft biologischer Neuronen ist dabei die Verschaltungsstärke oder Gewichtung, mit der ein Neuron seinen elektrischen Impuls jeweils individuell an zahlreiche andere Neurone überträgt. Diese Verschaltungsstärke bzw. ihre Änderung ist neben der Netzwerkstruktur der Neuronen eine wesentliche Eigenschaft für die Verarbeitung von Informationen in biologischen neuronalen Netzwerken.

Einzelne Neuronen können seit 1952 mit Hilfe des Hodgkin-Huxley-Modells simuliert werden (Hodgkin und Huxley 1952), wobei heute sowohl vereinfachte als auch komplexere Simulationsmodelle in Gebrauch sind. Die Simulation ganzer Netzwerke kann in Hinblick auf den Rechenaufwand sehr aufwendig sein. Aktuell werden insbesondere im Human Brain Project[4] große Netzwerke von Neuronen simuliert, perspektivisch sogar in der Größenordnung der Anzahl der biologischen Neuronen im menschlichen Gehirn.

Liest man über neuronale Netze im Bereich KI, so sind damit KNN gemeint, die nicht auf eine genaue Abbildung der biologischen Verhältnisse abzielen, sondern vielmehr nur abstrakt von der Modellierung biologischer neuronaler Netze motiviert sind. Sie setzen primär die Konzepte der Verschaltungsstärke bzw. Gewichtung und des Schwellenwerts informatorisch um. Solche KNN erfüllen ihren Zweck aber in aktuellen Anwendungen. Der KI-Boom speist sich vor allem daraus, dass die Konzepte neuronaler Netze auf bestimmter Hardware stark parallelisiert und effizient ausgeführt werden können (siehe Beitrag 1 „Hardware für KI").

Die grundlegende Funktionsweise eines neuronalen Netzes ist in Abbildung A.5 dargestellt. Es erhält Eingabewerte, führt darauf Berechnungen durch und ermittelt schließlich die Ausgabewerte. Wie in der Abbildung dargestellt, fließen Informationen auf der linken Seite hinein, durchlaufen das Netz und fließen auf der rechten Seite verarbeitet hinaus. Dabei können in einem komplexeren Netz die Eingabewerte links beispielsweise die Farbwerte der Pixel eines Bildes sein und der Ausgabewert rechts eine Aussage, ob auf diesem Bild ein Hund erkennbar ist. In diesem Fall können die Ausgabewerte ein einfaches Klassifikationsergebnis, also beispielsweise eine 1 (wahr – Hund erkannt) oder 0 (falsch – kein Hund erkannt) sein. Die Ausgabewerte können aber auch eine beliebig komplexere Bedeutung haben. Bei jedem Verarbeitungsschritt werden die Werte aus der jeweils vorhergehenden Ebene weitergeleitet an die einzelnen Neuronen der nächsten Ebene. In einem Neuron der Folgeebene kommen also Werte mehrerer Neuronen an. Wie auch im biologischen Vorbild ist die

---

[4] *Das Human Brain Project ist ein seit 2013 von der Europäischen Kommission gefördertes Forschungsprojekt, an dem über zehn Jahre hinweg mehr als 100 Institutionen beteiligt sind. Die Gesamtkosten betragen mehr als eine Milliarde Euro.*

Gewichtung der Werte ein wesentliches Element des Netzes. Alle eingehenden Werte werden im Neuron in Hinblick auf ihre Gewichtung und den Schwellwert des jeweiligen Neurons zu einer Ausgabe verarbeitet, die es dann wiederum an mehrere Neuronen der Folgeschicht weitergibt. Dieser Prozess wiederholt sich bis zur letzten Ebene. Zwischen der ersten Schicht, den Eingabe-Neuronen, und der letzten Schicht, den Ausgabe-Neuronen, liegen die sogenannten versteckten Neuronen (Hidden Neurons). Aufgrund der Richtung des Informationsflusses nennt man ein solches Netz Feedforward-Netz. Möglich sind selbstverständlich auch komplexere Netzwerkstrukturen, in denen die Informationen gleichzeitig nach vorne und teilweise auch nach hinten fließen. Beispielsweise könnten die verarbeiteten Informationen einer Neuronenschicht nicht nur an die nächste Schicht weiterfließen, sondern auch an die vorhergehende Schicht zurückgekoppelt werden. Solche Netze bezeichnet man als rekurrente Netze. Die Rückkopplung kann eine Art von „Informationserinnerung" im Netz darstellen und je nach Anwendungsfall sinnvoll werden.

Ein leeres Netz muss zunächst trainiert werden, um seine gewünschte Funktion zu erfüllen. Die Gewichtungen an allen Stellen des Netzes müssen so justiert werden, dass das gewünschte Ergebnis erzielt wird. Beispielsweise müsste ein Netz erst lernen, ob auf Bildern ein Hund abgebildet ist oder nicht. Dieses Anlernen (Training) des Netzes ist dabei viel aufwendiger und rechenintensiver als die spätere Nutzung des Netzes zur Erkennung von Mustern (Inference). Eine Methode zum Anlernen ist die „Backpropagation", die zu den überwachten Lernmethoden gehört. Dabei fließen Eingabewerte in das Netz ein und das Netz errechnet Ausgabewerte. Anschließend wird verglichen, wie weit diese errechneten Ausgabewerte von den Ausgabewerten, die sich eigentlich richtigerweise aus den Eingabewerten ergeben müssten, abweichen. Diese Abweichung bzw. dieser Fehler muss so weit wie möglich gesenkt werden. Dazu werden die Gewichtungen innerhalb des Netzes angepasst. Dann durchlaufen die Eingabewerte wieder das Netz und produzieren neue Ausgabewerte, die wiederum einen gewissen Fehler haben. Dieser Vorgang wird wiederholt, bis der Fehler der Ausgabe ausreichend gering ausfällt. Dazu müssen zu allen Eingabewerten die richtigen Ausgabewerte bekannt sein. Beispielsweise könnte das Netz auf 10.000 Bilder trainiert werden, wobei sich auf vielen Bildern Hunde befinden und auf dem Rest nicht. Danach kann es idealerweise auf neuen unbekannten Bildern erkennen, ob ein Hund abgebildet ist oder nicht. Dabei wird es allerdings manchmal, hoffentlich möglichst selten, falsch entscheiden.

Wenn ein KNN wie oben beschrieben trainiert wird, dann handelt es sich um überwachtes Lernen. KNN können aber ebenfalls für unüberwachtes und für verstärktes Lernen eingesetzt werden.

Für das Beispiel der Erkennung von Hundebildern sind die skizzierten Arten bzw. Funktionen von neuronalen Netzen allerdings noch nicht ausreichend gut. Vielmehr würde man dafür aktuell „faltende" neuronale Netze (Convolutional Neural Networks, kurz CNN) heranziehen. Faltungen sind mathematische Funktionen, die in der Software zahlreicher Hochtechnologien genutzt werden. In einem CNN kommen in verschiedenen Schichten Faltungen zum Einsatz, die Bildinformationen bzw. Merkmale abstrahieren. In Bildern mit möglichen Hunden sitzen oder laufen die Tiere natürlich nicht immer an der gleichen Stelle. Was einen Hund ausmacht, ist nicht seine Position im Bild, sondern es sind vielmehr Eigenschaften wie das abgebildete flauschige Fell, das im Bild bestimmte weiche Kanten zur Umgebung produziert, bestimmte Muster aus Augen, Schnauze und Ohren oder vier Beine mit hellen Pfoten an den Enden, die in bestimmten Positionen zueinander stehen. Diese Eigenschaften sind manchmal konkreter und manchmal abstrakter, sie finden sich aber nie in den reinen Rohdaten der Pixel eines Bildes. Deshalb funktioniert ein CNN so, dass es Teile des Bildes als Ganzes auswertet und so beispielsweise ein abstraktes Merkmal wie die flauschige, auf dem Bild leicht verschwommene Abgrenzung des Hundes von seiner Umgebung weiterverarbeitet. Das Bild wird also in den Schichten des Netzes abstrahiert und die abstrakteren Merkmale führen am Ausgang des Netzes zu der Entscheidung, ob ein Hund auf dem Bild zu sehen ist oder nicht.[5]

Eine weitere Methode im Bereich der neuronalen Netze sind sogenannte Generative Adversarial Networks (GAN) (Goodfellow et al. 2014). In gewisser Hinsicht kämpfen bei dieser Methode zwei Netzwerke gegeneinander. Dem eigentlich eingesetzten Netz, das lernen soll, wird ein Gegnernetz gegenübergestellt, das die Eingabewerte des lernenden Netzes erzeugt. Das Gegnernetz ist dabei aber so verschaltet, dass es lernt, Eingabewerte zu produzieren, die für das lernende Netz möglichst schlechte Ergebnisse mit einem hohen Grad an Fehlern liefern. Das Gegnernetz konfrontiert das lernende Netz also immer und immer wieder mit seinen Schwächen und führt es an seine Grenzen. Das Ergebnis dieser Auseinandersetzung ist, dass das lernende Netz exzellent wird und selbst mit schwierigen Eingabewerten zurechtkommt.

Unter KI, ML und DL versteht man heute eine ganze Reihe von Ansätzen, Probleme mit Hilfe von autonom agierenden und in diesem Sinne intelligenten Computerprogrammen zu lösen. In den folgenden Kapiteln soll auf bestimmte Teilbereiche der Technologie genauer eingegangen werden. Kapitel 1 beschreibt, welche Rechenhardware nötig ist, um neuronale Netze überhaupt effizient ausführen zu können. Kapitel 2 zeigt mit einer Übersicht zu Normung und Standardisierung auf, wie KI-Werkzeuge aktuell gehandhabt werden. In Kapitel 3 wird dargestellt, wie der Mensch mit komplexen KI-Systemen interagieren kann und könnte. Kapitel 4 befasst sich mit Ansätzen und Methoden im Anwendungsgebiet IT-Sicherheit.

---

[5] *Jeder, der schon einmal Google Fotos verwendet hat, kennt die Güte der Mustererkennung in Bildern (Computer Vision).*

Literatur

Bostrom, Nick (2014): Superintelligence. Paths, dangers, strategies. 1. ed. Oxford: Oxford University Press.

Colmerauer, Alain; Roussel, Philippe (1996): The birth of Prolog. In: Thomas J. Bergin (Hrsg.): History of programming languages II. [Second ACM SIGPLAN History of Programming Languages Conference (HOPL-II), April 20 - 23, 1993, Cambridge, Massachusetts]. New York, NY, Reading, Mass.: ACM Press; Addison-Wesley, S. 331–367.

Copeland, Michael (2016): What's the Difference Between Artificial Intelligence, Machine Learning, and Deep Learning? Online verfügbar unter https://blogs.nvidia.com/blog/2016/07/29/whats-difference-artificial-intelligence-machine-learning-deep-learning-ai/, zuletzt geprüft am 26.06.2018.

Crevier, Daniel (1995): AI. The tumultuous history of the search for artificial intelligence. [2. pr.]. New York, NY: Basic Books.

Diff Authors: Autonomous Weapons: an Open Letter from AI & Robotics Researchers. Online verfügbar unter https://futureoflife.org/open-letter-autonomous-weapons, zuletzt geprüft am 23.02.2018..

Goodfellow, I. J.; Pouget-Abadie, J.; Mirza, M.; Xu, B.; Warde-Farley, D.; Ozair, S. et al. (2014): Generative Adversarial Networks. In: ArXiv e-prints.

Hodgkin, A.L.; Huxley, A. F. (1952): A quantitative description of membrane current and its application to conduction and excitation in nerve. In: The Journal of physiology 117 (4), S. 500–544.

Knight, Will (2016): This Factory Robot Learns a New Job Overnight. Online verfügbar unter https://www.technologyreview.com/s/601045/this-factory-robot-learns-a-new-job-overnight/, zuletzt geprüft am 23.02.2018.

Kober, Jens; Bagnell, J. Andrew; Peters, Jan (2013): Reinforcement learning in robotics. A survey. In: The International Journal of Robotics Research 32 (11), S. 1238–1274. DOI: 10.1177/0278364913495721.

Kurzweil, Ray (2001): The Law of Accelerating Returns. Online verfügbar unter http://www.kurzweilai.net/the-law-of-accelerating-returns, zuletzt geprüft am 23.02.2018.

Lally, Adam; Fodor Paul (2011): Natural Language Processing With Prolog in the IBM Watson System. The Association for Logic Programming. Online verfügbar unter https://www.cs.nmsu.edu/ALP/2011/03/natural-language-processing-with-prolog-in-the-ibm-watson-system/, zuletzt geprüft am 23.02.2018.

Luger, George F. (2003): Künstliche Intelligenz. Strategien zur Lösung komplexer Probleme. 4. Aufl., [Nachdr.]. München: Pearson Studium (Pearson Studien Informatik).

Mitchell, Tom M. (2010): Machine learning. International ed., [Reprint.]. New York, NY: McGraw-Hill (McGraw-Hill series in computer science).

Netflix Prize (o. J.): Online verfügbar unter https://www.netflixprize.com/community/topic_1537.html, zuletzt geprüft am 23.02.2018.

Russell, Stuart J.; Norvig, Peter; Davis, Ernest (2010): Artificial intelligence. A modern approach. 3. ed. Upper Saddle River NJ u.a.: Pearson Education (Prentice Hall series in artificial intelligence).

Samuel, A. L. (1959): Some Studies in Machine Learning Using the Game of Checkers. In: IBM J. Res. & Dev. 3 (3), S. 210–229. DOI: 10.1147/rd.33.0210.

Silver, David; Schrittwieser, Julian; Simonyan, Karen; Antonoglou, Ioannis; Huang, Aja; Guez, Arthur et al. (2017): Mastering the game of Go without human knowledge. In: Nature 550 (7676), S. 354–359. DOI: 10.1038/nature24270.

Turing, A. M. (1950): I.—COMPUTING MACHINERY AND INTELLIGENCE. In: Mind LIX (236), S. 433–460. DOI: 10.1093/mind/LIX.236.433.

1. Hardware für KI

Markus Schürholz, Eike-Christian Spitzner

Die KI ist bereits seit Jahrzehnten ein Thema in der Forschung, wobei die Konferenz „Dartmouth Summer Research Project on Artificial Intelligence" im Jahr 1956 als Startpunkt systematischer Forschungsanstrengungen gilt. Den wirklichen Durchbruch brachte allerdings erst in den vergangenen Jahren der Einsatz von künstlichen neuronalen Netzen (KNN) mit Methoden des tiefen Lernens (Deep Learning, DL), welche rudimentär Abläufe im Nervensystem nachbilden (siehe auch Einleitung Teil A). Wichtige Treiber sind aber nicht nur die Konzepte der KNN, sondern vor allem auch die Entwicklung der Rechentechnik, auf der entsprechende Verfahren ausgeführt werden. Während man zu Beginn auf leistungsfähige Allzweckprozessoren (central processing unit, CPU) zurückgriff, werden seit einigen Jahren vorrangig Prozessoren verwendet, die ursprünglich für Grafikkarten zur Bildausgabe gedacht waren (graphics processing unit, GPU). Aktuell werden diese zunehmend zu Spezialprozessoren (application-specific integrated circuit, ASIC) für KI-Anwendungen weiterentwickelt. Zusätzlich verfolgt man den Ansatz, die Struktur von KNN direkt in der Architektur eines Prozessors abzubilden (neuromorphe Hardware). Dabei sind erste Versuche erfolgversprechend.

Um die Entwicklung der Hardware für KI-Anwendungen besser einordnen zu können, ist es zunächst hilfreich sich anzusehen, welche Berechnungen bei der Nutzung von KNN mit DL-Ansätzen durchgeführt werden. Hierbei muss man noch klar zwischen dem Anlernen des KNN (Training) und seinem späteren Einsatz (Inference) unterscheiden, wobei ersteres sehr rechenaufwendig ist. Die in diesem Beitrag beschriebene Hardware dient insbesondere der Beschleunigung des Trainings. Im Prinzip bestehen KNN aus einzelnen konzeptionellen Neuronen, die in bestimmten Schichten angeordnet sind. Bei mehrschichtigen Netzwerken ist die erste Schicht die Eingabeschicht, die Daten entgegennimmt. Die letzte Schicht, welche das Ergebnis liefert, ist die Ausgabeschicht. Gibt es zwischen Ein- und Ausgabeschicht weitere Schichten (Hidden Neurons), wird das neuronale Netzwerk deutlich leistungsfähiger, und man spricht von DL. Zwischen den einzelnen Schichten bestehen Verbindungen zwischen Neuronen, die das eigentliche Netzwerk bilden. Diese Verbindungen haben verschiedene Strukturen, nach denen neuronale Netze auch klassifiziert werden können (siehe auch Einleitung Teil A „Entwicklungswege zur KI"). Ein einfacher Fall ist dabei ein Feedforward-Netz, in dem jedes einzelne Neuron einer Schicht über Verbin-

V. Wittpahl (Hrsg.), *Künstliche Intelligenz*,
DOI 10.1007/978-3-662-58042-4_2, © Der/die Autor(en) 2019

dungen die Informationen den Neuronen der nächsten Schicht senden, jedoch nicht zurücksenden kann.

Das eigentliche „Wissen" des Netzes steckt, entsprechend einem biologischen neuronalen Netz, in der Gewichtung der einzelnen Verbindungen zwischen den künstlichen Neuronen. Diese Struktur muss zunächst erzeugt werden, das Netz wird also angelernt. Eine gängige Methode hierfür ist das Überwachte Lernen (Supervised Machine Learning). Dabei trainiert man das Netz mit bekannten Eingangsdaten sowie Ausgangsdaten und stellt die Gewichtung der einzelnen Verbindungen so ein, dass Fehler am Ausgang minimal ausfallen. So kann ein neuronales Netz zum Beispiel trainieren, auf Bildern Hunde und Katzen zu unterscheiden, indem man am Eingang Bilder verwendet, von denen bekannt ist, welche der beiden Tierarten darauf zu sehen ist (Wert am Ausgang). Die Trainingsphase ist abgeschlossen, wenn das neuronale Netz mit unbekannten, nicht für das Training verwendeten Daten eine Fehlerrate erreicht, die unter einem vorher festgelegten und der Anwendung angemessenem Wert liegt. Grundsätzlich kann man sagen, dass ein neuronales Netz mit mehr Schichten und mehr Neuronen, zusammen mit möglichst vielen Trainingsdaten, theoretisch die besten Resultate erzeugt, gleichzeitig aber mit der Anzahl der Neuronen, der Anzahl der Schichten und der Menge an Trainingsdaten der Rechenaufwand erheblich steigt. Diese Berechnungen können auf unterschiedliche Art und Weise in Software umgesetzt werden. Wichtig dabei ist jedoch, dass die Berechnungen in der Regel so implementiert sind, dass mathematisch hauptsächlich Matrixmultiplikationen und Vektoradditionen durchgeführt werden. Im Folgenden wird am Beispiel der Matrixmultiplikation gezeigt, warum dies einen entscheidenden Einfluss darauf hat, welche Hardware für KI-Anwendungen besonders effizient ist.

Matrix A multipliziert mit Matrix B ergibt dabei eine neue Matrix C (siehe Abbildung 1.1). Die vier Elemente der Ergebnismatrix C werden dabei unabhängig aus Elementen der Matrizen A und B berechnet und enthalten keine unmittelbaren Abhängigkeiten untereinander. Das heißt, die Matrixmultiplikation kann sehr einfach in vier Rechnungen aufgeteilt werden, die nicht aufeinander aufbauen und aus diesem Grund gleichzeitig ausgeführt werden können, ohne auf ein anderes Zwischenergeb-

$$\begin{pmatrix} A_{11} & A_{12} \\ A_{21} & A_{22} \end{pmatrix} * \begin{pmatrix} B_{11} & B_{12} \\ B_{21} & B_{22} \end{pmatrix} = \begin{pmatrix} A_{11}B_{11}+A_{12}B_{21} & A_{11}B_{12}+A_{12}B_{22} \\ A_{21}B_{11}+A_{22}B_{21} & A_{21}B_{12}+A_{22}B_{22} \end{pmatrix}$$

Abbildung 1.1: Multiplikation zweier Matritzen

nis warten zu müssen. Jede einzelne Rechnung besteht dabei nur aus einer Addition zweier Multiplikationen, zum Beispiel $A_{11}B_{11} + A_{12}B_{21}$, wobei die beiden Multiplikationen auch gleichzeitig ausgeführt werden können, um in einem zweiten Schritt addiert zu werden. Die auf den ersten Blick recht aufwendige Multiplikation zweier Matrizen lässt sich so in viele einfache Teile zerlegen. Es wird deutlich, dass in einem ersten Schritt acht Multiplikationen gleichzeitig und in einem zweiten Schritt vier Additionen gleichzeitig ausgeführt werden können. Insgesamt lässt sich diese Rechnung also sehr gut parallelisieren, was wiederum der entscheidende Punkt für die Wahl der Hardware ist. Zur Verfügung stehen dafür im Allgemeinen Universalprozessoren (CPU), Beschleunigerkarten, die im Wesentlichen auf Grafikprozessoren basieren (GPU), und anwendungsspezifische Schaltungen (ASIC).

Aktuelle Hardware-Lösungen

Die meisten heute verwendeten Universalprozessoren, wie beispielsweise die Hauptprozessoren in allen gängigen Computern wie auch Mobilgeräten und Servern, basieren grundlegend auf einer Architektur, die John von Neumann im Jahr 1945 beschrieb und die auch nach ihm benannt ist (von-Neumann-Architektur). Kennzeichen dieser Architektur ist ein gemeinsamer, zentraler Speicher für Daten und Instruktionen. Dies ist konzeptionell sehr effizient, da möglichst leistungsfähige Rechenwerke die Programme sequenziell, also Schritt für Schritt, abarbeiten sollen. Optimiert ist ein solcher Prozessor für aufeinander aufbauende, komplexe Berechnungen, nicht jedoch für parallelisierbare Aufgaben. Dies gilt grundsätzlich, ist heute jedoch nur noch eingeschränkt gültig, da sich die Entwicklung der CPUs in den vergangenen Jahrzehnten ein Stück weit von den Ursprüngen entfernt hat. Moderne CPUs verfügen über hohe Taktraten und eine hohe Rechenleistung pro Takt, und durch Befehlserweiterungen sind sie in der Lage, auch komplexere Berechnungen in einem oder sehr wenigen Schritten auszuführen. Zudem ist mit diesen modernen CPUs inzwischen auch ein paralleles Abarbeiten mehrerer Aufgaben möglich, da sie mehrere Prozessorkerne (in Smartphones aktuell bis zu 10, in Serverprozessoren 32 und mehr) beinhalten und Technologien wie SMT (simultaneos multithreading) dies unterstutzen – eine Technik, die es erlaubt, im begrenzten Umfang zwei Aufgaben auf demselben Prozessorkern auszuführen. Moderne CPUs sind also sehr leistungsfähig, vielseitig und können komplexe Probleme schnell bearbeiten. Für Rechnungen, die massiv parallelisiert werden können und aus eher einfachen Teilaufgaben bestehen, ist eine CPU jedoch weiterhin eher ungeeignet. Die Teilschritte werden zwar sehr schnell ausgeführt, die Anzahl der parallel ausgeführten Aufgaben ist jedoch begrenzt. Die große Rechenleistung der einzelnen Kerne und viele Optimierungen moderner Prozessoren wie etwa Befehlssatzerweiterungen können kaum oder nicht genutzt werden – mit der Folge, dass letztlich ein solcher Prozessor mit parallelen Rechenarbeiten nicht optimal ausgelastet werden kann.

In den vergangenen Jahren wurde deshalb für solche Berechnungen immer häufiger Hardware verwendet, die eigentlich für die Bildausgabe entwickelt wurde. Diese basiert auf sogenannten GPUs. Die Leistungsfähigkeit dieser Grafikhardware ist, besonders im Vergleich zu CPUs, in jüngster Zeit verhältnismäßig stark gestiegen. GPUs bestehen aus ähnlichen Einzelbausteinen wie CPUs, unterscheiden sich in der Gesamtarchitektur jedoch deutlich. Für die Berechnung einzelner Bildpunkte nutzten GPUs früher kleine Rechenkerne, sogenannte Shader, die auf bestimmte Funktionen optimiert waren und nur diese ausführen konnten. Es gab spezialisierte Shader, beispielsweise um die Farbe, die Transparenz oder Geometrie einzelner Bildpunkte oder Bildbereiche zu berechnen. Ob die einzelnen Funktionen jedoch genutzt wurden, hing dabei stark von der Software ab. Um die Hardware generell besser auslasten zu können, basieren moderne GPUs deswegen auf universellen Shadern, sogenannten Unified Shader-Architekturen. Diese generalisierten Shader sind in der Lage, je nach Bedarf jede der gewünschten Funktionen auszuführen. Bedingung ist, dass jeder Shader direkt programmiert werden kann, was ihn zu einem kleinen Universalprozessor macht. Diese Fähigkeit ermöglicht es nun, solche GPUs nicht mehr nur zur Bildberechnung zu nutzen, sondern sie auch andere Berechnungen anstellen zu lassen, was sie zu GPGPU („general purpose computation on graphics processing unit") werden lässt. Bei der Verwendung als GPGPU kann nun jeder Shader als eine Art Universalrechenkern angesehen werden. Ein solcher Kern ist für sich genommen im Vergleich zu einem CPU-Kern zwar erheblich schwächer und deutlich niedriger getaktet, moderne GPUs verfügen jedoch über tausende entsprechender Shader, zwei Größenordnungen mehr als eine CPU. Ein weiterer Unterschied zur CPU besteht darin, dass der Speicher einer Grafikkarte um etwa einen Faktor zehn schneller angebunden ist, was besonders bei großen Datenmengen von Vorteil ist.

Eine dritte Möglichkeit Berechnungen durchzuführen, ist die Verwendung anwendungsspezifischer integrierter Schaltkreise (ASIC). Hierbei handelt es sich im Gegensatz zu CPUs und in Grenzen GPUs nicht um Universalprozessoren, die prinzipiell in der Lage sind, fast jede Berechnung durchzuführen. ASICs sind speziell für nur eine bestimmte Aufgabe entworfene Schaltkreise. Die Grenze, an der ein modifizierter oder ergänzter Universalprozessor aufhört und ein ASIC beginnt, ist dabei durchaus fließend, für die Auswahl von KI-Hardware aber nicht zwingend wichtig.

Relevant für die KI-Anwendung ist zum einen Hardware, die auf Matrixrechenoperationen spezialisiert ist. Derartige Hardware ist zurzeit in Form von speziellen, zusätzlichen Rechenkernen auf KI-Beschleunigern wie Nvidia Tensor Core (NVIDIA TESLA V100 GPU ARCHITECTURE) oder ganzen darauf spezialisierten Prozessoren wie bei Google, tensor processing unit, TPU verfügbar. Zum anderen gibt es auch Bestrebungen für KI-Anwendungen, bei denen ein KNN komplett in Hardware abgebildet werden soll, sogenannte neuromorphe Hardware.

Die aktuell gängigen Implementationen von KNN basieren darauf, dass im Wesentlichen sehr viele Matrixoperationen ausgeführt werden. Wie am Beispiel der Matrixmultiplikation gezeigt, sind solche Aufgaben inhärent parallelisierbar, lassen sich also in viele recht einfache Rechnungen zerlegen, die größtenteils gleichzeitig stattfinden können. Von den Optimierungen moderner, auch leistungsfähiger CPUs mit ihrer noch begrenzten Fähigkeit zum Parallelrechnen kann solch eine Anwendung allerdings kaum profitieren. Vielmehr können GPUs, ursprünglich für Grafikhardware bzw. Beschleunigerkarten entwickelt, hier ihr Potenzial voll ausspielen. Dies ist auch der wesentliche Grund dafür, dass viele KI-Anwendungen erst mit der Nutzung von GPUs den Durchbruch schafften. Zuvor waren nur sehr teure Großrechner in der Lage, entsprechende Berechnungen in angemessener Zeit durchzuführen. Großes Zukunftspotenzial haben auch auf Matrixoperationen spezialisierte ASICs, wie sie gegenwärtig schon nach und nach zum Einsatz kommen. Die Unterschiede in der Effizienz sind dabei deutlich: So gibt Google für die eigens entwickelte TPU – ein ASIC für Vektoroperationen – bei KI-relevanten Berechnungen etwa die 80-fache Rechenleistung gegenüber einer CPU und die 30-fache Rechenleistung gegenüber einer GPU an, wobei diese Werte auf die aufgenommene elektrische Leistung, also pro Watt, normiert sind (Jouppi et al. 2017; Hot Chips 2017: A Closer Look At Googles TPU v2).

Die skizzierten Unterschiede in den Prozessor-Architekturen verdeutlichen, welch wichtige Rolle der verwendeten Hardware für den Erfolg von KI-Konzepten zukommt. Im folgenden Abschnitt wird deshalb ein genauerer Überblick gegeben, welche Akteure hier mit welcher Hardware im Markt aktiv sind. Grundsätzlich lässt sich festhalten, dass sich die Rechentechnik für KI-Anwendungen immer weiter von der klassischen von-Neumann-Rechenmaschine entfernt. Ein interessanter Aspekt der Entwicklung, denn von Neumann hatte für sein Konzept der Rechenmaschine eigentlich das zentrale Nervensystem des Menschen durchaus als ein Vorbild betrachtet und die Gemeinsamkeiten und Unterschiede in seinem Buch „Die Rechenmaschine und das Gehirn" (Neumann 1960) schon vor Jahrzehnten präzise durchdacht.

Marktübersicht

Zahlreiche Hersteller bieten bereits für KI-Anwendungen optimierte Rechenhardware an und es kommt stetig neue hinzu. Die erste große wirtschaftliche Erfolgsgeschichte einer KI-Hardware ist mit dem Namen Nvidia Corporation verbunden: Das in Kalifornien beheimatete Unternehmen wurde 1993 gegründet und begann mit der Kommerzialisierung von GPUs, die sich speziell für den Einsatz in der 3D-Computergrafik eigneten und mit denen sich zahlreiche Aspekte computergenerierter Bilder parallel rechnen ließen. Um die Jahrtausendwende hatte sich das Unternehmen in diesem Bereich sehr erfolgreich am Markt positioniert. Es folgten Firmenübernahmen und

Expansion, u. a. auch durch den Zukauf der Berliner Mental Images GmbH im Jahr 2007. Im gleichen Jahr veröffentlichte Nvidia mit CUDA (Compute Unified Device Architecture) eine Schnittstelle für seine Hardware, um GPGPU für das unspezifische Abarbeiten parallelisierbarer Rechenaufgaben zu ermöglichen.

Das war der Startschuss für eine breite Nutzung der Grafikkarten für DL in einer großen Forschungsgemeinschaft. Ebenfalls 2007 brachte Nvidia den ersten Prozessor der Tesla-Reihe auf den Markt, dessen aktuelle Version Volta heißt. Die Strukturgröße der Transistoren im Volta ist nur noch zwölf Nanometer groß, und der Chip umfasst mehr als 5.000 Shader – ein großer Unterschied also zu den 28 Rechenkernen in Intels aktueller CPU. Nvidia spricht in Hinblick auf die aktuellste Volta-Generation von neuen „Tensor Cores"[6]. Der Begriff in der Benennung von Chips soll darauf hindeuten, dass Matrixoperationen auf diesen Chips sehr effizient durchgeführt werden können. Während bei CPUs die Leistungszuwächse (oft beschrieben durch das „Mooresche Gesetz") in den vergangenen Jahren von Generation zu Generation eher kleiner wurden, konnten Nvidias GPUs in den aktuellsten Generationen enorme Leistungssprünge verzeichnen.

Gegenüber CPUs, die sich seit vielen Jahren in PCs, Servern – heute meist Cloud genannt – und mittlerweile insbesondere in Smartphones befinden, konnte Nvidia mit seinen neuen KI-Chips ein völlig neues Marktsegment erschließen. Dies spiegelt sich deutlich in der unterschiedlichen Entwicklung der Aktienkurse von Nvidia und vom Hersteller klassischer CPUs Intel wider (siehe Abbildung 1.2). Und Nvidias KI-Chips können auch in der Cloud als mächtige KI-Rechencluster genutzt werden. Interessanterweise arbeitet das Unternehmen für dieses Angebot mit Microsoft und dem im Cloud-Computing dominanten Amazon zusammen. Im Rahmen seines „AI Lab"-Programms kooperiert Nvidia mit wichtigen KI-Forschungseinrichtungen. Als einen der beiden ersten europäischen Partner wählte Nvidia das Deutsche Forschungszentrum für Künstliche Intelligenz (DFKI) in Saarbrücken (Auel 2016).

Aufgrund der absehbar auch künftig dynamischen Marktentwicklung von KI für eine steigende Anzahl von Anwendungen hat auch der Konzern Google, der sich die Entwicklung von KI seit Unternehmensgründung als langfristiges Ziel auf die Fahnen geschrieben hatte, eine eigene Hardware entwickelt. Deren Name TPU (Tensor Processing Unit), orientiert sich an den Begriffen CPU und GPU. Die gegenwärtig bereits in der zweiten Generation verfügbaren Google-TPUs dienen ebenfalls dazu, Matrix-

---

[6] *Da auch Google den Begriff Tensor für die eigene Hardware verwendet, sei kurz darauf hingewiesen, dass es sich bei einem Tensor um ein mathematisches Objekt handelt, das in einfachen Fällen eine Zahl oder ein Vektor ist, in komplexeren Fällen eine multidimensionale Matrix.*

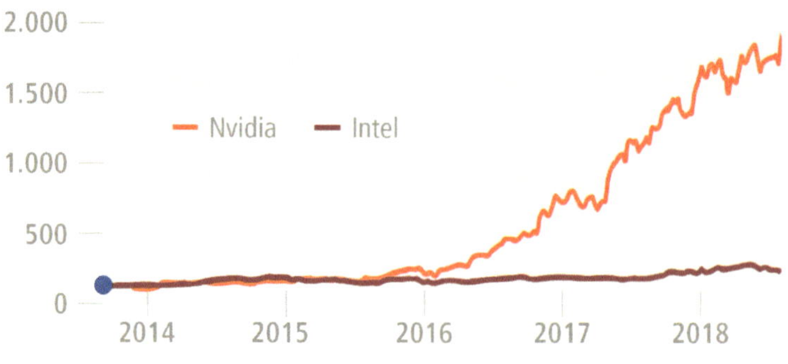

Abbildung 1.2: Aktienpreise, der Preis vom 1. Januar 2012 entspricht 100, um das Verhältnis der Kurssteigerung abzubilden (eigene Darstellung basierend auf IDC, Thomson Reuters).

operationen effizient auszuführen. Die Chips wurden dabei so gestaltet, dass die von Google entwickelte Open-Source-Softwarebibliothek TensorFlow effektiv damit verwendet werden kann. Google stellt die TPUs im Rahmen des eigenen Cloud-Angebotes zur Verfügung; prominent eingesetzt wurde die Hardware bei dem 2016 Aufsehen erregenden Sieg von AlphaGo über den Go-Spieler Lee Sedol.

Während diese Entwicklungsansätze von KI-Hardware einerseits auf den lokalen Einsatz zielen und andererseits aufgrund ihrer Effizienz mit CPUs in Rechenzentren oder Supercomputern konkurrieren, werden schon mobile Chips mit Recheneinheiten ausgestattet, die ML unterstützen. Anwendungen fallen dabei in vielen Fällen in den Bereich Computer Vision, in dem mit ML eindrucksvolle Erfolge erzielt werden konnten. Microsoft setzt beispielsweise in seiner für Augmented bzw. Mixed Reality Anwendungen entwickelten HoloLens eine Holo Processing Unit ein, die CPU und GPU unterstützt – also eine HPU, der allgemeinen Bezeichnungstradition folgend.

Gegenwärtig weitverbreitet ist der sogenannte A11 Bionic Chip, der im iPhone 8 (Plus) und X eingesetzt wird. Die System-on-a-Chips (SoCs), die bisherige iPhone-Generationen antrieben, enthielten bereits mehrere Prozessoren, neben einer CPU und GPU auch gesonderte Prozessoren, die nur Bewegung erfassen und dabei besonders energieeffizient sind. Seit dem A11 Bionic umfasst der Chip auch einen von Apple als Neural Engine bezeichneten Prozessor, der für Machine Learning insbesondere im Bereich Computer Vision angewendet wird. So ermöglicht diese Neural Engine die nahezu in Echtzeit stattfindende Entsperrung des Smartphones durch lokal ausgeführte Gesichtserkennung (Face ID). Und obwohl auch andere Hersteller von Smartphone-Chips auf lokale KI-Hardware setzen, sticht die Neural Engine auch deshalb hervor, weil sie dabei hilft, den von Apple favorisierten Entwicklungsansatz zu unterstützen, Daten so weit wie möglich auf dem Endgerät des Nutzers zu belassen und dort zu verarbeiten. Während bei Google eingestellte Bilder in die Cloud geladen werden und erst dort Mustererkennung auf den Fotos stattfindet, ermöglicht die Neural Engine eine effiziente Mustererkennung von Fotos auf dem iPhone.

Ebenfalls für den Bereich Computer Vision vorgesehen ist die Vision Processing Unit (VPU) von Intel, die aktuell den Namen Myriad X trägt und auf Technologie von Movidius fußt. Bevor dieses Unternehmen 2016 von Intel übernommen wurde, stellte es die kleine und energieeffiziente Computer-Vision-Technologie für Drohnen von DJI bereit. Mit einem Verbrauch im Bereich von einem Watt eignet sich der aktuelle Myriad X für den mobilen Einsatz und kann Stereo-Bildquellen mit einer Auflösung von 720 Pixel bei einer Frequenz von 180 Hertz auswerten. Im selben Jahr wie Movidius übernahm Intel 2016 auch Nervana Systems, deren Technologie im aktuellen Nervana Neural Network Processor (NNP) verbaut wird und für den nicht-mobilen Einsatz konzipiert ist. Die beiden Übernahmen wirken wie ein Doppelschlag, um sich gegen bereits etablierte Konkurrenten am Markt zu positionieren. Darüber hinaus übernahm Intel im Bereich Automotive das israelische Unternehmen Mobileye, das spezifische Sensoren für Fahrassistenzsysteme anbietet. Der milliardenschwere Kauf besiegelte den größten Exit der israelischen Technologiewirtschaft.

Neben Nvidia und den bekannten Riesen erforschen und entwickeln diverse Start-ups eigene Lösungen von unterschiedlicher öffentlicher Transparenz, die hier nur exemplarisch vorgestellt werden können. Zu nennen wäre beispielsweise Graphcore, ein 2016 in Großbritannien gegründetes Start-up, das sein System Intelligence Processing Unit (IPU) nennt und damit nach eigenen Angaben beeindruckende Performances erreicht. Das 2013 in Beijing gegründete Unternehmen Bitmain Technologies entwickelt ASICs, die für das Mining von Bitcoins optimiert sind. Bitmain weitet seine Aktivitäten gerade in den Bereich ASICs für KI-Anwendungen aus und verfolgt dabei technisch einen ähnlichen Ansatz wie Google. Die Lösung von Wave Computing wird Dataflow Processing Unit genannt und ist für den Einsatz in Servern bzw. der Cloud konzipiert. Wie konkurrenzfähig Start-ups wie Groq, Cerebras (beide USA) oder Cambricon (China) in der nächsten Zeit sein werden, ist noch nicht abzuschätzen.

Ausblick

Die Entwicklung von KI-Anwendungen und deren praktische wie wirtschaftliche Bedeutung werden auch künftig maßgeblich von Entwicklungen im Bereich der Hardware abhängen. Die Adaption von KNN auf GPU-Hardware war in der Vergangenheit ein essenzieller Schritt, um deren Berechnung um Größenordnungen zu beschleunigen und Zeitskalen zu erreichen, die eine praktische Anwendung erlauben. Ähnliche Schritte sind auch in Zukunft zu erwarten. Mobile KI-Anwendungen, bei denen neuronale Netze auf kleinen, mobilen Geräten ausgeführt werden, benötigen Spezialhardware, die neben hoher Leistung auch eine sehr niedrige Leistungsaufnahme aufweist. Erste Entwicklungen zeigen sich etwa im Bereich der Mobiltelefone, wo KI-Koprozessoren verwendet werden, um beispielsweise die Qualität der damit aufgenommen Fotos und/oder deren inhaltliche Auswertung zu verbessern. Enorme Potenziale für die Zukunft lassen sich in aktuellen Forschungsergebnissen zu neuromorphen Prozessoren erkennen. IBM zum Beispiel zeigt bereits die zweite Generation seines Demonstrations-KI-Prozessors TrueNorth, welcher in Hardware eine Million Neuronen mit 256 Millionen Synapsen implementiert (Merolla et al. 2014). Dieser Prozessor ist in der Lage, typische Aufgaben der Bildauswertung mit hoher Genauigkeit und Geschwindigkeit durchzuführen, benötigt dafür aber im Vergleich zum kommerziellen Stand der Technik Größenordnungen weniger elektrische Energie (25 bis 275 Milliwatt) (Esser et al. 2016).

Die Hardware ist dabei deswegen so effizient, weil sie in Grenzen das KNN bereits in ihrer Schaltung widerspiegelt. Einzelne Rechenkerne bilden die Neuronen, die untereinander vernetzt sind (Synapsen), wobei jeder dieser „neurosynaptischen" Rechenkerne seinen eigenen Speicher hat. Hier zeigt sich in besonderem Maße die Abkehr von klassischen Architekturen, bei denen Rechenwerke und Speicher klar getrennt sind. Bei Berechnungen können jedoch alle Kerne mehr oder minder parallel arbeiten und blockieren sich nicht gegenseitig bei der Abfrage von Gewichtungsinformationen, die bei klassischen Architekturen in einem gemeinsamen zentralen Speicher liegen würden. Auch arbeiten die einzelnen Kerne nicht nach einem festen Takt, sondern nur, wenn sie durch relevante Aktivität anderer Rechenkerne angeregt werden, was die Effizienz erheblich verbessert und der Arbeitsweise des Gehirns ähnelt. Perfekt ist diese Technik allerdings nicht. So kann der TrueNorth-Chip ein künstliches neuronales Netzwerk nicht trainieren, sondern ist dabei auf klassische Hardware angewiesen (Honey 2018). Auch können wegen der deutlich abweichenden Hardware nicht alle Softwarewerkzeuge benutzt werden, welche sich in der Zwischenzeit etabliert haben. Nichtsdestotrotz sind erste Ergebnisse zu neuromorpher Hardware vielversprechend. Bevor es aber zu einer Verdrängung der zurzeit dominierenden KI-Hardware auf Basis von Grafikprozessoren und zum Teil ASICs kommt, müssen sicherlich noch einige Jahre Entwicklungsarbeit investiert werden. Unerwartete Effekte, wie zum Beispiel die aktuelle Knappheit und der erhebliche Preisanstieg bei Grafikprozessoren durch den Boom von Kryptowährungen wie Bitcoin und Ethereum können die Geschwindigkeit der Entwicklung jedoch durchaus beeinflussen.

Betrachtet man die aktuellen Marktteilnehmer und die sich abzeichnenden Entwicklungen im Bereich der Hardware für KI-Anwendungen, so wird deutlich, dass Know-how und Gewinne sich gegenwärtig in den USA konzentrieren und zusätzliche Akteure in China sichtbar werden. Kommerzielle deutsche Angebote finden sich gegenwärtig nicht. Dies ist eigentlich verwunderlich, denn in Deutschland sind mit der Automobilindustrie und dem Maschinen- und Anlagenbau vielversprechende KI-

Anwenderbranchen stark verankert. Branchengrößen wie Bosch und Continental setzen beispielsweise aktuell auf Chips von Nvidia. In der Grundlagenforschung zeigt sich hingegen ein anderes Bild. An der Universität Heidelberg etwa hat die Gruppe um den Physiker Karlheinz Meier den neuromorphen Hochleistungscomputer Brain-ScaleS entworfen und realisiert, der vier Millionen Neuronen mit einer Milliarde Synapsen in Hardware abbildet (Kerstin Sonnabend 2016; Schiermeier und Abbott 2016). Dieser Computer wird genutzt, um im Rahmen des Human Brain Projects der Europäischen Union (Human Brain Project) Vorgänge im Gehirn zu simulieren.

Literatur

Auel, Kersten (2016): Deep Learning: Nvidia kooperiert mit dem DFKI. Online verfügbar unter https://www.heise.de/ix/meldung/Deep-Learning-Nvidia-kooperiert-mit-dem-DFKI-3247792.html, zuletzt geprüft am 18.07.2018.

Honey, Christian; Waldrop, Mitchell (2018): Wettrennen um das künstliche Gehirn. Online verfügbar unter https://www.heise.de/tr/artikel/Wettrennen-um-das-kuenstliche-Gehirn-3996587.html, zuletzt geprüft am 21.03.2018.

Esser, Steven K.; Merolla, Paul A.; Arthur, John V.; Cassidy, Andrew S.; Appuswamy, Rathina-kumar; Andreopoulos, Alexander et al. (2016): Convolutional networks for fast, energy-efficient neuromorphic computing. In: Proceedings of the National Academy of Sciences of the United States of America 113 (41), S. 11441–11446. DOI: 10.1073/pnas.1604850113.

Hot Chips (2017): A Closer Look At Google's TPU v2. Online verfügbar unter http://www.tomshardware.com/news/tpu-v2-google-machine-learning,35370.html, zuletzt geprüft am 21.03.2018.

Human Brain Project. Online verfügbar unter https://www.humanbrainproject.eu/en/, zuletzt geprüft am 21.03.2018.

Jouppi, Norman P.; Young, Cliff; Patil, Nishant; Patterson, David; Agrawal, Gaurav; Bajwa, Raminder et al. (2017): In-Datacenter Performance Analysis of a Tensor Processing Unit. In: CoRR abs/1704.04760.

Kerstin Sonnabend (2016): Vom Gehirn inspiriert, 24.03.2016. Online verfügbar unter http://www.pro-physik.de/details/physiknews/9108261/Vom_Gehirn_inspiriert.html, zuletzt geprüft am 21.03.2018.

Merolla, Paul A.; Arthur, John V.; Alvarez-Icaza, Rodrigo; Cassidy, Andrew S.; Sawada, Jun; Akopyan, Filipp et al. (2014): Artificial brains. A million spiking-neuron integrated circuit with a scalable communication network and interface. In: Science (New York, N.Y.) 345 (6197), S. 668–673. DOI: 10.1126/science.1254642.

Neumann, J. von (1960): Die Rechenmaschine und das Gehirn: Oldenbourg (Scientia Nova Series). Online verfügbar unter https://books.google.de/books?id=msjK3xRMNkAC, zuletzt geprüft am 21.03.2018.

NVIDIA TESLA V100 GPU ARCHITECTURE. Online verfügbar unter http://images.nvidia.com/content/volta-architecture/pdf/volta-architecture-whitepaper.pdf, zuletzt geprüft am 21.03.2018.

Schiermeier, Quirin; Abbott, Alison (2016): Flagship brain project releases neuro-computing tools. In: Nature 532 (7597), S. 18. DOI: 10.1038/nature.2016.19672, zuletzt geprüft am 21.03.2018.

2. Normen und Standards in der KI

Axel Mangelsdorf

*Es gibt immer mehr Anwendungen für KI – von optischer Erkennung, Daten-
analyse und -manipulation über Chat-Bots bis zu virtueller Realität. Mit der
steigenden Anzahl von KI-Anwendungen in Unternehmen und dem immer
größeren Nutzen für Verbraucher entsteht gleichzeitig eine Anzahl von neuen
Herausforderungen. Dazu zählen Fragen der Interoperabilität der Systeme,
Best Practices für den Einsatz von KI sowie Vertrauen und Sicherheit. Normen
und Standards können einen wichtigen Beitrag dabei leisten, die wirtschaftliche Entwicklung der KI zu fördern und zugleich Vertrauen und Akzeptanz bei
Mitarbeitern und Kunden zu stärken.*

Für die KI-Anwendung sind Sicherheits- und Qualitätsnormen unerlässlich, da sie das
Vertrauen in neue Technologien stärken, Kaufentscheidungen vereinfachen und
damit die Markteinführung beschleunigen (Blind 2009). Normen funktionieren darüber hinaus als Katalysator für Innovationen, indem sie die Verbreitung von technolo-
gischem Wissen fördern, zur Erschließung neuer Märkte beitragen oder diese gar
erst entstehen lassen. Die Entstehung von Normen und Standards ist jedoch ein komplexer Prozess, in den sich Unternehmen und auch andere interessierte Kreise wie
Verbraucherorganisationen aktiv in technischen Komitees von Normungsorganisationen oder der Konsortialstandardisierung einbringen müssen. Für den Bereich der KI
haben nationale und internationale Normungsorganisationen sowie informelle Standardisierungskonsortien den Bedarf nach Normen und Standards bereits erkannt, die
KI-Normung steht jedoch noch am Anfang.

Dieser Beitrag gibt Auskunft, welche Normungsorganisationen, Standardisierungskonsortien und technische Komitees sich zurzeit aktiv mit dem Thema KI beschäftigen und welche Normen und Standards dort gesetzt werden. Zudem wird gezeigt,
welche Normen und Standards es im Bereich KI aktuell gibt und welche Probleme
diese Standards lösen. Schließlich werden mögliche künftige Handlungsräume erör-
tert und analysiert, welche Folgen die KI künftig für die Normungsarbeit selbst haben
kann.

KI-Normen und Normungsinitiativen

Zwischen formellen Normungsorganisationen und informellen Standardisierungskonsortien gilt es zu unterscheiden: Formelle Normungsorganisationen entwickeln in

V. Wittpahl (Hrsg.), *Künstliche Intelligenz*,
DOI 10.1007/978-3-662-58042-4_3, © Der/die Autor(en) 2019

offenen, transparenten und auf Konsens angelegten Prozessen formelle Normen oder de jure-Standards, während informelle Standardisierungskonsortien de facto-Standards entwickeln. De facto-Standards entstehen durch Marktprozesse oder als Ergebnisse der konsortialen Standardisierung (Blind und Brock 2018). Formelle Normen haben im Vergleich zu informellen Standards eine oft höhere Qualität und besonders im Europäischen Binnenmarkt eine höhere Legitimität (Belleflamme 2002, Leiponen 2008). Formelle Normungsorganisationen sind zum Beispiel das Deutsche Institut für Normung (DIN) und die International Organization for Standardization (ISO). Zum Bereich der konsortialen Standardisierung zählen das amerikanische Institute of Electrical and Electronics Engineers Standards Association (IEEE-SA) oder der Zusammenschluss der großen US-amerikanischen IT-Unternehmen unter der Initiative Partnership on Artificial Intelligence to Benefit People and Society (Partnership on AI).

Normen lassen sich als Innovationsindikatoren heranziehen (Grupp et al. 2002). Neben den oben genannten Aspekten sind vor allem Interoperabilitäts-Normen in Industrien wichtig, die durch kurze Innovationszyklen gekennzeichnet sind. In diesen Industrien können Normen die Marktentwicklung von Produkten fördern oder gar erst entstehen lassen. Deshalb sind Normen nicht nur als nachgelagerte Indikatoren zu betrachten, sondern nehmen eher eine Katalysatorfunktion im Innovationsprozess ein (Blind 2009).

Mit Hilfe einer Datenbankabfrage in der Normendatenbank PERINORM[7] lassen sich KI-Normen recherchieren. So lassen sich etwa alle Normen finden, die die Begriffe „Artificial Intelligence" entweder im Titel oder im Abstract der Norm aufführen. Die Ergebnisse einer solchen Recherche zeigen, dass bis zum Jahr 2016 vor allem internationale Normen mit terminologischem Charakter entwickelt und in nationale Normenwerke übernommen, d. h. international verbreitet wurden.

Eine Norm für die Definition von KI-Terminologien ist die „ISO/IEC 2382:2015: Information technology – Vocabulary". Entwickelt hat sie das gemeinsame ISO/IEC technische Komitee „Informationstechnologie". Die Terminologienorm fasst IT-bezogene Definitionen zusammen, die zuvor in mehr als 30 Normen verteilt waren. Die Norm ISO/IEC 2382:2015 wurde von den formellen Normungsorganisationen in Tschechien, Deutschland, Frankreich, Japan, Litauen, Polen, der Türkei und den USA in nationale Normenwerke übernommen. Im Deutschen Institut für Normung wurde im Januar 2018 ein nationales Spiegelgremium zum ISO Subkomitee ISO/IEC JTC 1/ SC 42 gebildet. Der Normenausschuss NA 043-01-42 AA „Künstliche Intelligenz" wird aus dem Normenausschuss Informationstechnik und Anwendungen (NIA) her-

---

aus gegründet mit dem Ziel, deutsche Interessen auf der ISO Ebene angemessen zu berücksichtigen. Im Bereich der elektrotechnischen Normung, die in Deutschland durch die Deutsche Kommission Elektrotechnik Elektronik Informationstechnik in DIN und VDE (DKE) getragen wird, wurde mit der VDI-Richtlinie: VDI/VDE 3550 Blatt 1 „Computational Intelligence - Künstliche Neuronale Netze in der Automatisierungstechnik" eine einheitliche begriffliche Basis für die Verwendung der maßgeblichen Begriffe im industriellen Einsatz entwickelt. AK 801.0.8 befasst sich mit der Spezifikation und dem Entwurf autonomer/kognitiver Systeme. Der Verband und Deutsche Kommission Elektrotechnik Elektronik Informationstechnik (VDE/DKE) ist zusammen mit neun weiteren nationalen und internationalen Normungsorganisationen aus Österreich, Großbritannien, China, U.S.A., Irland und der Türkei Gründungsmitglied des weltweiten „Forums Open Community for Ethics in Autonomous and Intelligent Systems" (kurz: OCEANIS), das sich mit ethischen Fragen rund um autonome und intelligente Systeme auseinandersetzt. OCEANIS beabsichtig, Informationen austauschen und sich zu ihren jeweiligen Initiativen und Programmen hinsichtlich ethischer Standardentwicklung abzustimmen, gemeinsame Veranstaltungen zu organisieren und die Möglichkeit für abgestimmte Aktivitäten aufzuzeigen.

Neben der genannten Terminologienorm ISO/IEC 2382:2015 berühren weitere ISO/IEC-Aktivitäten das Thema KI. Das Subkomitee 7 (SC 7) des „ISO JTC 1 Software and systems engineering" produziert zum Beispiel horizontale Softwarenormen für Prozessmodelle und Best Practices. Das „SO Technische Komitee 299 Robotics" entwickelt u. a. Sicherheitsnormen für industrielle (ISO 10218:2012) und nicht-industrielle (ISO 13482:2014) Roboter. Im Europäischen Binnenmarkt hat die Norm EN ISO 13482:2014 im Zusammenspiel mit dem New Legislative Framework einen gesetzlichen Charakter, da sie als Harmonisierte Norm im Amtsblatt der Europäischen Union veröffentlicht wurde. Mit einer Einhaltung der Anforderungen der EN ISO 13482:2014 tritt die sogenannte Vermutungswirkung in Kraft. Das bedeutet, dass mit der Anwendung der Norm gleichzeitig die Anforderungen der EU-Maschinenrichtlinie (2006/42/EG) erfüllt werden und Hersteller oder Importeure das Produkt auf den Markt bringen dürfen (Egan 2002). Bei ISO wird das Thema KI seit 2017 in einem neuen Subkomitee ISO/IEC JTC 1/SC 42 Artificial Intelligence bearbeitet. Das ISO Subkomitee beschäftigt sich mit Normung im Bereich der KI und berät das JTC 1, IEC und ISO zum Thema Entwicklung von KI-Anwendungen. Dem Subkomitee gehören Vertreter von nationalen Normungsorganisationen aus Österreich, Kanada, Finnland, Deutschland, Irland, Italien, der Schweiz und den USA an. Nicht stimmberechtigte Mitglieder (Observing Members) sind Dänemark und Schweden. Den Sekretariatsvorsitz des Subkomitees hat ein Vertreter des American National Standards Institute (ANSI) inne, den Stellvertretenden Vorsitz ein Vertreter des chinesischen Normungsinstituts. Bisher wurden von ISO/IEC JTC 1/SC 42 keine Normen veröffentlicht.

Die ITU-T (ITU Telecommunication Standardization Sector) ist diejenige Abteilung innerhalb der ITU, die in technischen Komitee Standards – die bei ITU-T Recs bzw. Recommendations (Empfehlungen) genannt werden – auf dem Gebiet der Telekommunikation erarbeitet. ITU-T Recs sind freiwillig in der Anwendung, werden jedoch häufig in nationale Gesetzgebungen integriert. Die bisher veröffentlichten Empfehlungen behandeln inhaltlich beispielsweise die Internet Netzwerkarchitektur von Breitband DSL bis zu Next Generation Networks. Technische Arbeitsgruppen werden bei ITU Study Groups genannt und veröffentlichen Arbeitsprogramme, in denen die Themen der kommenden Jahre festgelegt werden. Die „Study Group 20 Internet of things (IoT) and smart cities and communities (SC&C)" hat das Thema KI im Portfolio. Unter dem Titel „Artificial Intelligence and Internet of Things" wird derzeit in einem technischen Report analysiert, welche Interoperabilitätsfragen sich aus dem Zusammenspiel von KI und IoT im Smart City Kontext ergeben und welche Standardisierungsaktivitäten ITU-T beginnen sollte.

KI-Standards und Standardisierungsinitiativen

Ein Blick auf KI-Innovationsindikatoren (KI entwickelnde Unternehmen, Patenanmeldungen) zeigt, dass amerikanische Unternehmen das Technologiefeld KI stark dominieren. Von den ca. 260 weltweit tätigen Unternehmen, die sich eindeutig mit der Entwicklung von KI beschäftigen, sind mehr als zwei Drittel in den USA tätig. Ebenso haben die meisten Anmelder von KI-Patenten ihren Wohnsitz in den USA (IPlytics 2018). Das amerikanische Standardisierungsinstitut IEEE-SA ist bei der Erstellung von KI-Standards und bei KI-Standardinitiativen entsprechend ebenfalls Vorreiter.

Das Standardisierungsinstitut IEEE-SA hat mit der IEEE 1232-2010 „Artificial Intelligence Exchange and Service Tie to All Test Environments (AI-ESTATE)" einen Standard für die Fehler- und Systemdiagnose in Testumgebungen komplexer Systeme entwickelt. In komplexen Systemen wie z. B. im Flugzeugbau werden immer häufiger Techniken und Algorithmen der KI zur Fehler- und Systemdiagnose eingesetzt. Innerhalb dieser Algorithmen leiten Programme (sogenannte Inferenzmaschinen) Schlussfolgerungen über neues Wissen ab, die zur Lösung eines Problems führen. Der Standard IEEE 1232-2010 definiert Schnittstellen sowie Datenaustauschformate zwischen den Inferenzmaschinen, den Nutzern der Diagnosealgorithmen sowie angebundenen Datenbanken.

Die Norm IEEE 1232-2010 entwickelte die Institute of Electrical and Electronics Engineers Standards Association (IEEE-SA) im „IEEE Standards Coordinating Committee 20 (SCC 20) on Test and Diagnosis for Electronic Systems", und das Technische Komitee 91 „Electronics assembly technology" der Internationalen Elektrotechnischen Kommission überführte sie in eine internationale Norm. Diese wurde ins nationale Normenwerk von Großbritannien, den Niederlanden und Polen übernommen.

Das Standardisierungsinstitut IEEE-SA hat im Jahr 2016 die IEEE-Initiative für ethische Betrachtungen in KI und autonomen System „IEEE Global Initiative for Ethical Considerations in Artificial Intelligence (AI) and Autonomous Systems (AS)" gegründet (IEEE-SA 2018). Die Initiative hat zum Ziel, das Vertrauen in KI zu erhöhen und schneller zu verbreiten. IEEE-SA veröffentlicht eine Guideline für Ethically Aligned Design, in der internationale Experten für KI, Robotik, Recht und Politik Empfehlungen für die Entwicklung von KI-Technologien geben. Zum Beispiel empfehlen sie, KI-Systeme so transparent zu gestalten, dass eine Evaluierung des Systems durch Dritte wie Regulierer oder Unfallbegutachter möglich ist. Damit soll sichergestellt werden, dass die Implementierung von Sicherheitsregeln und gesellschaftlichen Normen in KI-Systeme überprüft werden kann. In der IEEE Initiative gibt es bisher zehn spezifische Normenprojekte. Im Folgenden werden drei der zehn Projekte kurz vorgestellt.

Im Normenprojekt „Model Process for Addressing Ethical Concerns During System Design" wird eine Methodologie für KI-Softwareingenieure entwickelt, die sicherstellen soll, dass Anwender ethische Bedenken schon zu Beginn der Entwicklung bzw. des Softwarelebenszyklus analysieren und implementieren. Das IEEE Projekt „Transparency of Autonomous Systems" erarbeitet einen Guide für Entwickler von Autonomen Systemen, mit dessen Hilfe während des Entwicklungsprozesses die Transparenz des Systems bewertet werden kann. Transparenz bedeutet hier, dass die Benutzer von Pflegerobotern zum Beispiel jederzeit eine Begründung dafür verlangen können, warum das System diese oder jene Entscheidung getroffen hat. Transparenz bedeutet für das IEEE Projekt ebenfalls die Rückverfolgbarkeit von Unfällen. Das System muss interne Prozesse offenlegen, die zum Unfall geführt haben. Zum Beispiel sollen Entwickler analog zur Aufzeichnung von Daten in Flugschreibern (Black Box) gewährleisten, dass interne Daten und Sensordaten sicher gespeichert werden. Die Transparenz von Autonomen Systemen soll gesellschaftliches Vertrauen in disruptive Technologien wie fahrerlose Autos erhöhen. Das IEEE Projekt „Ontological Standard for Ethically Driven Robotics and Automation Systems" zielt darauf ab, einen ontologischen Standard zu entwickeln, mit dessen Hilfe die ethische und moralphilosophische Sprache und Theorie auf der einen Seite mit der ingenieurwissenschaftlichen Sprache auf der anderen Seite harmonisiert.

Neben dem Standardisierungsinstitut IEEE-SA haben die großen amerikanischen IT-Unternehmen im Jahr 2016 ein Konsortium gegründet, das zum Ziel hat, für besseres Verständnis von KI in der Öffentlichkeit zu sorgen. Dem Konsortium „Partnership on Artificial Intelligence to Benefit People and Society" gehören die Unternehmen Amazon, DeepMind/Google, Facebook, IBM und Microsoft an. Etwa ein Jahr später trat auch Apple der Initiative bei. Deutsche Partner in der Gruppierung sind das Fraunhofer Institut für Arbeitswirtschaft und Organisation (IAO), SAP und Zalando. Das Konsortium will u.a. Industriestandards für KI-Anwendungen schaffen. Thematisch nennt die Gruppierung Bereiche wie Ethik, Transparenz, Sicherheit und Interoperabilität oder die Vertrauenswürdigkeit und Zuverlässigkeit der KI-Technologie (Partnership on AI 2018). Bisher wurden jedoch noch keine Industriestandards oder Best Practices veröffentlicht. Ebenfalls ist unklar, ob die Gruppierung Industriestandards über die Partnership on AI veröffentlicht oder ob die Unternehmen in technischen Gremien von ITU an internationalen Standards mitarbeiten. Schließlich sind Unternehmen wie Google auch in ITU Mitglieder.

Handlungsräume

Die Normung und Standardisierung für die KI steht noch am Anfang. Im Vergleich zu anderen Innovationsindikatoren (Anzahl der KI-Unternehmen, Patente, wissenschaftliche Veröffentlichungen) gibt es noch wenige Normen und Standards. Gleichzeitig steigen mit der Anzahl von Produkten und Anwendungen, die KI einsetzen, auch die Bedenken der Anwender und Verbraucher. Eine repräsentative Umfrage des Branchenverbandes Bitkom (Bitkom 2017) zeigt beispielsweise, dass eine Mehrheit der Bundesbürgerinnen und Bundesbürger befürchtet, dass der Einsatz von KI zu Machtmissbrauch und Manipulation führen kann. Die international am meisten verbreitete Norm ist eine Terminologienorm. Normen, die dem Nutzer von KI-Anwendungen Sicherheit garantieren, ethische Normen für KI-Algorithmen und Normen für die private Datensicherheit von KI-Anwendungen fehlen bisher weitgehend. Vor diesem Hintergrund lässt sich ein Normungs- und Standardisierungsbedarf für folgende Aspekte benennen.

1. Terminologie: Normen für die Definition von KI-Begriffen schaffen eine gemeinsame technische Sprache. Besonders internationale Normen verhindern nationale Insellösungen und reduzieren Handelshemmnisse.

2. Interoperabilität: Normen für Interoperabilität oder Schnittstellenstandards ermöglichen, dass verschiedene KI-Systeme zusammenarbeiten können und damit Netzwerkeffekte realisieren. Interoperabilität verringert Abhängigkeit von einzelnen Komponenten und Systemen und steigert die Produktvielfalt.

3. Sicherheit und Qualität: Normen für Sicherheit und Qualität erhöhen die Transparenz und Akzeptanz von KI-Technologien bei Verbrauchern. Dadurch werden Transaktionskosten gesenkt. Sicherheits- und Qualitätsstandards bilden oft die Grundlage für eine Zertifizierung durch Dritte. Im Zusammenspiel mit verpflichtenden Regulierungen können Sicherheits- und Qualitätsstandards de facto rechtsverbindlichen Charakter bekommen.

4. Ethische Standards: Nach Einschätzung von Bitkom (Bitkom 2017) und PwC (PwC 2017) ist die Formulierung von ethischen Standards fundamental für die Realisie-

rung von KI als Wachstumstreiber. KI ist nicht nur eine technologische Weiterentwicklung, denn KI hat auch das Potenzial, das Selbstbild des Menschen gegenüber
Maschinen, das soziale Gefüge und die politische Meinungsbildung radikal zu verändern. Ethische Standards müssen deshalb sicherstellen, dass KI-Systeme und
Algorithmen menschengerecht gestaltet werden. Um Handelsbarrieren zu verhindern, sind internationale Lösungen anzustreben.

Ausblick

Derzeit lässt sich noch nicht mit Sicherheit abschätzen, wie Normung und Standardisierung der KI in den nächsten Jahren aussehen werden. Vorstellbar sind Szenarien,
in denen einzelne führende KI-Unternehmen Industriestandards einführen (beispielsweise über die „Partnership on AI"), die sich am Markt durchsetzen. Da sich die KI-
Industrie geographisch derzeit stark in den USA konzentriert, ist es auch ein wahr-
scheinliches Szenario, dass amerikanische Normungsorganisationen im Vorteil sind,
da hier die relevanten Expertinnen und Experten in großer Zahl vorhanden sind, die
sich in den Normungsgremien beteiligen und die Inhalte der Normen definieren.
Dieses Szenario ist umso wahrscheinlicher, als die in den USA ansässige Normungs-
organisation IEEE-SA einen Vorsprung beim Thema KI hat.

Normen und Standards haben nicht nur einen Einfluss auf die Entwicklung der KI,
sondern die Digitalisierung im Allgemeinen, und die KI im Speziellen hat umgekehrt
ebenso einen zunehmenden Einfluss auf die Normungsarbeit. Digitale Techniken,
wie Webkonferenzen, werden immer häufiger verwendet, um die Hürden gerade für
kleine und mittlere Unternehmen, sich an der Normung zu beteiligen, zu senken und
somit eine breitere Beteiligung aller relevanten Parteien sicherzustellen. Normen und
Standarddokumente in elektronischer Form bzw. maschinenlesbare und verarbeit-
bare Normeninhalte erlauben eine schnellere Anwendung von Normen, eine einfachere Identifizierung von Schnittstellen und damit eine einfachere und effizientere
Nutzung (Birner et al. 2017). Software-Algorithmen simulieren schon heute das Verhalten von technischen Komponenten, und die Ergebnisse solcher Simulationen
gehen in die Normungsarbeit ein. Zukünftig können KI-unterstützte Algorithmen die
Spezifikationen der Algorithmen selbst verändern, was den Normungsprozess
beschleunigen könnte. Normungsorganisationen werden mit der Frage konfrontiert,
welche Art von Algorithmen (Baysianisch, Regression etc.), Daten und Computer
verwendet werden. Genieren KI-Algorithmen eigenständig neue Technologien, wird
auch die Frage nach den intellektuellen Eigentumsrechten aufgeworfen. Da nur
Menschen und keine Maschinen Besitzer von solchen Schutzrechten sein können,
unterliegen KI-generierte Technologien auch keinem Patentschutz. Werden KI-generierte Technologien in die Normung eingebracht, lassen sich ohne Patentschutz auch
keine Lizenzeinnahmen erzielen (Alderman und Newman 2018).

Der Normungsprozess ist vereinfacht als ein Entscheidungsbaum zu verstehen. Die Normungsexperten wählen eine bestimmte Verzweigung und diskutieren anschließend, welche Verzweigung im Entscheidungsbaum sie als nächstes wählen. Diese Vorgehensweise ist zeitintensiv und benötigt Ingenieurswissen und -kapazitäten. Hypothetisch ist somit auch vorstellbar, dass die KI den Normungsprozess beschleunigt, indem Algorithmen die Entscheidungsfindung übernehmen. Unternehmen in der Normung könnten zukünftig ihre Parameter und Ziele in KI-unterstützte Algorithmen eingeben und den optimalen Pfad errechnen, Grafiken erstellen und den Text des Standards schreiben (Alderman und Newman 2018). Dies wäre allerdings ein Szenario, denn ohne die Mitwirkung von Menschen in den Normungsprozessen ginge den Unternehmen eine wichtige Quelle für den Austausch technologischen Wissens verloren. Denn besonders für kleine und mittlere Unternehmen (KMU) ist der Wissenstransfer durch die Beobachtung von Wettbewerbern und die nicht-dokumentierten Gespräche in den Gremien ein wichtiges Motiv, um an der Normung teilzunehmen (Blind und Mangelsdorf 2016).

Literatur

Alderman, R.; Newman, D. (2018): Could AI Take Over Standard Development Organizations? Online verfügbar unter https://www.law360.com/articles/1016289, zuletzt geprüft am 09.03.2018.

Belleflamme, P. (2002): Coordination on formal vs. de facto standards: A dynamic approach. European Journal of Political Economy, Volume 18 (Issue 1,), 153–176.

Birner, N., Gieschen, J.-H., Kudernatsch, W., Moorfeld, R., Weiler, P.; Schotten, H. (2017): Die Rolle der Normung 2030 und Gestaltungsoptionen unter Berücksichtigung der technologiespezifischen Besonderheiten der IKT in der Normung und Standardisierung (Abschlussbericht). Studie im Auftrag des Bundesministeriums für Wirtschaft und Energie. Online verfügbar unter https://www.bmwi.de/Redaktion/DE/Publikationen/Studien/rolle-der-normung-2030.pdf?__blob=publicationFile&v=16, zuletzt geprüft am 09.03.2018.

Bitkom (2017): Künstliche Intelligenz. Online verfügbar unter https://www.bitkom.org/Presse/Anhaenge-an-PIs/2017/11-November/Bitkom-Charts-PK-AI-15-11-2017-final.pdf, zuletzt geprüft am 09.03.2018.

Blind, K. (2009): Normung als Katalysator für Innovationen, Inaugurationsrede, Normung als Katalysator für Innovationen, Inaugurationsrede, August 2009, DIN e.V., Berlin.

Blind, K.; Brock, M. (2018): Patentierung und Standardisierung: Leitfaden für modernes Innovationsmanagement. Leitfaden für modernes Innovationsmanagement: Beuth Verlag.

Blind, K.; Mangelsdorf, A. (2016): Motives to standardize: Empirical evidence from Germany. Technovation (February–March), 13–24.

Deutsche Kommission Elektrotechnik Elektronik Informationstechnik in DIN und VDE (DKE). AK 801.0.8 Spezifikation und Entwurf autonomer / kognitiver Systeme. Online verfügbar unter https://www.dke.de/de/ueber-uns/dke-organisation-auftrag/dke-fachbereiche/dke-gremium?id=3006525&type=dke%7Cgremium, zuletzt geprüft am 25.07.2018.

Egan, M. (2002): Setting Standards: Strategic Advantages in International Trade. Business Strategy Review, 13 (1), 51–64.

Grupp, H., Dominguez Lacasa, I.; Friedrich-Nishio, M. (2002): Das deutsche Innovationssystem seit der Reichsgründung. Indikatoren einer nationalen Wissenschafts- und Technikgeschichte in unterschiedlichen Regierungs- und Gebietsstrukturen ; mit 11 Tabellen (Technik, Wirtschaft und Politik, Bd. 48). Heidelberg: Physica-Verl.

IEEE-SA. (2018): The IEEE Global Initiative on Ethics of Autonomous and Intelligent Systems. Zugriff am 09.03.2018. Online verfügbar unter https://standards.ieee.org/develop/indconn/ec/autonomous_systems.html, zuletzt geprüft am 09.03.2018.

IPlytics. (2018): IPlytics Platform. Online verfügbar unter https://platform.iplytics.com, zuletzt geprüft am 09.03.2018.

Leiponen, A. E. (2008): Competing through cooperation: The organization of standard setting in wireless telecommunications. Management Science, Volume 54 (Issue 11), 1904–1919.

Partnership on AI. (2018): Partnership on Artificial Intelligence to Benefit People and Society. Online verfügbar unter https://www.partnershiponai.org, zuletzt geprüft am 09.03.2018.

PricewaterhouseCoopers (2017): Sizing the prize What's the real value of AI for your business and how can you capitalise? Online verfügbar unter https://www.pwc.com/gx/en/issues/analytics/assets/pwc-ai-analysis-sizing-the-prize-report.pdf, zuletzt geprüft am 09.03.2018.

3. Augmented Intelligence –
Wie Menschen mit KI zusammen arbeiten

Moritz Kirste

KI-Technologien gelten in vielen Bereichen als bahnbrechend, da sie die kognitiven Leistungen des Menschen reproduzieren oder sogar übertreffen können. Menschliche Leistungen ließen sich somit durch KI ersetzen. Die Forschung im Bereich der Augmented Intelligence als Ergänzung zur KI geht jedoch davon aus, das sich menschliche und computergesteuerte kognitive Technologien im Idealfall positiv ergänzen. In diesem Beitrag wird die Motivation hinter der Forschung zur Augmented Intelligence erläutert und einige vielversprechende Ansätze ausgeführt.

Wofür haben Menschen Computer und Geräte wie Smartphones oder Tablets gebaut? Eine Antwort auf diese Frage lässt sich bei einem der ersten Computerpioniere, Konrad Zuse, in seinem autobiografischen Werk „Der Computer – Mein Lebenswerk" nachlesen: „Eine ausgesprochene Abneigung hatte ich gegen die statischen Rechnungen, mit denen man uns Bauingenieurstudenten quälte. Die Professoren, die diese Rechnerei beherrschten, bewunderte ich wie Halbgötter aus einer anderen Welt. Würde ich das jemals begreifen? Später sollte ich über das Problem des statischen Rechnens auf die Idee der programmgesteuerten Rechenmaschine kommen." (vgl. Zuse 1999, Springer 100 Jahre Zuse). Demnach wurde Zuse beim Bau seiner ersten Rechenmaschine davon motiviert, dass diese Maschine ihm intellektuell durchaus anspruchsvolle, aber lästige Denkarbeiten abnehmen sollte.

Es ist davon auszugehen, dass Zuse die so gewonnene Freiheit dafür nutzen wollte, Überlegungen nachzugehen, die ihm interessanter erschienen, während die Maschine die niederen Rechenaufgaben erledigte. Er dachte dabei auch schon an weiterführende Anwendungen, die über ein solches bloßes Berechnen, das im Grunde vergleichbar wäre mit einem besonders effektiven Abakus, hinausgingen: „Aber Zuse machte uns klar, daß Rechnen nur ein Spezialfall logischer Operationen ist und daß sein Apparat auch Schach spielen können müsse. Auch andere Anwendungsmöglichkeiten, wie Wettervorhersage,…" (vgl. Zuse 1999, Springer 100 Jahre Zuse). Dennoch wurden Computer lange Zeit hauptsächlich auf diese Weise eingesetzt, wie es die englische Bezeichnung „number cruncher" (Zahlenschieber) nahelegt. Beispielsweise wurde ENIAC (Electronic Numerical Integrator and Computer), der erste rein elektronische Universalrechner, für die Berechnung von ballistischen Tabellen für die US-Armee entwickelt. Aber auch die anderen ersten Rechenautomaten, sogenannte

V. Wittpahl (Hrsg.), *Künstliche Intelligenz*,
DOI 10.1007/978-3-662-58042-4_4, © Der/die Autor(en) 2019

Berechner – das Wort Computer stammt vom lateinischen Wort für berechnen (computare) – wurden hauptsächlich in Bereichen eingesetzt, in denen die menschlichen Berechnungen zu aufwendig, schwierig oder langwierig waren wie Kryptografie, Wettervorhersagen, Simulationen von Atombombenexplosionen oder die Flugbahn von Raketen. Für die Programmierung und Steuerung dieser riesigen Rechenmaschinen wurden Lochkarten, Drehschalter und allererste Tastaturen genutzt. Was diese ersten Rechenautomaten jedoch nicht hatten, war etwas, das in unserer heutigen Nutzung aller elektronischen Geräte zentral ist: eine direktes Interface, also eine Steuerung mit einer visuellen oder sogar haptischen Bedienoberfläche.

Ohne ein Interface kann ein Computer nur in einem aufeinanderfolgenden stetigen Ablauf von Eingabe und Ausgabe genutzt werden. Heute werden Computer natürlich grundsätzlich anders genutzt. Es gibt beispielsweise eine Desktopoberfläche, die mit Maus und Tastatur gesteuert wird, beim Smartphone oder Tablet geschieht dies über Berührung, während die Auswirkungen direkt am Bildschirm sichtbar werden. Aber in vielerlei Hinsicht hat sich an der Nutzung ein Grundprinzip kaum verändert: Menschen benutzen die heutigen Geräte des Informationszeitalters als eine Form des kognitiven Outsourcings (Nielsen 2016), indem sie ein Problem oder eine Frage an das Gerät formulieren, das diese Problemstellung verarbeitet und eine Lösung präsentiert. Das geschieht in der Regel zwar über modernste Interfaces, die an das jeweilige Endgerät angepasst sind, der kognitiver Beitrag bleibt dabei jedoch häufig begrenzt und wird in einigen Fällen sogar aktiv beschränkt, um möglichst gleiche Ergebnisse zu erhalten. Ein Beispiel dafür ist die Wegfindung mit Hilfe eines Kartendienstes wie Google Maps oder Apple Maps. Der menschliche Nutzer fragt das Computerprogramm lediglich nach dem schnellsten Weg, ohne dass eine Rücksprache zur genaueren Intention stattfindet. In der Intention für den Weg könnten aber wichtige Informationen verborgen liegen, welche den idealen Weg beeinflussen. Es wäre beispielsweise denkbar, dass der Nutzer den Weg gerne mit einem ausgedehnten Spaziergang verbinden würde und insofern nicht am schnellsten, sondern angenehmsten Ergebnis interessiert ist.

Die aktuellen Debatten und Entwicklungen im Bereich der KI gehen häufig sogar noch einen Schritt weiter, denn vielfach wird davon ausgegangen, dass sich die kognitiven Leistungen des Menschen reproduzieren oder sogar ersetzen lassen. In diesem Sinne lesen sich die Meilensteine, an denen KI menschliche Leistungen übertroffen hat, als eine Geschichte des Sieges der KI über den Menschen und nicht als ein Versuch, die menschlichen Leistungen durch Computer zu verbessern: Schach 1997 (Campbell et al. 2002), Jeopardy 2011 (IBM 2010), Atari Computerspiele 2013 (Mnih et al.), Bilderkennung 2015 (He et al.), Spracherkennung 2015 (Amodei et al.) und Go 2016 (Silver et al. 2017). Ohne in die Debatte über die ethischen und gesellschaftlichen Konsequenzen dieser Entwicklung einzusteigen (siehe Teil C, Beitrag 12), drängt sich jedoch die zu Beginn formulierte Frage erneut auf: Wozu wollen Menschen Computer wirklich nutzen?

Intelligence Augmentation

Die Frage führt zurück auf einen Artikel von Douglas Engelbart (1962), „Augmenting Human Intellect: A Conceptual Framework". In seiner Vorstellung sollten Computer genutzt werden, die menschlichen Fähigkeiten zur Problemlösung zu verbessern. Engelbart war nicht nur der Erfinder der Computermaus, sondern seine Ideen sind bis heute sehr einflussreich im Bereich der Informatik, der Mensch-Maschine-Interaktion und der KI. Er prägte den Begriff der „Intelligence Augmentation" – augmentation lässt sich in diesem Falle mit Vergrößerung, Steigerung oder Erweiterung übersetzen – im Gegensatz zur „Artificial Intelligence", also KI. Die Idee geht davon aus, dass neue Konzepte der gemeinsamen Lösungsfindung von Mensch und Maschine gefunden werden müssen, die als Augmented Intelligence (Augmentierte Intelligenz), Intelligence Augmentation oder Artificial Intelligence Augmentation bezeichnet werden (Carter und Nielsen 2017). Die Intelligenz von Mensch und Maschine wird dabei synergetisch zur effizienteren Lösungsfindung eingesetzt. Der Vorteil dieser Synergie besteht darin, dass KI den Menschen nicht ersetzt, sondern ergänzt (IBM 2018). Gleichzeitig sind solche Systeme nur dann erfolgreich, wenn Mensch und KI über eine gemeinsame Sprache oder ein gemeinsames Dialogsystem verfügen, welches durch ein für alle Nutzer geeignetes Interface realisiert wird. Ein Nutzer muss in der Lage sein, Entscheidungen der KI vor ihrer Ausführung zu prüfen, um ggf. an neuralgischen Stellen des Prozesses eingreifen zu können. Dafür ist die Entwicklung neuer Schnittstellen notwendig, die es erlauben, die kritischen Stellen zu identifizieren. Die Nutzer müssen in den Ablauf des KI-Systems involviert sein, ohne dass ihre kognitive Belastung größer wird. Unter den Begriff Augmentation fallen auch physische Systeme wie beispielsweise Brain-Computer-Interfaces, Gehirnprothesen oder technische Werkzeuge zur Verbesserung der menschlichen Sinne. Im Beitrag werden ausschließlich die softwareseitigen Ansätze betrachtet, die an der Schnittstelle zwischen Augmented Intelligence und KI liegen.

Wie lässt sich Augmentierte Intelligenz vorstellen und wie lässt sie sich umsetzen? Ein einfaches Beispiel, von Carter und Nielsen (2017) übernommen, dient hier als Illustration: Das geometrische Gebilde eines Kreises lässt sich sowohl durch die Formel als auch durch die Zeichnung eines Kreises darstellen. Welche Darstellung ist besser? Welche enthält die wichtigen Informationen? Mit welcher kognitiven Transformation gelingt es uns besser, den Wesensgehalt eines Kreises zu erarbeiten, zu begreifen und für andere begreifbar zu machen (Nielsen 2016)? Augmentierte Intelligenz setzt genau an dieser Stelle an, indem sie uns dabei unterstützt, die jeweils passende kognitive Transformation und Repräsentation zu finden. Sie unterstützt auf diese Weise, den Inhalt unserer Gedanken selbst auf eine geeignete Metaebene zu transformieren und somit wiederum neue Erkenntnisse zu erlangen.

Interaktives maschinelles Lernen

Ein Ansatz für Augmented Intelligence ist das interaktive maschinelle Lernen (ML). Das Ziel dieses Verfahrens ist es, Menschen stärker in das jeweilige Lernverfahren des überwachten, unüberwachten und verstärkten Lernens einzubinden (siehe Einleitungskapitel „Entwicklungswege zur KI"). Für diese Idee eines „human-in-the-loop" gibt es eine Reihe von Beispielen (Amershi et al. 2014). Nutzer können dabei entweder vor oder nach einer Phase der Modellbildung durch den Lernalgorithmus einen gewissen Grad der Kontrolle und des Feedbacks übernehmen. Trainingsdaten können modifiziert werden, indem die Wichtigkeit bestimmter Merkmale hervorgehoben wird, Fehlertoleranzen können angepasst werden oder die durch den Algorithmus erkannten Muster und Strukturen können als passend oder unpassend bewertet werden. Solche Verfahren eignen sich insbesondere für Anwendungsfälle, bei denen die gewünschten Ergebnisse und Ausgaben, die der Lernalgorithmus aus den Trainingsdaten ausgeben soll, im Vorhinein noch nicht bekannt sind. Die Effizienz des Trainingsprozesses kann durch interaktives maschinelles Lernen zwar gesteigert werden, die Nutzer empfinden den Prozess aber oft als ermüdend oder langweilig, da sie in erster Linie nur für eine Verbesserung des Trainings benutzt werden, dabei aber kaum eigene kognitive Leistungen erbringen müssen (Amershi et al. 2014). Als Folge dessen gewinnen sie kaum wirkliches Wissen und Erkenntnisse, über die sie nicht auch schon vor der Nutzung des Computersystems verfügten.

Visual Analytics und maschinelles Lernen

Ein weiterer und vielversprechender Ansatz für Augmented Intelligence, der einige der Ideen des interaktiven ML zwar beinhaltet, aber weit darüber hinaus geht, ist die Kombination von maschinellem Lernen mit sogenannten Visual Analytics (Endert et al. 2017). Dabei werden große Datenmengen durch Methoden der KI und insbesondere des ML auf visuelle Art und Weise so aufbereitet, dass Menschen aus diesen Daten Erkenntnisse gewinnen können. Ein bekanntes Modell für diese Erkenntnisgewinnung stammt von Pirolli und Card (Pirolli und Card 2005). Es beschreibt den Prozess, wie aus Datenquellen Erkenntnisse erzeugt werden können. Das Modell unterteilt den Prozess in zwei Phasen: die erste sogenannte Hamsterphase, in der die ursprünglichen Informationen wiederholt auf Zusammenhänge durchsucht werden, und die zweite sogenannte Sinnstiftungsphase, in der die Informationen in ein Schema, überprüfbare Hypothesen und schlussendlich in eine präsentierbare Erkenntnis fließen. Systeme der Augmented Intelligence können Nutzer jetzt insbesondere in der Hamsterphase beim Durchforsten der Daten unterstützen. Der Nachteil an diesem Modell ist der stark lineare Charakter, der von zunächst unstrukturierten Daten und Wissen hin zu einer Erkenntnis führt. Zudem wird kaum erklärt, wie ein Computer bei dieser Form der Wissensgenerierung unterstützen könnte.

Diese Nachteile versucht das Model von Sacha et al. (Sacha et al. 2014) auszugleichen (siehe Abbildung 3.1), indem es die Benutzung eines Computersystems in den menschlichen Erkenntnisprozess integriert. Es dient als Basis für einen iterativen Weg, der auch Vorkenntnisse berücksichtigt und erkenntnistheoretische Schlussverfahren wie Induktion, Deduktion und Abduktion einschließt (Ribarsky und Fisher 2016).

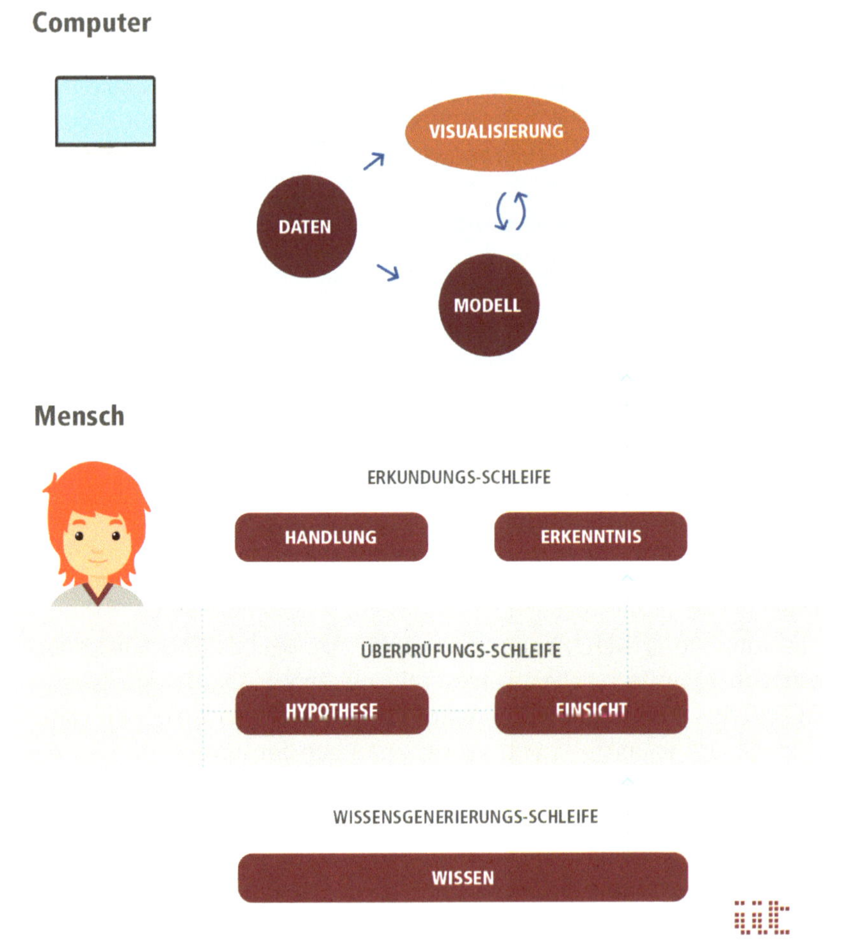

Abbildung 3.1: Das Modell von Sacha et al. zeigt die Integration eines Computersystems in den menschlichen Erkenntnisprozess. Wissen entsteht dabei durch wiederholte Schleifen innerhalb des Prozesses (eigene Darstellung adaptiert von Sacha et al. 2014).

Unabhängig von der Modellierung des Erkenntnisprozesses erfolgt die Umsetzung der Kombination von Visual Analytics und maschinellem Lernen. Hierfür orientieren sich die Methoden an den vier Hauptverfahren Regression, Klassifikation, Clustering und Dimensionsreduktion (Einleitung Teil A). Interaktive Systeme erlauben die Modifizierung der verwendeten Algorithmen durch eine Anpassung der Parameter, der Vergleichswerte oder der zugrundeliegenden Algorithmen selbst. Dabei können die Nutzerinnen und Nutzer auf einer graphischen Benutzeroberfläche Datenpunkte, Variablen und Parameter sehen, Datenbereiche auswählen, Algorithmen nur auf diese Teilbereiche anwenden und sich im Anschluss die Auswirkungen auf die analysierten Daten anschauen. Ziel ist es, das Expertenwissen und die Algorithmen in Einklang zu bringen und im Falle einer Abweichung den Algorithmus möglichst effektiv anzupassen. Ein anschauliches Beispiel für diese Verfahren stammt aus einem Video der Firma Enlitic (Howard 2014). Hier werden Bilder anhand eines interaktiven Clusterverfahrens in wenigen Minuten sortiert, indem das Computersystem dem Nutzer immer wieder die Ergebnisse vorführt und dieser die Wichtigkeit und Unwichtigkeit bestimmter Merkmale hervorhebt. Die Zusammenarbeit erinnert an die Arbeit eines Forensikers, dem stets nur die relevanten Ergebnisse präsentiert werden und der dann darin Zusammenhänge erkennt.

Dimensionsreduktion und GAN

Ein Verfahren, das sich insbesondere um das Verständnis von Zusammenhängen bemüht, ist das der Dimensionsreduktion. Damit ist gemeint, dass ein hochdimensionaler Parameterraum durch einen kleineren Parameterraum möglichst so abgebildet wird, dass dabei keine Informationen verloren gehen. Dabei sind die Variablen des kleineren Parameterraums lineare Kombinationen oder nicht lineare Kombinationen der ursprünglichen Variablen. Die Verwendung lässt sich am Beispiel Bilderkennung anschaulich erklären. Für diese Anwendung werden Algorithmen des maschinellen Lernens, insbesondere Neuronale Netze, auf die Erkennung von Bildern trainiert. So können diese Netze aus vielen Bildern sehr treffsicher beispielsweise Hunde oder Gesichter erkennen (Einleitung Teil A). Im Prozess wird ein Bild und somit ein hochdimensionaler Raum, der aus Informationen über Position und Farbwert eines jeden Bildpunktes besteht, durch einen kleineren Raum abgebildet, der nur die Information enthält, was auf dem Bild zu sehen ist. Das komplexe hochdimensionale Bild wird auf eine einfachere Information reduziert, die beispielsweise nur abbildet, ob es sich um einen Hund oder Elefanten handelt (siehe Abbildung 3.2).

Man kann diesen Prozess auch umkehren und herausfinden, welche Merkmale eines Bildes denn einen Hund ausmachen oder charakterisieren, beziehungsweise aus welchen Parametern welches Hundebild entsteht. Hierfür sind insbesondere die GAN sehr hilfreich, da sie helfen, diejenigen Eingabeparameter zu entdecken, die ein

Abbildung 3.2: Dimensionsreduktion: Durch ein Neuronales Netz wird ein hochdimensionaler Raum, hier der Inhalt eines Bildes, auf einen kleineren Raum abgebildet (links). Bei einem GAN kann ein niederdimensionaler Raum der Hundemerkmale dargestellt werden, in welchem jeder Punkt einer bestimmten Ausprägung eines Hundes entspricht (rechts) (eigene Darstellung in Anlehnung an Carter und Nielsen 2017).

bestimmtes Bild charakterisieren. Das ist anders als ein klassisches neuronales Netz, das nach einer Trainingsphase an bekannten Bildern ein neu zu bestimmendes Bild erkennen kann. Durch diese Umkehrung entsteht ein niederdimensionaler Raum der Hundemerkmale, in welchem jeder Punkt einer bestimmten Ausprägung eines Hundes entspricht (siehe Abbildung 3.2). Welche Vorteile sich daraus für das Verständnis von Zusammenhängen ergeben, wird deutlich, da der weniger dimensionale Raum mit menschlichen Begriffen beschreibbar und für Menschen nachvollziehbar gestaltet werden kann – Beinanzahl, Schwanzlänge, Haarfarbe, Maulgröße usw. – und eine Veränderung der Parameter in diesem Raum hat die unmittelbare Änderung des entsprechenden Hundebildes zur Folge.

Wie könnte ein Interface für ein solches System aussehen? Für das Beispiel des Hundebildes hieße das, eine Vielzahl von Bildern verschiedener Hunderassen zu charakterisieren. Im niederdimensionalen Raum der Hundemerkmale sollten Hunde der gleichen Rasse jeweils in einem ähnlichen Bereich landen, während Hunde anderer Rassen räumlich getrennt wären (siehe Abbildung 3.3). Durch eine Verbindung – mathematisch wäre dies ein Vektor – zwischen dem Zentrum des einen Bereichs und dem Zentrum des anderen Bereiches, ergibt sich eine gute Möglichkeit, Hundemischlinge zwischen diesen beiden Rassen zu charakterisieren, deren Merkmale sich entlang dieses sogenannten Attributevektors bewegen. Ein Interface für Augmented Intelligence könnte nun einerseits die Dimensionsreduktion ausführen, die Bereiche der Gemeinsamkeiten anzeigen, Verbindungen ziehen und die Manipulation der Daten entlang dieser Verbindungen erlauben. Diese Idee eines Interface, welches ein tieferes Verständnis ermöglicht, lässt sich auch auf andere Zusammenhänge übertragen, in denen ein hochdimensionaler Datenraum, der sich von Menschen nur schwer durchsuchen lässt, auf einen deutlich niedrigeren Dimensionsraum abgebildet werden kann.

Die Idee der Verbindungsvektoren ist nur eine und im Grunde auch sehr simple Methode, die dabei helfen kann, Zusammenhänge in den Daten zu erkennen und für weitere Erkenntnisse zu nutzen. Eine weitere Möglichkeit lässt sich ebenfalls anhand eines Beispiels illustrieren: Dabei wird eine riesige Anzahl von Kochrezepten mit einem GAN analysiert und auf einen niederdimensionalen Raum abgebildet. In diesem Raum könnte der Schärfegrad der Gerichte ein wichtiger Parameter sein. Ein Nutzer kann ein bestimmtes Gericht im Kopf haben, das durch einen Punkt in diesem Parameterraum dargestellt wird, und einen bestimmten Schärfegrad anstreben, der durch eine Linie im Parameterraum wiedergegeben wird (siehe Abbildung 3.4). Ein Interface für Augmented Intelligence erlaubt es dem Nutzer nun, diese Linie und den Punkt zu bestimmen. Das System zeigt dann die kürzeste Verbindung zwischen Linie

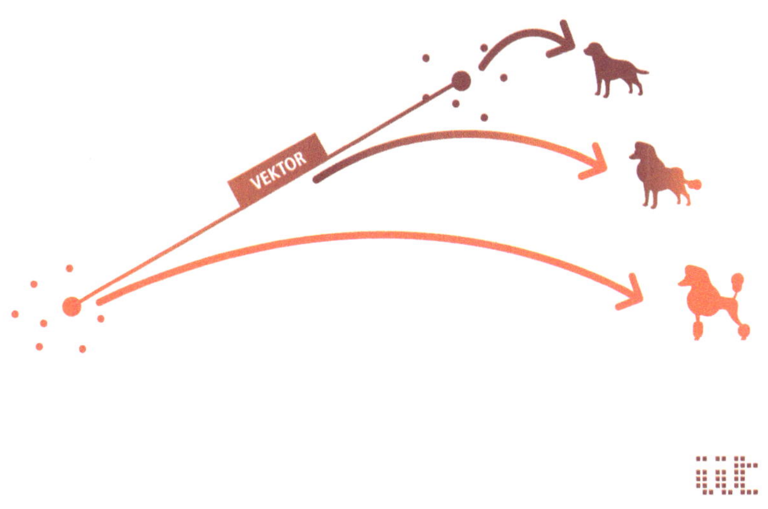

Abbildung 3.3: Die Abbildung veranschaulicht die Funktion eines Attributevektors, der zwischen dem Schwerpunkt einer Hunderasse (Labradore) in den Schwerpunkt einer anderen Hunderasse (Poodle) zeigt. Auf dem Vektor läge dann ein Mischling zwischen den beiden Rassen (Labradoodle) (eigene Darstellung in Anlehnung an Carter und Nielsen 2017).

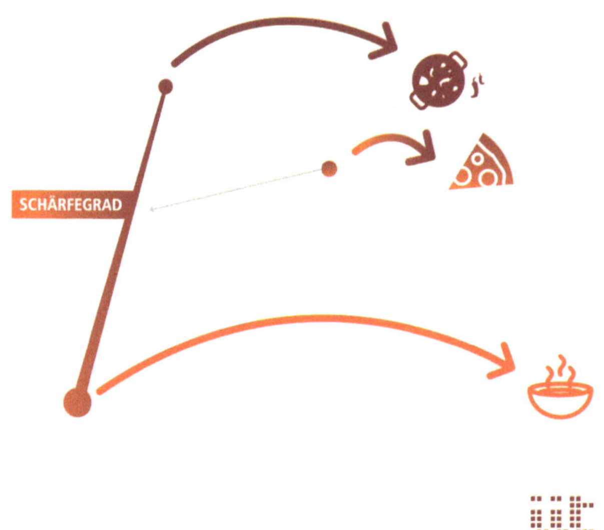

Abbildung 3.4: Datenreduktion: Jeder Punkt im Raum entspricht einem Gericht. Der Schärfegrad lässt sich als Linie zwischen einem sehr scharfen (Chilli) und einem nicht scharfen Gericht (Gemüsesuppe) darstellen. Die Parameter des gewünschten Gerichtes (Pizza) können jetzt so variiert werden, dass sie einem bestimmten Schärfegrad entsprechen (eigene Darstellung in Anlehnung an Carter und Nielsen 2017).

und Punkt an und welche Parameter (z. B. Zutaten und Mengen) des geplanten Gerichtes modifiziert werden müssen, damit sie dem gewünschten Schärfegrad entsprechen. Dieses Bewegen eines Punktes innerhalb gewisser Grenzen des niederdimensionalen Parameterraums kann ebenso wie die zuvor beschriebene Methode zu neuen Erkenntnissen führen, da sich die Auswirkungen im hochdimensionalen Raum – in diesem Fall also das modifizierte Gericht – direkt beobachten ließen.

Sowohl die Hundebilder als auch die Kochrezepte sind natürlich sehr einfache Beispiele, von denen sich schwerlich behaupten ließe, dass ein Interface für Augmented Intelligence hier wirklich neue Einblicke und Erkenntnisse liefern kann. Ganz anders stellt sich dies in einem weiteren Szenario dar, in dem deutlich wird, welche Vorteile ein funktionierendes Interface, das Visual Analytics und ML kombiniert, bieten könnte: In einem Chemielabor arbeitet eine Chemikerin an der Untersuchung der möglicherweise umweltschädlichen Auswirkungen von Inhaltsstoffen in Unkrautvernichtungsmitteln, die in der Landwirtschaft eingesetzt werden sollen. Für eine Entscheidungsfindung hat sie eine Vielzahl an Möglichkeiten, sie verfügt aber nur über begrenzte finanzielle Mittel. Außerdem muss sie die Entscheidung schnell treffen, da ansonsten die Zulassung des Mittels auf dem Spiel steht. Die Chemikerin kann auf große Datenbanken, die Wissen über chemische Stoffe enthalten, zurückgreifen, sie könnte eigene Feld- und Labortest durchführen, um die Auswirkungen zu analysieren, oder sie könnte die exakte chemische Zusammensetzung des Mittels herausfinden. Ein Augmented Intelligence-System soll ihr bei der Entscheidung helfen. Zunächst stellt das System alle bisher vorhanden Informationen visuell dar. Die Chemikerin beginnt diese Informationen zu ordnen, indem sie bestimmten Inhalten größere Wichtigkeit zuweist als anderen (Visual Analytics). Das System passt seine Ordnung mittels ML direkt an und stellt die Inhalte neu dar. Auf diese Weise erkennt die Chemikerin, welche Tests einen großen Informationsgewinn ermöglichen und welche Tests nur bereits bekanntes Wissen reproduzieren – hier könnte die Dimensionsreduktion durch ein GAN helfen. Das System macht eigene Vorschläge für sinnvolle Tests, indem es den zu erwartenden Erkenntnisgewinn zeigt, und adaptiert die dargestellten Inhalte und Ordnungsstruktur direkt an die neuen Ergebnisse. Ziel ist, den Raum aller Informationen und Kombinationsmöglichkeiten nicht komplett zu durchdringen, sondern nur einen sinnvollen Pfad zu einem Ergebnis zu beschreiten. Am Ende wird die komplexe Fragestellung effizient und von Menschen nachvollziehbar beantwortet.

Bis ein solches Szenario realisierbar ist, müssen die bisherigen Ansätze weiter erforscht und entwickelt werden. Ein Aspekt ist hervorzuheben – das Verständnis natürlicher Sprache durch Computersysteme. Dies ist deshalb so wichtig, weil Menschen ständig erklären, zuhören und generell kommunizieren und auf diese Weise nicht nur Erkenntnisse gewinnen, sondern auch (mit-)teilen. Für eine Augmented Intelligence ist es entscheidend, diesen Informationskanal zu verstehen und nutzen zu können. Wie groß die Bedeutung ist, sieht man an den aktuellen Erfolgen mit smarten Lautsprechern im Consumerbereich (Statista und Brandt Mathias). Erst als sich die Kommunikation mit der KI in diesen Systemen für Menschen natürlich anfühlte, konnten die Systeme erfolgreich werden. Neue Entwicklungen auf diesem Gebiet deuten darauf hin, dass sich diese Systeme in den kommenden Jahren deutlich verbessern werden (Hirschberg und Manning 2015).

KI-Akzeptanz

Weitere Aspekte, die den Umgang mit Augmented Intelligence und KI im Allgemeinen maßgeblich beeinflussen, sind Vertrauen, Verständnis und Erklärbarkeit von Entscheidungen. Es ist anzunehmen, dass die Akzeptanz von KI verbessert werden kann, wenn deren Analysen und Vorschläge für Menschen erklärbar und damit auch nachvollziehbar sind und auf diese Weise Vertrauen schaffen. Eine allgemein verständliche und nutzbare Schnittstelle für Augmented Intelligence kann dazu dienen, die Nachvollziehbarkeit und das Vertrauen in KI zu stärken. Die Wichtigkeit dieser Aspekte zeigen sich in der aktuellen DARPA Challenge (DARPA), bei der Computersysteme entwickelt werden, die solche potenziellen Fragen eines Nutzers beantworten sollen, um zu einem besseren Verständnis zu gelangen (siehe Abbildung 3.5).

Es stellt sich bei der Entwicklung der beschriebenen Systeme für Augmented Intelligence natürlich die Frage, ob eine Verbesserung der kognitiven Leistungen über-

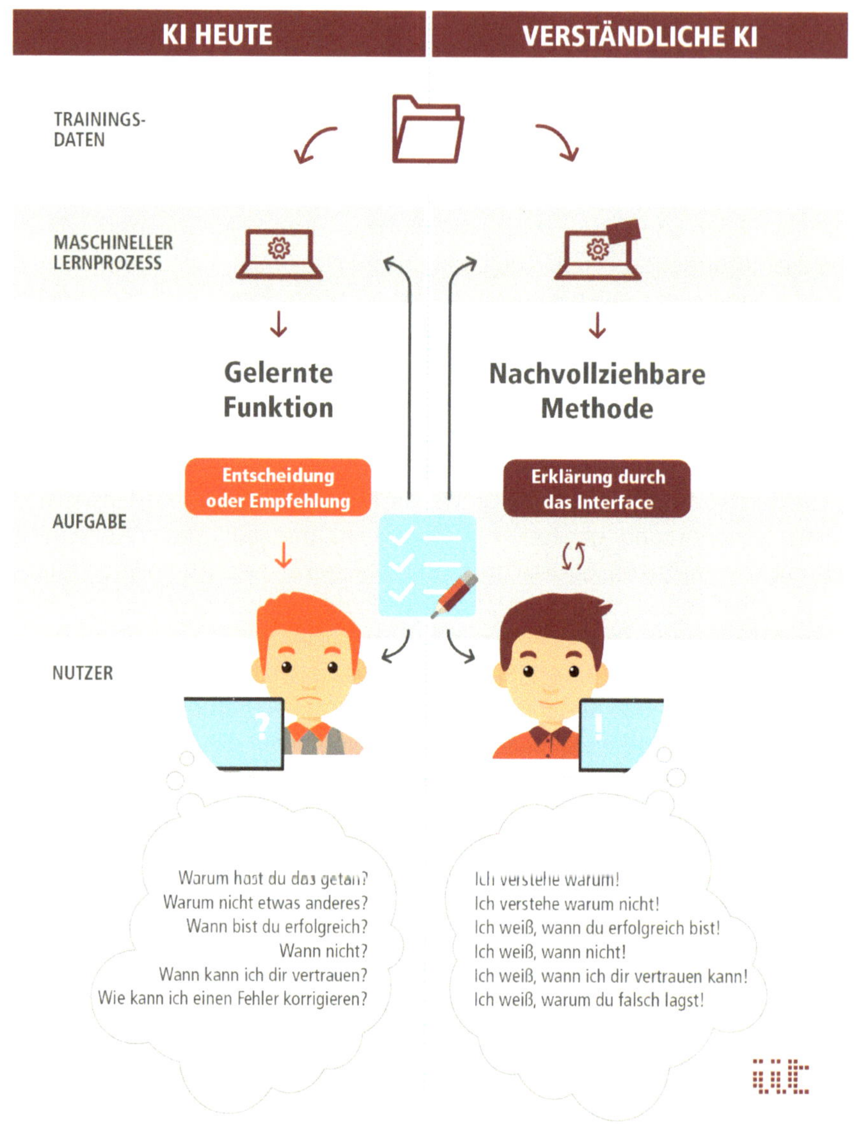

Abbildung 3.5: Darstellung des Modells eines für Nutzende nachvollziehbaren Systems der KI (eigene Darstellung in Anlehnung an DARPA 2018).

haupt messbar ist. Und wenn ja, wie? Lässt sich eventuell eine Art Intelligenztest überlegen, der die Zusammenarbeit von Mensch und KI bewertet und insbesondere nachweist, dass diese Zusammenarbeit ungleich fruchtbarer ist, als wenn wir menschliche durch KI ersetzten? Von der Antwort auf die Frage hängt es ab, welche Computersysteme in den kommenden Jahren entwickelt werden und ob diese, um auf das anfängliche Zitat von Konrad Zuse zurückzukommen, uns Freiheit schaffen oder im schlimmsten Falle diese sogar einschränken.

Literatur

Amershi, Saleema; Cakmak, Maya; Knox, W. Bradley; Kulesza, Todd (2014): Power to the People. The Role of Humans in Interactive Machine Learning. In: AI Magazine. Online verfügbar unter https://www.microsoft.com/en-us/research/publication/power-to-the-people-the-role-of-humans-in-interactive-machine-learning/. Zuletzt geprüft am 23.02.2018.

Amodei, Dario; Anubhai, Rishita; Battenberg, Eric; Case, Carl; Casper, Jared; Catanzaro, Bryan et al.: Deep Speech 2. End-to-End Speech Recognition in English and Mandarin. Online verfügbar unter http://arxiv.org/pdf/1512.02595v1. Zuletzt geprüft am 23.02.2018.

Campbell, Murray; Hoane, A.Joseph; Hsu, Feng-hsiung (2002): Deep Blue. In: Artificial Intelligence 134 (1-2), S. 57–83. DOI: 10.1016/S0004-3702(01)00129-1.

Carter, Shan; Nielsen, Michael (2017): Using Artificial Intelligence to Augment Human Intelligence. In: Distill 2 (12). DOI: 10.23915/distill.00009.

DARPA: Explainable Artificial Intelligence (XAI). Online verfügbar unter https://www.darpa.mil/program/explainable-artificial-intelligence, zuletzt geprüft am 23.02.2018.

Endert, A.; Ribarsky, W.; Turkay, C.; Wong, B. WilliamL.; Nabney, I.; Blanco, I. Díaz; Rossi, F. (2017): The State of the Art in Integrating Machine Learning into Visual Analytics. In: Computer Graphics Forum 36 (8), S. 458–486. DOI: 10.1111/cgf.13092.

Engelbart, Douglas Carl (1962): Augmenting Human Intellect: A Conceptual Framework.

He, Kaiming; Zhang, Xiangyu; Ren, Shaoqing; Sun, Jian: Deep Residual Learning for Image Recognition. Online verfügbar unter http://arxiv.org/pdf/1512.03385v1. Zuletzt geprüft am 23.02.2018.

Hirschberg, Julia; Manning, Christopher D. (2015): Advances in natural language processing. In: Science (New York, N.Y.) 349 (6245), S. 261–266. DOI: 10.1126/science.aaa8685.

Howard, Jeremy (2014): The wonderful and terrifying implications of computers that can learn. Online verfügbar unter https://www.ted.com/talks/jeremy_howard_the_wonderful_and_terrifying_implications_of_computers_that_can_learn?language=en, zuletzt geprüft am 23.02.2018.

IBM: Response to – Request for Information Preparing for the Future of Artificial Intelligence. IBM. Online verfügbar unter https://www.research.ibm.com/cognitive-computing/ostp/rfi-response.shtml, zuletzt geprüft am 23.02.2018.

Mnih, Volodymyr; Badia, Adrià Puigdomènech; Mirza, Mehdi; Graves, Alex; Lillicrap, Timothy P.; Harley, Tim et al.: Asynchronous Methods for Deep Reinforcement Learning. Online verfügbar unter http://arxiv.org/pdf/1602.01783v2, zuletzt geprüft am 23.02.2018.

Nielsen, Michael (2016): Thought as a Technology. Online verfügbar unter http://cognitivemedium.com/tat/, zuletzt geprüft am 23.02.2018.

Pirolli, Peter; Card, Stuart K. (2005): The sensemaking process and leverage points for analyst technology as identified through cognitive task analysis. Proceedings of International Conference on Intelligence Analysis.

IBM (2010): IBM's "Watson" Computing System to Challenge All Time Greatest Jeopardy! Champions. Online verfügbar unter https://www-03.ibm.com/press/us/en/pressrelease/33233.wss, zuletzt geprüft am 23.02.2018.

Ribarsky, William; Fisher, Brian (2016): The Human-Computer System. Towards an Operational Model for Problem Solving. In: 2016 49th Hawaii International Conference on System Sciences (HICSS). 2016 49th Hawaii International Conference on System Sciences (HICSS). Koloa, HI, USA, 05.01.2016 - 08.01.2016: IEEE, S. 1446–1455.

Sacha, Dominik; Stoffel, Andreas; Stoffel, Florian; Kwon, Bum Chul; Ellis, Geoffrey; Keim, Daniel A. (2014): Knowledge Generation Model for Visual Analytics. In: IEEE transactions on visualization and computer graphics 20 (12), S. 1604–1613. DOI: 10.1109/TVCG.2014.2346481.

Satista; Brandt Mathias: Smart Speaker, Wenig Echo in Deutschland. Online verfügbar unter https://de.statista.com/infografik/12884/smart-speaker-besitz-in-deutschland-und-den-usa/, zuletzt geprüft am 23.02.2018.

Silver, David; Schrittwieser, Julian; Simonyan, Karen; Antonoglou, Ioannis; Huang, Aja; Guez, Arthur et al. (2017): Mastering the game of Go without human knowledge. In: Nature 550 (7676), S. 354–359. DOI: 10.1038/nature24270.

4. Maschinelles Lernen für die IT-Sicherheit

Katrin Gaßner

Maschinelles Lernen (ML) kann die Werkzeuge und Verfahren verbessern, die in vernetzten IT-Systemen oder generell im Internet für die IT-Sicherheit genutzt werden. Die IT-Sicherheit birgt jedoch ganz besondere Herausforderungen für den Einsatz von ML. In diesem Beitrag geht es darum, wie Unternehmen bereits jetzt maschinelles Lernen zur Verbesserung von IT-Sicherheit nutzen und welchen Beitrag heute die Forschung liefert. Dort ist die Verknüpfung von ML und IT-Sicherheit noch verhältnismäßig rar. Das ist ein Defizit, da Lösungspotenziale, die aus der Kombination der Disziplinen entstehen, zu erwarten sind.

Mit dem zurzeit ganz allgemein zunehmenden Einsatz von KI-Methoden wächst auch für die IT-Sicherheit die Hoffnung, dass ML-Verfahren sichere IT-Systeme ermöglichen, die sich lernend auf Bedrohungen einstellen. Doch ML ist kein Allheilmittel, es kann das Erkennen und Bekämpfen von Angriffen auf Systeme mit IT-Komponenten voraussichtlich nur ergänzen. So eignet sich ML beispielsweise dazu, große Datenmengen auszuwerten oder Anomalien zu erkennen. Aber es ist auch zu bedenken, dass ML-Verfahren selbst angreifbar und kompromittierbar sind, es können also sogar zusätzliche Angriffsvektoren durch die Nutzung von ML entstehen. Außerdem ist der Aufwand für das Trainieren der ML-Systeme hoch und ML-Verfahren sind im Allgemeinen sehr spezialisiert.

ML – Lösungsansatz für die IT-Sicherheit?

Mit der Digitalisierung bieten heute beinahe alle technischen Systeme auch Angriffsflächen für Hacker, Spionage und generell für kriminelle Handlungen. Nicht zu vernachlässigen ist, dass technische Systeme immer in einem sozio-technischen Kontext genutzt werden und die nutzenden Menschen zu potenziellen Angreifern werden können, mit oder ohne Absicht. Die Angriffe erfolgen über die informationstechnischen Systeme, Teilsysteme, Komponenten und Schnittstellen, die heute vielfältig untereinander vernetzt sind. Neben Produktions- und Industrieanlagen sind das Infrastruktureinrichtungen und Bürosysteme ebenso wie Systeme des automatisierten Fahrens oder Fliegens. Und im Internet of Things (IoT) werden inzwischen sogar vernetzte Waschmaschinen, Kameras oder Kaffeeautomaten zu möglichen Angriffspunkten.

V. Wittpahl (Hrsg.), *Künstliche Intelligenz*,
DOI 10.1007/978-3-662-58042-4_5, © Der/die Autor(en) 2019

Die Vielfalt der digitalen Systeme lässt die potenzielle Anzahl der Sicherheitslücken explodieren. Damit einher gehen die endlosen Möglichkeiten, wie und anhand welcher Indizien Bedrohungen erkannt werden können. Mit den seit Jahren zunehmenden Angriffen auf IT-Systeme wuchs die Erkenntnis, dass es eine abschließende Sicherheit nicht geben kann. Auch ein Security by Design (Waidner et al. 2013) kann die Probleme nicht völlig lösen, wohl allerdings die allgemeine Gefährdungslage erheblich verbessern. Diese Erkenntnis ist ein wesentlicher Ausgangspunkt für den Bedarf am Bedarf an ML für die IT-Sicherheit.

Angriffe ändern sich ständig. Beispielsweise modifizieren Angreifer Computerviren automatisch, sodass Virenscanner sie nicht mehr erkennen. Alle drei Monate werden schätzungsweise rund 18 Millionen neue Beispiele für Schadprogramme gefunden (Atos 2017, S. 32). Ziel muss es sein, Programme zu entwickeln, um Angriffe auszumachen, die gerade erst vorbereitet werden, also bevor sie überhaupt Schaden anrichten können. Hinter welchen Daten könnte sich ein Angriff verbergen? Allerdings entsteht aus einzelnen Daten im Allgemeinen kein vollständiges Bild. Es besteht die Hoffnung, dass mit ML entsprechende Muster zu identifizieren sind. Für die riesigen Mengen an Kommunikationsdaten werden außerdem Programme benötigt, die Angriffe und Risiken über Systemgrenzen hinweg erkennen können (vgl. auch Juniper 2016). Generell gilt, dass der Aufwand hoch ist.

Es ist spannend, dass die Forschung und Entwicklung für ML-Sicherheitsprodukte weitgehend innerhalb von Unternehmen stattzufinden scheint. Dies erschwert die strategische Entwicklung des Themas, da die Ergebnisse der Unternehmensforschung sowie die Daten und Algorithmen nicht öffentlich zur Verfügung stehen. Augenfällig ist, dass im Vergleich zur ML-Forschung im Allgemeinen heute nur wenige Fachkonferenzen existieren, auf denen die Verbindung von ML und IT-Sicherheit diskutiert wird. Eine der wenigen Ausnahmen bildet der ACM Workshop on Artificial Intelligence and Security, der seit 2008 jährlich im Rahmen der ACM Conference on Computer and Communications (CCS) ausgerichtet wird. ML ist ansonsten eher Thema auf sogenannten Hacker-Konferenzen wie der DEF CON[8]. Hinzu kommen Konferenzen zur KI und ML, auf denen vereinzelt IT-Sicherheit adressiert wird. Auch auf Konferenzen zur IT-Sicherheit taucht ML bisher eher am Rande auf. Mit dem zunehmenden Bedarf an IT-Sicherheit scheint sich dies jedoch zu ändern. 2017 wurde das „International Symposium on Cyber Security Cryptography and Machine Learning (CSCML 2017)" ins Leben gerufen, das die Ben-Gurion University in Israel ausrichtete, mit einer Nachfolge in 2018. Der erste DL and Security Workshop im Jahr 2018 hat zusammen mit dem 39th IEEE Symposium on Security and Privacy stattgefunden.

---

[8] *https://www.youtube.com/watch?v=wbRx18VZIYA , zuletzt geprüft am 22.06.2018*

ML gegen Schadprogramme

Beim Schutz von IT-Systemen besteht eine der wesentlichen Herausforderungen darin, neue Schadprogramme möglichst schnell abzuwehren oder sogar vorausschauend zu handeln. Antivirenprogramme kombinieren dafür im Allgemeinen mehrere Verfahren. Eines davon umfasst die Identifizierung und Verwaltung von Schadprogramm-Signaturen. Signaturen sind kurze Byte-Folgen, die aus den Schadprogrammen extrahiert werden[9]. Die Signatur-Datenbanken müssen ununterbrochen aktualisiert werden. „Es kommen mehr als 100.000 Signaturen von Schadsoftware täglich hinzu."[10] Solche Zahlen sind Schätzungen und sollen teilweise noch deutlich höher liegen. Basierend auf einer Analyse der AV-Test GmbH schätzt Heise.de, dass „täglich über 390.000 neue Schadprogramme, also über 16.000 pro Stunde beziehungsweise 4 bis 5 neue pro Sekunde"[11] auftreten (vgl. auch BSI 2017, S. 22).

Diese enorm hohen Zahlen ergeben sich allerdings vor allem daraus, dass Malware ständig „mutiert" (polymorphe Malware). Signatur-Datenbanken verwalten aus Effizienzgründen Signaturen in Form sogenannter Hashwerte, oft in hexadezimaler Darstellung, die mit Hilfe von Hashfunktionen berechnet werden[12]. Geringste Änderungen eines Schadprogramms führen zu neuen Hashwerten. So entstehen immer wieder ähnliche, aber nicht identische „Schädlinge"[13], die in den Datenbanken als quasi neue Schädlinge trotzdem mit verwaltet werden.

An dieser Stelle kommt ML ins Spiel: Auf Signaturen aufbauende Virenprogramme arbeiten oft regelbasiert. „Aufgrund ihrer Komplexität und der Anfälligkeit für eine verschobene Gewichtung sind regelbasierte Anti-Malware-Systeme sehr anfällig dafür, eine Bedrohung zu übersehen." (Juniper 2016, S. 3). Heute versucht man, diese regelbasierten Ansätze mit Methoden des ML zu überlagern, um Regeln zu gewichten und zu optimieren (Juniper 2016, S. 4).

Strobel (2017) erläutert einen Ansatz, den der Anbieter Cylance verfolgt. Danach nutzt Cylance zwar die vorgesehene Windows-Schnittstelle für Virenschutz, aber die

---

[9] https://www.bsi-fuer-buerger.de/SharedDocs/Glossareintraege/DE/V/Virensignatur.html, zuletzt geprüft am 22.06.2018

[10] http://www.deutschlandfunk.de/antiviren-software-neue-methoden-der-malware-erkennung.684.de.html?dram:article_id=379868, zuletzt geprüft am 22.06.2018

[11] https://www.heise.de/newsticker/meldung/Zahlen-bitte-Taeglich-390-000-neue-Schadprogramme-3177141.html, zuletzt geprüft am 22.06.2018

[12] https://www.datenschutzbeauftragter-info.de/hashwerte-und-hashfunktionen-einfach-erklaert/, zuletzt geprüft am 22.06.2018

[13] https://www.heise.de/newsticker/meldung/Zahlen-bitte-Taeglich-390-000-neue-Schadprogramme-3177141.html, zuletzt geprüft am 22.06.2018

Malware wird nicht anhand von Signaturen erkannt. Eingesetzt wird ein mathematisches Modell, das mit Malware-Objekten und gutartigen Dateien beim Hersteller trainiert wurde. Der Umweg über die Signaturerkennung ist nicht mehr notwendig, nur das Modell muss an die Kunden ausgeliefert werden. So verlängern sich die Auslieferungszeiten. Strobel (2017) geht davon aus, dass andere Hersteller von Virenschutzprogrammen Methoden der KI einsetzen, um Signaturen beim Hersteller schneller erzeugen zu können. Bei diesem Ansatz muss jedoch weiterhin die Signaturdatenbank an die Kunden geliefert werden.

Cohen, Hendler und Potashnik (2017) erforschen einen Ansatz, um signaturbasierte Schadcodeerkennung zu ergänzen. Sie nutzen Anti-Virus-Reports eines SIEM-Systems (Security Information and Event Management), um Trainingsdaten zu generieren. Systeme, die damit trainiert werden, können automatisch komplexe und dynamische Muster im Systemverhalten besser erkennen.

ML gegen Sicherheitslücken

Größere Software- und Hardwaresysteme besitzen fast immer Schwachstellen (Vulnerabilities). Sie entstehen z. B. durch Fehler bei der Programmierung[14] oder auch durch unbekannte Sicherheitslücken. Bekannt ist etwa die Injektion von Schadcode in Datenbankanfragen, um Daten auszuspähen. „Grobe Schätzungen zeigen, dass ein Programmierer pro 1000 Programmzeilen einen Fehler erzeugt".[15] Sicherheitslücken erlauben beispielsweise „Zero Day Exploits", das sind Angriffe, die am gleichen Tag erfolgen, an dem die Schwachstelle entdeckt wird.[16,17] Seitenkanalangriffe zielen z. B. auf kryptographische Systeme, indem sie durch physikalische Messungen (z. B. elektromagnetische Felder, Energieverbrauch) Zugriff auf sensible Daten bekommen.[18] Zwei der jüngsten und sehr bekannten Seitenkanalangriffe auf Computerchips waren Meltdown und Spectre Anfang 2018.[19] Prozessoren legen aus Performance-

---

[14] *https://www.security-insider.de/was-ist-eine-sicherheitsluecke-a-648842/, zuletzt geprüft am 22.06.2018*

[15] *https://de.wikipedia.org/wiki/Sicherheitslücke , zuletzt geprüft am 22.06.2018*

[16] *https://www.kaspersky.de/resource-center/definitions/zero-day-exploit; zuletzt geprüft am 22.06.2018*

[17] *https://www.bsi.bund.de/DE/Themen/Cyber-Sicherheit/Empfehlungen/cyberglossar/Functions/glossar.html?cms_lv2=9817322, zuletzt geprüft am 22.06.2018*

[18] *https://www.bsi.bund.de/DE/Themen/Cyber-Sicherheit/Empfehlungen/cyberglossar/Functions/glossar.html;jsessionid=AB23BDE13869A528AA3EE8D76137BF9E.2_cid341?cms_lv2=9817308, zuletzt geprüft am 22.06.2018*

[19] *http://www.secupedia.info/wiki/Seitenkanalangriff, zuletzt geprüft am 22.06.2018*

gründen vorausschauend Daten im Speicher ab. Mit Meltdown wurde gezeigt, dass bei Intel-Prozessoren auf diese Speicherbereiche zugegriffen werden kann und die Daten auslesbar sind. Von Spectre sind „prinzipiell alle modernen Prozessoren betroffen".[20] Hier bekommen Prozesse Zugriff auf einen virtuellen Speicher in einem Adressraum, der nicht zugänglich sein sollte.[21]

Um Sicherheitslücken zu finden oder auch auszunutzen, müssen Systeme, Programmiersprachen und Hardware bis ins Detail verstanden werden. Im Fall von Spectre und Meltdown haben Forscherteams eine entsprechende Lücke vorhergesagt – und lange geforscht, um sie zu belegen. Sicherheitslücken sind vielfältig. Solche Lücken sind besonders schwierig und vielleicht gar nicht durch ML-Ansätze zu finden, die ganz wesentlich auf der Mustererkennung und Generalsierung beruhen, wofür Trainingsdaten existieren müssen.

Trotzdem bestehen ML-Ansätze für das Aufdecken von Sicherheitslücken, die jedoch wiederum spezialisiert sind. Godefroid, Peleg und Singh (2017) erforschen beispielsweise ML-Ansätze für Input-Fuzzing. Fuzzing bezeichnet das Finden von Sicherheitslücken in Parsern, die Programm-Input überprüfen. Grammatik-basierte Parser-Ansätze werden dort als besonders effektiv eingestuft, um mit komplexem Input umzugehen, wie er beispielsweise für Web-Browser besteht. Diese erhalten als Input u. a. HTML-Dokumente und JavaScript-Code. Die Parser-Grammatiken werden heute noch von Menschen definiert. Der Forschungsansatz untersucht das automatische Generieren der Grammatiken auf Basis von ML-Techniken.

Ein ganz anderer Ansatz wird von Benadjila, Prouff, Strullu, Cagli und Dumas (2018) verfolgt. Sie untersuchen Technologien des tiefen Lernen (Deep Learning, DL) zur Seitenkanalanalyse und setzen auf Ansätze, die zeigen, dass DL-Algorithmen effizient sind, um das Verhalten eingebetteter Systeme und deren Abhängigkeiten untereinander zu evaluieren. Kritisiert wird, dass bei den bestehenden Verfahren die Parametrisierung der neuronalen Netze nicht veröffentlicht wird und entsprechend Ergebnisse nicht reproduziert werden können. Als Ergebnis führen sie eine offene Plattform ein, ASCAD, die alle Quellen der Implementierung offenlegt.

Chen, Sultana und Sahita (2018) stellen einen DL-Ansatz vor, um Kontrollflüsse während der Hardwareprogrammausführung bezüglich Schadcode zu klassifizieren.

---

[20] *ebd.*

[21] *ebd.*

ML zur sichereren Kommunikation vernetzter IT-Systeme in Unternehmen

Eine weitere Herausforderung bei der Absicherung vernetzter IT-Systeme in Unternehmen besteht darin, dass eine enorm große Menge an Daten beim Monitoring der Netzwerke entsteht. Industrieunternehmen arbeiten häufig mit sehr heterogenen Teilsystemen und Komponenten, womit eine Vielfalt an Schnittstellen und Netzwerkprotokollen einhergeht. Es handelt sich um Systemlandschaften aus EDV, SCADA-Systemen (Supervisory Control and Data Acquisition), eingebetteten Systemen und Produktionsmaschinen sowie Bussystemen, Internettechnologien, Firewalls und Netzwerktechnologie, um nur einen kleinen Ausschnitt zu nennen. Mit der Automatisierung von Prozessen aller Art steigt der Vernetzungsgrad ständig an. Der Schutz durch Firewalls und Antiviren-Programme reicht heute nicht mehr aus, und es wurden deshalb zusätzliche Alarmtechnologien entwickelt, darunter Intrusion Detection Systems (IDS) oder Honeypot.s.[22]

Die Erkennung von Einbrüchen (Intrusion Detection) in solche vernetzten Systemlandschaften basiert im Wesentlichen auf der Analyse der Netzwerkkommunikation, um Angriffsmuster zu identifizieren.[23] Dafür zeichnen Sensoren möglichst umfassend Datenpakete auf (Logging). Das anfallende Datenvolumen stellt allerdings eine Herausforderung für die Auswertung dar, einerseits hinsichtlich der Schnelligkeit, anderseits hinsichtlich der potenziellen Zusammenhänge zwischen den an den verschiedenen Sensoren erfassten Daten.

Die in den Logdaten identifizierten potenziellen Angriffe erzeugen eine sehr hohe Anzahl an Angriffsalarmen. Dies ergibt sich einerseits daraus, dass diverse Alarme ausgelöst werden, obwohl es sich gar nicht um einen Angriff handelt (false positive), andererseits aber auch aus der puren Menge der meist automatisch generierten Angriffe durch Hacker. Ein Sicherheitsanalytiker kann jedoch mit etwa 30 Warnungen pro Tag nur einen Bruchteil dieser Alarme bearbeiten (Patel 2017).

KI und ML sind also dringend notwendig, um diese Analysen zu unterstützen oder zu automatisieren. Die Nutzung von ML-Verfahren ist jedoch aufwendig, da sie im Regelfall umfangreich parametrisiert oder trainiert werden müssen. Der IT-Sicherheitsanbieter Symantec sammelt dafür Bedrohungs- und Angriffsdaten aus 175 Millionen Endgeräten und 57 Millionen Angriffssensoren. Nach deren Angaben resultieren daraus knapp vier Billionen Beziehungen, die ununterbrochen überwacht wer-

---

[22] *https://de.wikipedia.org/wiki/Honeypot, zuletzt geprüft am 22.06.2018*

[23] *https://de.wikipedia.org/wiki/Intrusion_Detection_System , zuletzt geprüft am 22.06.2018*

den.[24] Außerdem werden mit Hilfe von ML Modelle erlernt, um Voraussagen über Ereignisse und Verwundbarkeiten in der Zukunft zu treffen.[25]

Haq et al. (2015) stellen eine umfangreiche Studie zu Verfahren des ML für IDS vor. Darin untersuchen sie 49 Forschungsbeiträge zu Klassifikationsalgorithmen für Intrusion Detection, sowohl zum überwachten als auch zum unüberwachten Lernen. Beim überwachten Lernen werden meistens die Trainingsdaten vorkategorisiert, vereinfacht in „Angriff" oder „kein Angriff". Durch Vergleiche werden neue Fälle entsprechend einsortiert und die Sortierung wird fortlaufend überwacht.

Methoden zum unüberwachten Lernen lassen sich im Wesentlichen als Clusterverfahren charakterisieren. In Haq et. al. werden dazu eine ganze Reihe von Verfahren genannt, für deren Erläuterung hier auf das Originalpapier verwiesen wird. Beispiele für überwachtes Lernen sind Artificial Neural Network, Bayesian Statistics, Gaussian Process Regression, Lazy learning, Nearest Neighbor algorithm, Support Vector Machine, Hidden Markov Model, Bayesian Networks, Decision Trees (C4.5, ID3, CART, Random Forrest), K-nearest neighbor, Boosting, Ensembles classifiers, Linear Classifiers und Quadratic classifiers. Beispiele für unüberwachtes Lernen sind dort Cluster analysis, Hierarchical clustering, Self-organizing map, Apriori algorithm, Eclat algorithm und Outlier detection.

Besonders schwierig ist die Erkennung von Advanced Persistent Threats (APTs).[26] Sie sind meistens auf ein ganz bestimmtes Ziel im Unternehmen ausgerichtet, nutzen unter Umständen unbekannte Sicherheitslücken und verwenden sehr komplexe Angriffsstrategien, die zudem nicht nur auf IT beruhen. Die Angriffe sind beharrlich und verlaufen über Wochen, Monate oder Jahre. Durch den speziellen Zuschnitt sind sie kaum anhand allgemeiner Muster zu erkennen. Für die Identifizierung sind oft detaillierte Analysen notwendig.

Arnaldo, Cuesta-Infante, Arun, Lam, Bassias und Veeramachaneni (2017) stellen in ihrem Forschungsbeitrag einen Rahmen vor, um Repräsentationen von Logdaten zu lernen, mit dem Ziel, APTs zu erkennen, die sich über mehrere Wochen hinziehen. Der Ansatz nutzt eine divide-and-conquer- Strategie (rekursive Problemzerlegung mit anschließender Synthese) und kombiniert diese mit Verhaltensanalysen und Zeitreihenmodellen. Es wird gezeigt, dass auf einer Basis von drei Milliarden Zeilen Log-

---

[24] https://www.websecurity.symantec.com/de/de/security-topics/machine-learning-new-frontiers-advanced-threat-detection , zuletzt geprüft am 22.06.2018

[25] https://www.recordedfuture.com/machine-learning-application/ , zuletzt geprüft am 22.06.2018

[26] https://searchsecurity.techtarget.com/definition/advanced-persistent-threat-APT, zuletzt geprüft am 22.06.2018

daten gute Resultate erzielt werden mit 95 von 100 richtig erkannten Beispielen im Vergleich zu Testdaten.

Laurenza et al. (2017) verfolgen hinsichtlich APTs einen anderen Ansatz. Sie gehen davon aus, dass vor allem eine Priorisierung in der großen Anzahl von Informationen zu potenziellen Angriffen erfolgen muss. Vorgeschlagen wird ein Vorgehen für die Sichtung der Alarme mit Fokus auf APTs. Betrachtet werden dafür nur statische Schadcode-Eigenschaften, die schnell ausgewertet werden können. Damit wird ein Random Forest classifier trainiert. Das Verfahren scheint eine hohe Präzision zu erreichen. Es nutzt Entscheidungsbäume, die „zufällig" wachsen, sowie nach der Lernphase Klassifizierungen für Entscheidungen.

ML im Einsatz bei der Kommunikation im Internet

Private Rechner und Unternehmenssysteme inklusive IT-Komponenten von Produktionsanlagen sind heute komplex vernetzt. Hinzu kommt eine stetig steigende Anzahl netzfähiger Geräte, Sensoren und Gegenstände, die das Internet zu einem Internet der Dinge (IoT) erweitern. Alle eingebundenen Elemente kommunizieren miteinander. Über diese Kommunikation können sie kompromittiert bzw. zu einem Verhalten veranlasst werden, das von den Eigentümern nicht zugelassen und erwünscht ist. Botnetze sind ein prominentes Beispiel, und sie erleben geradezu eine Blüte durch die Optionen, die das IoT bietet. Das Risiko und der Aufwand zum „Mieten" von Botnetzen ist für Angreifer verhältnismäßig gering – bei gleichzeitig lukrativen Zielen.[27] Das BSI (BSI 2017, S. 29) geht von 27.000 Bot-Infektionen deutscher Systeme täglich aus.

Ein Botnetz umfasst vernetzte Schadprogramme, die Bots, die ohne Einverständnis der Eigentümer auf deren Rechnern installiert wurden. Häufig sind gerade private Rechner betroffen[28], was insbesondere den Takedown der Botnetze, also deren flächendeckende Abschaltung, sehr aufwendig und kaum organisierbar macht. Nach Schätzungen sind weltweit rund ein Viertel aller Rechner betroffen.[29] Die Infektion durch Bots verläuft auf dem gleichen Weg wie bei anderen Schadprogrammen. Häufig befindet sich der Schadcode in einem E-Mail-Anhang, der durch Anklicken aktiviert wird. Ebenfalls weit verbreitet ist die Infektion durch den Besuch von Webseiten. Durch die Anwahl von Internet-Links oder sogar schon allein durch den Besuch kom-

---

[27] *https://www.heise.de/ix/meldung/IoT-Sicherheitskonferenz-Unsichere-Smart-Meter-Mirai-und-seine-Klone-und-die-Genfer-Konvention-3872793.html , zuletzt geprüft am 22.06.2018*

[28] *http://www.searchsecurity.de/definition/Botnet , zuletzt geprüft am 22.06.2018*

[29] *https://wiki.botfrei.de/Botnetze , zuletzt geprüft am 22.06.2018*

promittierter Webseiten kommt es zum Download von Schadcode: Drive-by-Download. Schadcode kann aber beispielsweise auch in Dokumenten eingebettet sein, etwa in Office-Dokumenten. Häufig verläuft die Infektion zweistufig. Der erste Schritt dient dem Download des Bots oder einer Vorstufe, worüber danach die unerlaubte Kontrolle über den privaten Rechner gewonnen wird (BSI 2017, S. 22). „Die betroffenen Systeme werden vom Botnetz-Betreiber mittels eines Command-and-Control-Servers (C&C-Server) kontrolliert und gesteuert." (BSI 2017, S. 78).

Es ist üblich, dass kriminelle Betreiber Botnetze aufbauen, diese aber nicht sofort und eventuell nicht selbst einsetzen. Sie werden an Dritte vermietet, die sie für konkrete Angriffe verwenden. Die Botnetze sind beispielsweise in der Lage, private Rechner zum Versenden von Spam-Mails zu nutzen, sodass der wirkliche Versender anonym bleibt. Sehr bekannte Angriffe über Botnetze waren sogenannte DDos-Angriffe. DDos steht für Distributed Denial of Service. Diese „…Angriffe richten sich gegen die Verfügbarkeit von Diensten, Webseiten, einzelnen Systemen oder ganzen Netzen." (BSI 2017, S.79) Durch den gemeinsamen Angriff einer hohen Anzahl von Bots auf bestimmte Server wird z. B. eine Überlastung der betroffenen Systeme provoziert, um diese lahmzulegen.

Durch Botnetze sind bereits sehr bekannte Angriffe erfolgt. Botfrei.de stellt dazu umfangreiche Informationen zur Verfügung[30]: Avalanche, eines der weltweit größten Botnetze, wurde schon im Jahr 2008 entdeckt. Mit ihm wurden Massen-Spams verteilt und Phishing-Attacken umgesetzt. Avalanche unterhielt weitere 20 Botnetze zur Verbreitung von Schadprogrammen. Erst Ende 2016 konnten die Strafverfolgungsbehörden Avalanche abschalten.[31]

2017 erzielte das Mirai-Botnetz höchstes Aufsehen. Es veranlasste Ausfälle und Störungen bekannter Dienste wie Amazon, Netflix, Twitter und Github.[32] Der DDoS-Angriff nutzte vor allem ungeschützte Geräte im IoT, wie Kameras, Heizungssteuerungen und Babyfons.[33] Mit Bekanntwerden von Mirai wurden Ableger unmittelbar für neue Angriffe genutzt.[34]

Das Detektieren von Botnetzen ist eine Herausforderung.[35] ML ist eine Möglichkeit, bestehende Detektionsmethoden zu ergänzen. So ist es Wissenschaftlern der Ben-

---

[30] *https://wiki.botfrei.de/Botnetze , zuletzt geprüft am 22.06.2018*

[31] *https://wiki.botfrei.de/Avalanche , zuletzt geprüft am 22.06.2018*

[32] *https://wiki.botfrei.de/Mirai , zuletzt geprüft am 22.06.2018*

[33] *ebd.*

[34] *https://www.heise.de/security/meldung/Mirai-Botnetz-lernt-neue-Tricks-3670226.html , zuletzt geprüft am 22.06.2018*

[35] *https://www.internet-sicherheit.de/forschung/botnetze/botnetz-analyse.html , zuletzt geprüft am 22.06.2018*

Gurion-Universität zusammen mit den Deutsche Telekom Innovation Laboratories 2016 gelungen, mit einem ML-Verfahren Angriffe von realen Personen von denen durch Botnets auf Honeypots zu unterscheiden. So konnten wertvolle Informationen zum Aufspüren der Netze geliefert werden (vgl. Thiede 2016). Stevanovic und Pedersen (2016) stellen einen Überblick über ML-Methoden zum Erkennen von Botnetzen vor, die die Botnetz-Netzwerkkommunikation analysieren. Als bisher ungelöste Probleme werden darin die fehlende Übertragbarkeit bei der Erkennung von Botnetzen bemängelt, die Zeit, die für die Analysen notwendig ist, und die Schwierigkeit, die Methoden verständlich im operationalen Betrieb einzusetzen. Miller und Busby-Earle (2016) analysieren detailliert die Rolle von konkreten ML-Verfahren für die Erkennung von Botnetzen.

Cyber Threat Intelligence (CTI) ist ein Abwehrkonzept, das den gesamten Prozess rund um das Auffinden von Bedrohungen umfasst, deren Auswertung und Aufbereitung sowie Weitergabe. CTI untersucht „Details über die Motivation, die Intention und die Fähigkeiten von Angreifern, ihre Taktik, Techniken und Vorgehensweisen" sowie „technischere Details, wie typische Spuren von Angriffen (IoCs für „Indicators of Compromise"), Listen mit Prüfsummen von Malware-Objekten oder Reputationslisten für Hostnamen / Domains."[36] Um Sicherheitslücken schließen zu können, müssen Software- und Hardware-Anbieter, teilweise auch die Nutzerinnen und Nutzer, möglichst flächendeckend über Schwachstellen und Angriffe informiert werden. Werkzeuge zur „Threat Intelligence" leisten diese Aufgabe. Sie sammeln und aggregieren Daten aus unterschiedlichen Quellen und stellen die Ergebnisse in Form von „Data Feeds" zur Verfügung. Manche Systeme agieren teilweise automatisiert. Die Data Feeds umfassen z. B. Informationen zu IP-Adressen, die eine Bedrohung darstellen, über Phishing-URLs bis hin zu schadhafter Software. Die Nutzung solcher Dienste ermöglicht es, Lücken proaktiv zu schließen. Auch für CTI wird ein Potenzial beim Einsatz von ML gesehen.[37]

Die Nutzung von ML durch Angreifer

Es sind bisher keine Beispiele bekannt, dass Angreifer Lernmodelle kompromittiert haben, aber es ist zu erwarten, dass sie in Zukunft auch ML nutzen.[38] Es ist deshalb

---

[36] *http://www.secupedia.info/wiki/Cyber_Threat_Intelligence#ixzz5C0nLUozU , zuletzt geprüft am 22.06.2018*

[37] *http://www.wipro.com/documents/Demystifying-machine-learning-for-threat-detection. pdf, zuletzt geprüft am 17.07.2018*

[38] *https://www.computerwoche.de/a/wie-maschinelles-lernen-zum-verhaengnis- wird,3544253 , zuletzt geprüft am 22.06.2018*

dringend notwendig, entsprechende Kompetenzen auch bei den Entwicklern von Sicherheitssystemen aufzubauen. ML-Verfahren sind angreifbar, indem die trainierten Klassifizierer, die Modelle, die neuronalen Netze, Bäume etc. mit feindlichen Beispielen unterlaufen werden. Wird der Lernprozess gestört, so entscheiden die Algorithmen am Ende u. U. fehlerhaft zugunsten der Angreifer. Durch den Einsatz von ML-Methoden erhöhen sich also letztlich die möglichen Angriffsvektoren. Allerdings wären solche Angriffe hochkomplex – und es ist unklar, wie hoch das Risiko dafür tatsächlich ist. Hayes und Danezis (2018) diskutieren das Problem, dass Klassifizierer durch feindliches Einschleusen von Falschbeispielen zu schlechten oder falschen Entscheidungen provoziert werden können. Sie stellen das Szenario eines feindlichen Netzwerkes vor, das täuschenden Output für Klassifizierer erzeugt. Auch Kos, Fischer und Song (2017) untersuchen Methoden, wie feindliche Lernbeispiele die Generierung von Modellen beeinflussen. Normalerweise sollten Angreifer keinen Zugang zu den Strukturen und Parametern der ML-Modelle der Sicherheitssysteme besitzen, denn das Zielsystem ist eine Blackbox. Hu und Tan (2017) stellen allerdings einen Algorithmus vor, der diese Blackbox-Modelle umgehen kann. Die Erkennungsrate wird deutlich verringert.

ML gegen Angriffe über verschlüsselte Kommunikation

Verschlüsselung dient dem Schutz von Daten, die während einer Netzkommunikation übertragen werden. Sehr bekannt ist beispielsweise das SSL-Protokoll. Es wird sichtbar, wenn im Web-Browser einer URL „https" vorangestellt ist. Leider können auch Angreifer verschlüsselte Kommunikation ausnutzen. Sie können mit verschlüsselten Daten verhindern, dass Angriffserkennungssysteme Signaturen (s. o.) sinnvoll einsetzen können. Es besteht dann noch die Option, die Angriffe mit Hilfe der Kommunikationsmetadaten zu entlarven. Für solche Anomalieerkennung eignen sich ML oder auch Methoden der KI.[39]

Im CISCO Security-Report von Februar 2018, wird festgestellt, dass immer mehr Web-Kommunikation verschlüsselt ist und sich innerhalb von 12 Monaten verdreifacht hat.[40] Er geht von einem Anteil von rund 50 Prozent verschlüsselter Kommunikation aus. Nach Angaben von CISCO nutzen heute bereit 34 Prozent der Unterneh-

---

[39]　https://www.searchsecurity.de/antwort/Wie-lassen-sich-verborgene-SSL-Angriffe-erkennen-und-abwehren, zuletzt geprüft am 22.06.2018

[40]　http://www.netzwerker.news/content/Malware-versteckt-sich-in-verschluesseltem-Traffic.html?_pr=1, zuletzt geprüft am 22.06.2018

men ML- und 32 Prozent KI-Systeme, die auch Angriffe mit verschlüsselten Anteilen erkennen können. Das wird zunehmend relevant in Cloud- und IoT-Umgebungen.[41]

ML für datenschutzkonforme IT-Sicherheit

Datenschutz und IT-Sicherheit stehen in einem höchst spannungsgeladenen Zusammenhang. Die Diskussionen dazu sind zu umfangreich, um hier angemessen wiedergegeben zu werden. Verkürzt steht die Behauptung im Raum, es wäre sehr viel einfacher, Angriffe zu erkennen, wenn Kommunikation bis ins Detail überprüft und festgehalten würde und keine Verschlüsselung stattfände. Dies widerspricht jedoch unseren demokratischen Grundwerten mit den über Jahrzehnten entwickelten juristischen Rahmenbedingungen und darf deshalb so nicht umgesetzt werden (vgl. z. B. Friedrich-Ebert-Stiftung 2007).

Eine besondere Herausforderung stellt das für die Erkennung von APTs dar (s. o.). Oft müssen dafür auch Verhaltensweisen von Personen eingeschätzt werden. Das gelingt nur, wenn Daten personenbezogen gespeichert werden. Solche Ansätze werden als User Behavior Analytics (UBA) bezeichnet und nutzen auch ML. Es ist eine Herausforderung, diese datenschutzkonform zu gestalten. Neben den Datenschutzproblemen gibt es für UBA auch schwerwiegende technische Probleme. Wie erkennt man etwa normales Verhalten von Personen? Auf Basis welcher Beispiele wird gelernt und worin bestehen die relevanten Eigenschaften komplexer Situationen? Außerdem fehlt für manche ML-Verfahren die notwendige Menge an Trainingsdaten (Strobel 2017).

ML in der Praxis

In der Praxis werden Methoden des ML heute schon eingesetzt und es existieren diverse Anbieter, die damit werben. Tabelle 4.1 stellt das Ergebnis einer Internetrecherche dazu dar. Die Liste erhebt keinen Anspruch auf Vollständigkeit, sondern bietet nur einen Einblick. Anhand der Informationen, die von den Anbietern öffentlich zur Verfügung gestellt werden, ist nicht im Detail abzulesen, wie fortgeschritten die Nutzung der ML-Methoden ist. Im Rahmen der Recherche wurden die Orte der Hauptsitze der Unternehmen festgehalten und aufgenommen, ob Niederlassungen in Deutschland existieren. Es zeigt sich, dass viele der Unternehmen einen Sitz in Deutschland haben, sodass davon ausgegangen werden kann, dass auch in Deutschland Forscher und Praktiker Kompetenzen zur ML und IT-Sicherheitspraxis besitzen.

---

[41] *https://gblogs.cisco.com/de/cisco-security-report-gefahrenabwehr-mit-kuenstlicher-intelligenz-machine-learning-und-automation/, zuletzt geprüft am 22.06.2018*

Ein großer regionaler Schwerpunkt der Unternehmen ist das Silicon Valley in den USA.

Tabelle 4.1: Unternehmen, die ML- Methoden in ihren IT-Sicherheitsprodukten einsetzen

ANBIETER	ML-NUTZUNG	FIRMENSITZ
Atos	Atos nutzt Automatisierung und maschinelles Lernen um Angriffe zu verstehen und vorherzusagen.[1] (vgl. auch Atos 2017)	Atos Bezons, Frankreich Atos IT Solutions and Services: München, Deutschland
G DATA	G DATA stellen in ihrem Blog ausführlich dar, welche ML-Ansätze sie gegen Phishing-Angriffe nutzen.[2]	Bochum, Deutschland
Bitdefender	Sandbox-Analyzer nutzt maschinelles Lernen zur Verhaltensanalyse. „Vorausschauende Erkennung unbekannter Malware. Dynamische Dateianalyse trainiert anhand von Milliarden von Beispielen. Bedrohungsdatenbank auf der Basis von über 500 Millionen Endpunkten."[3]	Bukarest, Rumänien Tettnang, Deutschland
Centrify	Centrify ist ein Lösungsanbieter zum Schutz digitaler Identitäten. „Der neue Service nutzt maschinelles Lernen zur Risikoeinschätzung, basierend auf dem sich ständig verändernden Anwenderverhalten. Anhand dieser Risikoeinschätzungen werden Anwenderaktivitäten Risc Scores zugeteilt und die passenden Reaktionen auf diese Aktivitäten durchgeführt. Dabei entscheidet der Service in Echtzeit, ob der Zugriff gewährt wird, ob zu einer besseren Authentifizierung aufgefordert werden soll oder ob der Zugriff komplett geblockt wird."[4,5]	Santa Clara, USA
CheckPoint	CheckPoint nutzt maschinelles Lernen zur Identifikation von Angriffen.[6] Es werden „Muster von aktuellen Bedrohungsdaten" eingebunden, die beim Kunden anfallen.[7]	Tel Aviv, Israel San Carlos, USA
Cylance	Nutzt Künstliche Intelligenz für Endpunkt-Sicherheit. u.a.: Schadcode Prävention, Applikations- und Skript-Kontrolle, Angriffsverfolgung, Ursachenanalyse[8], weiterhin Erkennung von Schadcode ohne Signaturen mit Hilfe von ML (Strobel, 2017)	Irvine, USA Cylance Germany: München, Deutschland

[1]   *https://atos.net/en-gb/united-kingdom/digital-vision-programme/digital-vision-cyber-security, zuletzt geprüft am 13.06.2018*

[2]   *https://www.gdata.de/blog/2018/05/smarterphishing-schutz, zuletzt geprüft am 15.06.2018*

[3]   *https://www.bitdefender.de/business/elite-security.html, zuletzt geprüft am 13.06.2018*

[4]   *https://www.it-cloud.today/centrify-analytics-service-stoppt-in-echtzeit-sicherheitsverletzungen-basierend-auf-dem-anwenderverhalten/#more-21199, zuletzt geprüft am 14.06.2018*

[5]   *https://www.silicon.de/41661245/ki-und-maschinelles-lernen-in-der-it-security/?inf_by=5a1d32c5671db8a0218b4b82, zuletzt geprüft am 14.06.2018*

[6]   *https://www.checkpoint.com/press/2018/check-point-announces-infinity-total-protection-unique-new-security-model-prevent-gen-v-threats-attacks/, zuletzt geprüft am 14.06.2018*

[7]   *https://www.silicon.de/41661245/ki-und-maschinelles-lernen-in-der-it-security/, zuletzt geprüft am 14.06.2018*

[8]   *https://www.cylance.com/content/dam/cylance/pdfs/data_sheets/CylancePROTECT.pdf, zuletzt geprüft am 13.06.2018*

ANBIETER	ML-NUTZUNG	FIRMENSITZ
Darktrace	„Erkennung und Klassifizierung von Bedrohungen auf Basis von Anomalieerkennung mittels Machine Learning"[9]. Eingesetzt wird unbeaufsichtigtes maschinelles Lernen ohne Trainingsdaten. Selbstverteidigung durch Verlangsamen von Angriffen, Unterbrechung der Echtzeit, Stoppen der Angriffe.[10]	Cambridge, Großbritannien
Escrypt (100%iges Tochterunternehmen der ETAS GmbH)	Das Unternehmen fokussiert mit seinen Lösungen auf konkrete Branchen: Automotive, Smart City, Internet der Dinge. Daten aus der Intrusion Detection werden „mithilfe leistungsstarker Algorithmen für maschinelles Lernen" ausgewertet und „Angriffsmuster für die gesamte Flotte" visualisiert. Neue Angriffsarten werden identifiziert.[11]	Bochum, Deutschland
Eset Deutschland	Sortierung und Klassifizierung von großen Mengen an Malware-Samples. Platzieren der analysierten Malware-Samples auf einer „Cyber Security Map", um Relevanz der Malware einzuschätzen. „Neuronale Netzwerke für spezielles tiefgehendes Lernen und ein langes Kurzzeitgedächtnis. Konsolidierter Output von sechs genau gewählten Klassifikationsalgorithmen"[12].	Bratislava, Slowakei Eset Deutschland: Jena, Deutschland
Exabeam	ML für „User Behavior Analytics" Lösung, Aufzeigen unauthorisierter Systemzugriffe[13]	San Mateo, USA
Finally Safe (Beteiligung duch secunet Security Networks)	Anomalie-Erkennung basiert auf über vier Millionen möglicher Paketinformationen. Mit Verfahren des maschinellen Lernens wird ein Modell der Netzwerk-Kommunikation erstellt, also das Netzwerkverhalten erlernt, um dann Anomalien aufzudecken.[14]	Essen, Deutschland
G+D	Giesecke + Devrient setzen ML zur Aufdeckung von ungewöhnlichen Systemreaktionen ein. Bestandteil der Lösung ist ein lernendes Anomalieerkennungssystem (Anomaly Detection System, ADS).[15]	München, Deutschland
McAffee / McAffee Laps (McAffee Forschung)	„McAfee nutzt maschinelles Lernen und andere unbeaufsichtigte Lernalgorithmen in seinem gesamten Portfolio, von Advanced Threat Defense (ATD) und Security Information and Event Management (SIEM) bis hin zu URL Classification Systems und im Gateway." (Patel, 2017)	Santa Clara, USA McAffee Labs: Hamburg, Deutschland

[9]   *https://www.pallas.com/nachrichten/nachrichten-details/news/pallas-ist-zertifizierter-partner-von-darktrace/, zuletzt geprüft am 13.06.2018*

[10]   *https://www.wallstreet-online.de/nachricht/8387235-darktrace-cyber-immunsystem-schlaegt, zuletzt geprüft am 13.06.2018*

[11]   *https://www.escrypt.com/de/news-events/angriff-erkannt-gefahr-gebannt, zuletzt geprüft am 14.06.2018*

[12]   *https://www.welivesecurity.com/deutsch/2017/06/22/machine-learning-eset-augur-engine/, zuletzt geprüft am 13.06.2018*

[13]   *https://www.exabeam.com/data-science/machine-learning-sdk-for-security-analytics/, zuletzt geprüft am 13.06.2018*

[14]   *https://www.finally-safe.com/produkt/, zuletzt geprüft am 13.06.2018*

[15]   *https://www.gi-de.com/de/de/mobile-security/trends/umgang-mit-cyberrisiken/, zuletzt geprüft am 15.06.2018*

ANBIETER	ML-NUTZUNG	FIRMENSITZ
One Identity	One Identity, heute Teil von Quest Software, erwarb Anfang 2018 das Unternehmen Balabit. Die dort entwickelte Technologie realisiert Privileged-Account-Analytics (PAA), die Analyse privilegierter Nutzerinnen und Nutzer, um insbesondere Insider-Attacken zu erkennen. Dafür werden Verfahren des maschinellen Lernens und der künstlichen Intelligenz eingesetzt.[16, 17]	Aliso Viejo, California
Palo Alto Networks	Bietet Plattform für hoch automatisierte Systemanalysen. Das Unternehmen übernahm 2017 die LightCyber, einen Technologieexperten zur Analyse von Systemverhalten.[18] Gelernt wird „normales" Kommunikationsverhalten (Strobel, 2017).	Santa Clara, USA
Recorded Future	Recorded Future hat eine eingetragene Marke Threat Intelligence Machine™. Genutzt werden ML und Verfahren zum Verstehen natürlicher Sprache.[19]	Somerville, USA
Rhode & Schwarz	Auf Grundlage recherchierten Informationen wird angenommen, dass Rhode & Schwarz „Deep Learning"-Ansätze nutzt oder vorbereitet. Rhode & Schwarz entwickelt auf Basis einer CUDA-Architektur „Deep Learning"-Unterstützung[20]. CUDA wurde von NVIDIA entwickelt und nutzt Grafikprozessoren (GPU), um Lernverfahren in „Deep Learning"-Netzen durch starke Parallelisierung von Rechenprozessen zu beschleunigen.	München, Deutschland
Securonix	ML (sowohl überwachte als auch unüberwachte Verfahren), Angriffsmodellierung und statistisch Ansätze für die Analyse von Systemverhalten zur Umsetzung Signturloser Technologien.[21]	Addison, USA
Sonic Wall	Sonic Wall führt in Echtzeit tiefgreifende Speicheranalysen mit ML-Ansätzen mit einer dafür entwickelten Technologie durch, die in einer Cloud Plattform integriert sind.[22] Sonic Wall liefert performante Lösungen, „um den verschlüsselten Datenverkehr zu entschlüsseln, zu untersuchen und wieder zu verschlüsseln" und „dabei unterschiedlichste Schadsoftware zu erkennen"[23].	San Jose, USA

[16] https://www.silicon.de/41661245/ki-und-maschinelles-lernen-in-der-it-security/, zuletzt geprüft am 13.06.2018

[17] https://www.quest.com/community/products/one-identity/news/b/press-releases/posts/one-identity-acquires-balabit-to-bolster-privileged-access-management-solutions#, zuletzt geprüft am 13.06.2018

[18] https://www.paloaltonetworks.com/company/press/2017/palo-alto-networks-completes-acquisition-of-lightcyber, zuletzt geprüft am 13.06.2018

[19] https://www.recordedfuture.com/technology/, zuletzt geprüft am 14.06.2018

[20] https://www.careers.rohde-schwarz.com/de/spezialseiten/karriere-news/?nid=41, zuletzt geprüft am 13.06.2018

[21] https://www.securonix.com/leverage-machine-learning-cybersecurity/, zuletzt geprüft am 13.06.2018

[22] https://www.sonicwall.com/en-us/about-sonicwall/news/press-releases/pr-articles/sonicwall-invents-real-time-deep-memory-inspection zuletzt geprüft am 15.06.2018

[23] https://www.silicon.de/41661245/ki-und-maschinelles-lernen-in-der-it-security/?inf_by=5a1d32c5671db8a0218b4b82, zuletzt geprüft am 15.06.2018

ANBIETER	ML-NUTZUNG	FIRMENSITZ
Sophos	Endpunkt-Schutz. Übernahme von Invincea in 2017 mit Kompetenz zum Ausschalten bislang unbekannter Schadsoftware und hochentwickelter Cyberattacken mit Hilfe patentierter neuronaler Netz-Algorithmen (Deep Learning)[24]; dadurch steht Hilfsmittel gegen Zero-Day-Attacken zur Verfügung[25].	Abingdon, Großbritannien
Symantec	Symantec entwickelt in großem Maße ML-Verfahren. „Dazu gehören innovative Forschung zu Deep Learning, probabilistische Programmierung, verstärkendes Lernen ("Reinforcement Learning") und bayessche nichtparametrische Verfahren."[26]	Mountain View, USA München, Deutschland
Trend Micro Deutschland	Maschinelles Lernen wird seit über 10 Jahren eingesetzt „von Antispam-Engines bis zu Erkennungstechniken für bösartige Social-Media-Elemente."[27]	Tokyo, Japan Trend Micro Deutschland: Hallbergmoos, Deutschland
Vectra Networks	Aufdeckung von Angriffen in Echtzeit. Verhaltensanalyse und permanentes maschinelles Lernen. Nutzung unterschiedlicher Verfahren wie überwachtes und unüberwachtes Lernen sowie „Deep-Learning"-Techniken.[28]	San Jose, USA Vectra Networks Germany: München, Deutschland

[24] https://www.security-insider.de/sophos-investiert-in-maschinelles-lernen-a-583300/, zuletzt geprüft am 13.06.2018

[25] https://www.silicon.de/41661245/ki-und-maschinelles-lernen-in-der-it-security/, zuletzt geprüft am 13.06.2018

[26] https://www.websecurity.symantec.com/de/de/security-topics/machine-learning-new-frontiers-advanced-threat-detection, zuletzt geprüft am 13.06.2018

[27] https://www.silicon.de/41661245/ki-und-maschinelles-lernen-in-der-it-security/, zuletzt geprüft am 14.06.2018

[28] https://vectra.ai/dach-press/neun-fragen-zu-k-nstlicher-intelligenz-und-cybersicherheit, zuletzt geprüft am 13.06.2018

Fazit und Ausblick

Zum Einsatz von ML in der Praxis ist festzuhalten, dass ML bereits von diversen Unternehmen eingesetzt wird, die Werkzeuge zur Verbesserung der IT-Sicherheit anbieten. Anhand der öffentlichen Darstellung ist allerdings nicht immer deutlich, in welchem Umfang und welcher Qualität ML-Verfahren genutzt werden. Das wirtschaftliche Potenzial wurde aber erkannt. Forschung zur ML im Rahmen von IT-Sicherheit existiert aktuell hingegen nur in vergleichsweise geringem Umfang. Die Anzahl von wissenschaftlichen Foren, die die Thematik explizit in den Vordergrund stellen, ist klein.

Dass eine so komplexe Thematik durch die Wirtschaft vorangetrieben wird, ist überraschend. Der Hintergrund kann in der schlechten Verfügbarkeit realistischer Daten für die Forschung sowie im starken Wettbewerb zwischen den Unternehmen liegen. Heute sind jedoch noch viele Fragen zum Einsatz von ML-Verfahren im Rahmen von IT-Sicherheit ungelöst. Es ergibt sich die Hypothese, dass eine bessere Kooperation von Forschung und Wirtschaft die Potenziale der ML effektiver ausloten würde. Die Recherchen zu diesem Artikel legen nahe, dass eine Analyse zu den Barrieren, die in Bezug auf diese Kooperation bestehen, nützlich wäre.

Wichtige Forschungs- und Entwicklungsfragen, die es zu lösen gilt sind u. a.:

- Die Ergebnisqualität der ML-Methoden hängt maßgeblich vom Training und der Qualität der Trainingsdaten ab. Leider sind reale Kommunikationsdaten für Forscherinnen und Forscher meist schlecht oder gar nicht zugänglich. Wie im Artikel geschildert, bilden aber meist erst Millionen von Datensätzen die Grundlage für ein qualitativ hochwertiges Training der ML-Methoden. Unternehmen sind häufig nicht gewillt, ihre Daten zur Verfügung zu stellen. Hier müssen Lösungen gefunden werden.

- Der Aufwand zum Training der ML-Methoden ist sehr hoch. Es werden jeweils umfangreiche Trainingsdaten benötigt, die mit hohem Auffand aufbereitet werden müssen. Das Verhältnis von Aufwand und Nutzen beim Einsatz von ML muss klarer werden bzw. durch Kooperation verringert werden.

- Die Einsatzfelder konkreter ML-Verfahren sind im Allgemeinen sehr spezialisiert. Ob es möglich ist, der Hoffnung auf umfangreich selbstlernende Systeme nachzukommen, kann in naher Zukunft vermutlich noch nicht beantwortet werden. Es stellen sich Fragen nach der Fokussierung versus Generalisierung sowie der Wiederverwendbarkeit.

- Der Einsatz vom ML erhöht die Anzahl der Angriffsvektoren. In vielen ML-Verfahren kann außerdem nicht expliziert werden, „was" gelernt wurde. Ein nicht unerheblicher Teil der Forschung beschäftigt sich deshalb genau mit der Frage, wie ML-Modelle kompromittiert werden können, aber noch nicht mit dem Schutz der Modelle.

- ML wird auch für das Erlernen von Verhaltensmustern von potenziellen Angreifern genutzt. Die Einhaltung des Datenschutzes ist dabei eine wichtige und schwierige Herausforderung.

- ML-Verfahren haben bei ihren Entscheidungen im Einsatz im Allgemeinen Grauzonen. Wie gut die Ergebnisqualität der Methoden ist oder werden kann, ist in vielen Fällen Forschungsgegenstand.

Literatur

Arnaldo, Ignacio; Cuesta-Infante, Alfredo; Arun, Ankit; Lam, Mei; Bassias, Costas; Veeramachaneni, Kalyan (2017): Learning Representations for Log Data in Cybersecurity. In
Proceedings of First int. Conference Cyber Security Cryptography and Machine Learning
(CSCML 2017). Dolev, Shlomi; Lodha, Sachin (Hrsg.). Springer International Publishing AG
2017. ISBN 978-3-319-60079-6.

Atos (2018): Digital Vision for Cyber Security. Opinion Paper. Online verfügbar unter
https://atos.net/content/dam/uk/white-paper/digital-vision-cyber-security-opinion-paper-
new.pdf, zuletzt geprüft am 22.06.2018.

Bauer, Gérard; Schmitz, Peter (2017a): Künstliche Intelligenz, Machine Learning und
IT-Sicherheit. Online auf Security Insider. Online verfügbar unter https://www.security-
insider.de/machine-learning-und-it-sicherheit-a-591288/, zuletzt geprüft am 22.06.2018.

Bauer, Gérard; Schmitz, Peter (2017b): IT-Security und maschinelles Lernen. Deep Learning in
der Cybersicherheit. Online auf Security Insider. Online verfügbar unter https://www.
security-insider.de/deep-learning-in-der-cybersicherheit-a-634857/, zuletzt geprüft am
22.06.2018.

Benadjila, Ryad; Prouff, Emmanuel; Strullu, Rémi; Cagli, Eleonora; Dumas, Cécile (2018):
Study of Deep Learning Techniques for Side-Channel Analysis and Introduction to ASCAD
Database. ANSSI, France & CEA, LETI, MINATEC Campus, France. Online verfügbar unter
https://eprint.iacr.org/2018/053.pdf, zuletzt geprüft am 22.06.2018.

BSI (2017): Die Lage der IT-Sicherheit in Deutschland 2017. Hrsg.: Bundesamt für Sicherheit
in der Informationstechnik. Online verfügbar unter https://www.bsi.bund.de/SharedDocs/
Downloads/DE/BSI/Publikationen/Lageberichte/Lagebericht2017.pdf?__
blob=publicationFile&v=3, zuletzt geprüft am 22.06.2018.

Chen. Li; Sultana, Salmin; Sahita, Ravi (2018): HeNet: A Deep Learning Approach on Intel®
Processor Trace for Effective Exploit Detection. (submitted). arXiv:1801.02318 [cs.CR]
Online verfügbar unter https://arxiv.org/pdf/1801.02318.pdf, zuletzt geprüft am
22.06.2018.

Friedrich-Ebert-Stiftung (2007): Datenschutz im Spannungsfeld von Freiheit und Sicherheit. In
Dokumentation der Fachkonferenz Datenschutz 2007 am 14. Juni 2007, Berlin. ISBN
978-3-89892-728-4. Online verfügbar unter http://library.fes.de/pdf-files/stabsabtei-
lung/04764.pdf, zuletzt geprüft am 22.06.2018.

Godefroid, Patrice; Pele, Hila; Singh, Rishabh (2017): Learn&Fuzz: machine learning for input
fuzzing. In Proceedings of the 32nd IEEE/ACM International Conference on Automated
Software Engineering, 2017 Urbana-Champaign, pp. 50-59. IEEE Press Piscataway, NJ,
USA ©2017. ISBN: 978-1-5386-2684-9.

Haq, Nutan Farah; Onik, Abdur Rahman; Hridoy, Md. Avishek Khan; Rafni, Musharrat; Shah,
Faisal Muhammad; Farid, Dewan Md (2015): Application of Machine Learning Approa-
ches in Intrusion Detection System: A Survey. In International Journal of Advanced
Research in Artificial Intelligence, Vol. 4, No.3, 2015, pp. 9-18.

Hayes, Jamie; Danezis, George (2018): Learning Universal Adversarial Perturbations with Generative Models. Submitted. arXiv:1708.05207 [cs.CR].

Hu, Weiwei & Tan, Ying (2017): Generating Adversarial Malware Examples for Black-Box Attacks Based on GAN. arXiv:1702.05983 [cs.LG].

Juniper (2016): Malware überlisten. Warum maschinelles Lernen entscheidend zur Cybersicherheit beiträgt. Hrsg. Juniper Networks, Inc. Online verfügbar unter https://www.krick.net/fileadmin/Dateien/Downloads/outsmarting-malware.PDF, zuletzt geprüft am 22.06.2018.

Kos, Jernej; Fischer, Ian; Song, Dawn (2017): Adversarial Examples for Generative Models. arXiv:1702.06832 [stat.ML].

Laurenza, Giuseppe; Aniello, Leonardo; Lazzeretti, Riccardo; Baldoni, Roberto (2017): Malware Triage Based on Static Features and Public APT Reports. In Proceedings of First int. Conference Cyber Security Cryptography and Machine Learning (CSCML 2017). Dolev, Shlomi & Lodha, Sachin (Hrsg.). Springer International Publishing AG 2017. ISBN 978-3-319-60079-6.

Miller, Sean und Busby-Earle, Curts C. R (2016): The Role of Machine Learning in Botnet Detection. In Proceedings of 11th International Conference for Internet Technology and Secured Transactions (ICITST 2016). DOI: 10.1109/ICITST.2016.7856730.

Patel, Raja (2017): McAffee: Maschinelles Lernen ergänzt die Arbeit von IT-Sicherheitsspezialisten. In: Midrange Magazin. Online verfügbar unter http://www.midrange.de/maschinelles-lernen-ergaenzt-die-arbeit-von-it-sicherheitsspezialisten/, zuletzt geprüft am 22.06.2018.

Plattform Industrie 4.0 (2106): IT-Security in der Industrie 4.0, Erste Schritte zu einer sicheren Produktion. Online verfügbar unter https://www.plattform-i40.de/I40/Redaktion/DE/Downloads/Publikation/wegweiser-it-security.pdf?__blob=publicationFile&v=16, zuletzt geprüft am 22.06.2018.

Pohl, Helmut (2004): Taxonomie und Modellbildung in der Informationssicherheit. In: Datenschutz und Datensicherheit (DuD); Ausgabe 28.

Stevanovic, Matija; Pedersen, Jens Myrup (2016): On the Use of Machine Learning for Identifying Botnet Network Traffic. Journal of Cyber Security, Vol. 4, pp.1–32. River Publishers. DOI: 10.13052/jcsm2245-1439.421.

Strobel, Stefan (2017): Schlau wie nie. In iX, Magazin für professionelle Informationstechnik, Neue Verfahren in der Schadcode-Erkennung. Ausgabe 7. Online verfügbar unter https://www.heise.de/ix/heft/Schlau-wie-nie-3754380.html, zuletzt geprüft am 22.06.2018.

Thiede, Ulla (2016): Jeder zehnte PC ist ein „Zombie". Israelische Wissenschaftler spüren in Zusammenarbeit mit der Deutschen Telekom infizierte Netze auf. Jeder zehnte PC sei betroffen. Online In General Anzeiger, 5.2.2016. Online verfügbar unter http://www.general-anzeiger-bonn.de/news/wirtschaft/region/Jeder-zehnte-PC-ist-ein-%E2%80%9EZombie%E2%80%9C-article3171482.html, zuletzt geprüft am 22.06.2018.

Cohen, Tomer (2017): Hendler, Danny & Potashnik, Dennis. Supervised Detection of Infected Machines Using Anti-virus Induced Labels. In Proceedings of First int. Conference Cyber Security Cryptography and Machine Learning (CSCML 2017). Dolev, Shlomi & Lodha, Sachin (Hrsg.). Springer International Publishing AG 2017. ISBN 978-3-319-60079-6.

Waidner, Michael; Backes, Michael; Müller-Quade, Jörn; Bodden, Eric; Schneider, Markus; Kreutzer, Michael; Mezini, Mira; Hammer, Christian; Zeller, Andreas; Achenbach, Dirk; Huber, Matthias; Kraschewski, Daniel (2013): Entwicklung sicherer Software durch Security by Design. In SIT Technical Reports, SIT-TR-2013-01. Hrsg: Waidner, Michael; Backes, Michael; Müller-Quade, Jörn. Fraunhofer-Institut für Sichere Informationstechnologie SIT.

Einleitung: KI ohne Grenzen?

Peter Gabriel

Der Phantasie, Anwendungen der KI zu ersinnen, sind keine Grenzen gesetzt: Maschinen und Software werden zu „intelligenten" Artefakten, die mühelos auch schwierigste Situationen meistern. Das reicht vom Chatbot, der in medizinischen Fragen eigenständig berät, bis hin zum autonomen Auto, das seine Fahrgäste sicher von A nach B bringt – auch im dichtesten Stadtverkehr. Aber in welchen Wirtschaftszweigen und in welchen Anwendungsfeldern wird KI tatsächlich in den kommenden Jahren ihr Potenzial, auch anspruchsvolle menschliche Tätigkeiten zu automatisieren, entfalten können? Zwar gibt es spektakuläre Einzelbeispiele, wie das Schachprogramm, das den Weltmeister schlägt, oder den Sprachassistenten im Smartphone. Darüber hinaus ist diese Frage aber nicht leicht zu beantworten, denn die meisten bekannten KI-Anwendungen stecken in der Praxis noch in den Kinderschuhen.

Carl Benedikt Frey and Michael A. Osborne von der Universität Oxford hatten sich in ihrer viel zitierten und oft kritisierten Studie aus dem Jahr 2013 zur Auswirkung der „Computerisation" auf Jobs in den USA noch auf die allgemeine Analyse von Arbeitsplatzprofilen gestützt. Den Einsatz von KI und KI-gestützter Robotik erwarteten sie vor allem im Transportgewerbe und der Logistik, im produzierenden Gewerbe und im Dienstleistungssektor (Frey und Osborne 2013).

Mittlerweile gibt es aber auch erste empirische Studien, in denen sich Unternehmen sowohl zum Status quo von KI-Anwendungen als auch zu den Zukunftserwartungen an diese Technologie äußern.

Um solche Studien einzuschätzen, ist es lohnend, einen genauen Blick in die Betriebe selbst zu werfen und deren interne Abläufe – Beschaffung, Forschung und Entwicklung, IT, Personal, Finanzen, Logistik, Produktion/Betriebsführung, Marketing/Vertrieb, Kundendienst – zu betrachten. Das Beratungshaus Sopra Steria ist 2017 in einer Unternehmensbefragung so vorgegangen. Danach setzen die interviewten Unternehmen heute KI noch vor allem im IT-Betrieb sowie in der Produktion bzw. in ihren Standardprozessen ein. Hauptanwendung ist demnach die Automatisierung von einfachen, Software-basierten Routineprozessen, etwa der Eingabe einer Rechnung in eine Finanzbuchhaltung. Zunehmend automatisieren sie jedoch auch anspruchsvollere („intelligente") Aufgaben der eigenen Produktion bzw. Dienstleistung. Das kann etwa eine automatische Erkennung fehlerhaft produzierter Bauteile mittels Bildanalyse sein oder die eigenständige Klassifikation von E-Mails in einem

V. Wittpahl (Hrsg.), *Künstliche Intelligenz*,
DOI 10.1007/978-3-662-58042-4_6, © Der/die Autor(en) 2019

Callcenter, um etwa die Beschwerde zu einem Produkt von dem Wunsch nach Änderung der Lieferadresse zu unterscheiden.

Die Automatisierung von sehr einfachen Arbeitsprozessen bleibt laut Sopra Steria auch in Zukunft wichtig, allerdings wachsen die Ansprüche. An die erste Stelle der Zielvorstellungen rückt in den befragten Unternehmen die intelligente Automatisierung komplexerer Prozesse. Dem folgt der Wunsch nach digitalen Assistenten, die Mitarbeiter nicht ersetzen, aber sie in ihrer Tätigkeit unterstützen, etwa in Form eines sprachgesteuerten Hilfesystems für den Monteur in der Produktion. Zu diesem wachsenden Anspruch an die Leistungsfähigkeit der KI passt, dass in Zukunft KI-Technologien zunehmend auch den für den Unternehmenserfolg zentral wichtigen Kundendienst unterstützen sollen.

Für die meisten innerbetrieblichen Anwendungsbereiche läuft der Zweck des KI-Einsatzes vor allem auf eine Kostenreduktion hinaus. Aber nicht immer. Besonders in Marketing und Vertrieb sowie im Kundendienst erwarten die befragten Unternehmen, dass die Verwendung von KI-Innovationen in anderen Bereichen anstoßen kann. So will man mit gezielten Datenanalysen die Kunden und ihre Bedürfnisse besser verstehen und das eigene Angebot zielgerichtet darauf zuschneiden. Auch bei der Beschaffung gehen die befragten Unternehmen davon aus, dass sie mit KI-basierten Datenauswertungen die Qualität von Prozess und Ergebnis verbessern können (Sopra Steria 2017).

Da sich KI-Applikationen in den Unternehmen noch in einem sehr frühen Stadium befinden, wäre es noch zu voreilig, verlässliche Aussagen zum künftigen Einsatz dieser Technologie zu machen. Folgt man einer weltweiten Unternehmensbefragung des IT-Dienstleisters Infosys, liegen der Handel, die Konsumgüterindustrie, Telekommunikationsdienstleister und die Finanzwirtschaft an der Spitze der KI-Anwendungsbranchen. Die Tourismusindustrie und die öffentliche Verwaltung blieben demnach noch zurück (Infosys 2018).

Zu einem ähnlichen Ergebnis kommt auch eine volkswirtschaftliche Modellrechnung der Unternehmensberatung Accenture, die sich analog zu Frey und Osborne stark auf den potenziellen Automatisierungsgrad menschlicher Arbeit stützt. Danach können vor allem die Telekommunikationsdienstleister, das produzierende Gewerbe und die Finanzwirtschaft mit einer größeren Steigerung ihrer Bruttowertschöpfung durch KI rechnen. Auch nach dieser Modellrechnung ist die öffentliche Verwaltung das Schlusslicht (Purdy und Daugherty 2017).

Zu einer etwas anderen Einschätzung gelangt das kleine, erst 2014 gegründete Marktforschungsunternehmen Tractica: Demnach finden sich heute die wichtigsten KI-Anwendungen bei den Internet- bzw. mobilen Diensten, seien es Sprachsteuerung oder die Kultivierung von Musik, Nachrichten und anderen digitalen Inhalten.

Große Nachfrage sieht Tractica derzeit bei Rüstungsunternehmen, die automatisierte Waffen- und Logistiksysteme herstellen. Ein eher langfristig nutzbares Anwendungsfeld sehen die Meinungsforscher in der Dienstleistungsindustrie wie in der Finanzwirtschaft, der Medienindustrie, den unternehmensnahen Dienstleistungen und in der Gesundheitswirtschaft. Das besondere Potenzial der KI verorten sie vor allem bei der Verarbeitung von Sprach- und Bilddaten, wenn es darum geht, menschliche Tätigkeiten zu ersetzen oder zu unterstützen (Tractica 2016).

Bei aller Unsicherheit: In den folgenden Beiträgen werden die heute erkennbaren Ansätze der KI-Anwendung skizziert und gewinnen an Kontur: das autonome Auto, die Sprachübersetzung, die Robotik. Diese drei sind zurzeit wohl auch die Synonyme für KI in der öffentlichen Wahrnehmung, da die Technologie uns Menschen hier frappierend autark zur Seite tritt. Vom Gesundheitswesen erwarten viele Experten, dass es allein mit den KI-Verfahren des Maschinenlernens und der Bildanalyse noch gelingen kann, die immensen Datenmengen der digitalen Medizin effizient und sinnvoll auswerten zu können.

Bildung und öffentliche Verwaltung stehen noch nicht im Mittelpunkt der KI-Diskussion – zu Unrecht. Denn Digitale Bildung ist weit mehr als die Nutzung von Informations- und Kommunikationstechnik für die Vermittlung von Wissen. Lernen ist interaktiv und schließt ein ständiges Feedback mit ein. Die Erschließung der Nutzungsdaten digitaler Lernsysteme wäre hierbei äußerst hilfreich. KI-basierte Datenanalysen, die „Learning Analytics", können zu einem zentralen Element des Bildungssystems werden. Und ein womöglich noch größeres Potenzial zu unserer Unterstützung lässt sich mit KI-Systemen in der öffentlichen Verwaltung erschließen. In großer Zahl anfallende Standardvorgänge wie einfache Auskünfte und Leistungsberechnungen in der Sozialverwaltung lassen sich gut automatisieren – ohne dass die Qualität solcher staatlichen Dienstleistungen aus Sicht der Bürgerinnen und Bürger leiden müsste.

Literatur

Purdy, M.; Daugherty, P. (2017): How AI Boosts Industry Profits and Innovation. Accenture.

Frey, C.; Osborne, M. A. (2013): The Future of Employment: How Susceptible are Jobs to Computerization? University of Oxford.

Infosys (2018): Leadership in the Age of AI. Adapting, Investing and Reskilling to Work Alongside AI.

Sopra Steria Consulting (2017): Potenzialanalyse Künstliche Intelligenz. Hamburg.

Tractica (2016): Artifical Intelligence. 10 Trends to Watch in 2017 and Beyond. Boulder, CO.

5. Neue Möglichkeiten für die Servicerobotik durch KI

Steffen Wischmann, Marieke Rohde

Serviceroboter gewinnen an Boden, in professionellen Anwendungen ebenso wie im privaten Bereich. Diesen Vormarsch verdanken sie in erster Linie Fortschritten in der KI, insbesondere den Verfahren des maschinellen Lernens, der Computer Vision und Optimierung, die eine autonomere und adaptivere Handlungssteuerung dieser Roboter auch in einem veränderlichen Umfeld erlauben. So wird ihr Einsatz auch in Bereichen möglich, die klassischen Industrierobotern verschlossen bleiben.

Der Begriff Servicerobotik erklärt sich in Abgrenzung zur klassischen Industrierobotik nicht selbst. Die Unterscheidung zwischen beiden ist vielmehr historisch gewachsen. Die meisten Roboter, die heutzutage auf dem Markt verfügbar sind, zählen zu den klassischen Industrierobotern (International Federation of Robotics 2017a), wie sie etwa in der Automobilindustrie flächendeckend das Schweißen oder Lackieren erledigen. Industrieroboter erfüllen normalerweise eine eng begrenzte Aufgabe im Produktionsprozess: Ihr Handlungsrepertoire umfasst meistens nur einen einzigen Prozess, der unter eng definierten Umgebungsbedingungen auszuführen ist. Aus diesem Grund brauchen sie auch nur wenige Sensoren, um sich in ihrem Einsatzbereich zurechtzufinden. Programmierung und Integration dieser Industrieroboter sind allerdings aufwendig und nehmen bislang üblicherweise zwischen 60 und 80 Prozent der gesamten Investitionskosten in Anspruch, da auch kleinste Änderungen der Anwendung oder der Umgebungsbedingungen eine Anpassung der Programmierung erforderlich machen.

Der ISO-Standard 8373 (ISO 2012) listet unter Servicerobotern all jene Robotersysteme, die nicht im vollautomatisierten Umfeld eingesetzt werden. Durch diese Negativdefinition gelten sowohl Roboter im privat-individuellen als auch solche im professionell-beruflichen Kontext – nur eben außerhalb vollautomatischer Fertigungsstraßen – als Serviceroboter[42].

---

[42] *Die ISO 8373 unterscheidet in Studien wie der World Robotics (International Federation of Robotics 2017b) dann in einer weiteren Unterteilung zwischen „Personal Service Robots" und „Professional Service Robots": „Personal Service Robots" werden zu nichtkommerziellen Zwecken genutzt und ihre Bedienung erfordert keine besonderen Kenntnisse. Oftmals ist sogar eine Bedienung durch Laien möglich. „Professional Service Robots" werden zu kommerziellen Zwecken genutzt und ihre Bedienung erfordert in der Regel entsprechend geschultes Personal.*

V. Wittpahl (Hrsg.), *Künstliche Intelligenz*,
DOI 10.1007/978-3-662-58042-4_7, © Der/die Autor(en) 2019

Anders als fest in einem Produktionsprozess installierte Industrieroboter müssen Serviceroboter in einer sich ständig ändernden Umgebung agieren können. Sie müssen deshalb dazu in der Lage sein, zu lernen, sich anzupassen und Fehler autonom zu korrigieren. Serviceroboter haben daher in der Regel auch deutlich mehr Sensoren als Industrieroboter. Da die Genauigkeit und Zuverlässigkeit von Sensordaten häufig stark variieren, besteht für die Kontrollsysteme eines Serviceroboters die schwierige Herausforderung, ein zutreffendes Bild der Umgebung zu generieren, damit Aktionsplanung und -steuerung flexibel auf alle Änderungen reagieren können.

In vielen Bereichen – insbesondere in der Logistik, Medizin, Pflege, Landwirtschaft, Inspektion und Wartung – ist ein Trend zum professionellen Einsatz von Servicerobotern erkennbar. Die entsprechende Hardware steht bereits zur Verfügung. Jedoch sind existierende Lösungen oft immer noch in ihrer Funktionalität stark eingeschränkt. Eine Anpassung des Verhaltens an neue Bedingungen ist heute noch, ähnlich wie bei der klassischen Industrierobotik, mit hohen Systemintegrationskosten verbunden.

In der Servicerobotik gilt die Programmierung von adaptiven Kontrollsystemen daher zurzeit als größte Herausforderung. Dabei setzen die Entwickler zur Flexibilisierung der Kontrollsoftware auf KI. Es lassen sich sieben KI-Technologiebereiche identifizieren, in denen in den letzten Jahren entscheidende Entwicklungen stattfanden: Computer Vision, ML, Aktionsplanung und Optimierung, Cognitive Modeling, Semantische Technologien, Natural Language Processing (NLP) und Neuromorphic Computing (Seifert et al. 2018, s. auch Einleitung zu Kapitel A Technologie „Entwicklungswege zur KI"). Insbesondere datengetriebene Verfahren wie maschinelles Lernen (ML), d. h. Verfahren, die aus Beispielen lernen können, können Lösungen zu Problemen finden, die einen hohen Grad an Flexibilität in Wahrnehmung und Handlung erfordern. Die Verfügbarkeit großer Datenmengen (Big Data) und die stark gewachsene Rechenleistung haben diese Flexibilisierung gelernter Lösungen ermöglicht. Wie weitreichend diese KI-Technologien bereits die Robotik prägen, zeigen etwa die Fortschritte im autonomen Fahren.

Moderne KI-Systeme bewegen sich freilich noch immer im Bereich der schwachen oder eingeschränkten KI (weak or narrow AI), die zwar ihre Funktionalität in einem abgesteckten Bereich verallgemeinern, nicht jedoch auf neue, unvorhergesehene Probleme übertragen kann. Auch wenn moderne, datengetriebene KI-Verfahren sehr viel flexibler etwa mit veränderlichen Umgebungsbedingungen und Rauschen in Sensordaten umgehen können, sind sie noch weit von den generellen Fähigkeiten eines Menschen, Probleme zu lösen, entfernt.

Marktpotenzial und aktuelle Entwicklungen in der Servicerobotik

Die Servicerobotik ist ein Wachstumsmarkt. Die International Federation of Robotics (IFR) schätzt, dass zwischen 2018 und 2020 weltweit knapp 400.000 Serviceroboter im professionellen Bereich und knapp 43 Millionen Serviceroboter im Endkonsumentenmarkt zum Einsatz kommen werden und dass in dieser Zeit in den beiden Segmenten knapp 23 Milliarden Euro bzw. knapp 16 Milliarden Euro umgesetzt werden (International Federation of Robotics 2017b). Laut IFR bedeutet dies für die kommenden Jahre Wachstumsraten im zweistelligen Prozentbereich.

Von insgesamt ca. 7 Milliarden Euro erzielten Umsätzen im Jahr 2017 hat der professionelle Bereich, bezogen auf den Gesamtmarkt, einen Anteil von 62 Prozent (ca. 4,4 Milliarden Euro Umsatz, ca. 80.000 verkaufte Einheiten) und der Endkonsumentenbereich einen Anteil von 38 Prozent (ca. 2,6 Milliarden Euro, ca. 8,6 Millionen Einheiten).

Betrachtet man die Marktabschätzungen zur Servicerobotik im gesamten professionellen zivilen Bereich (inkl. produzierender Industrie), kristallisieren sich drei Anwendungsbereiche heraus, die ein deutlich höheres Marktpotenzial versprechen als der Rest (siehe Abbildung 5.1). Die höchsten Umsätze wurden im Jahr 2017 im Gesundheitswesen (Diagnostik, Chirurgie, Therapie und Rehabilitation) mit knapp 1,6 Milliarden Euro erzielt. Dominiert wird dieser Bereich von der robotergestützten Chirurgie – ca. 70 Prozent aller verkauften Einheiten fallen in diese Kategorie. Die Feldrobotik und Logistik zeichnen sich durch ähnlich hohe Marktanteile aus mit jeweils ca. eine Milliarde Euro im Jahr 2017, wobei der Logistik ein leicht stärkeres Wachstum in den nächsten Jahren vorhergesagt wird. Umsatzmotor in der Feldrobotik waren 2017 ganz klar Melkroboter (ca. 83 Prozent aller verkauften Einheiten in diesem Segment) und in der Logistik fahrerlose Transportfahrzeuge (FTF) außerhalb des Fertigungsbereichs (ebenfalls ca. 83 Prozent aller verkauften Einheiten in diesem Segment).

Zusammen ergeben diese drei spezifischen Roboterarten Chirurgieroboter, Melkroboter und FTF etwa die Hälfte aller abgesetzten Servicerobotik-Einheiten im professionellen Bereich. Alle drei Anwendungsfälle verbindet, dass sie von der Aufgabenstruktur noch der klassischen Industrierobotik ähneln, also die Anforderungen an flexible Wahrnehmung und Handlungssteuerung noch überschaubar sind. Chirurgieroboter werden fast vollständig von Ärzten ferngesteuert, Melkroboter unterscheiden sich von klassischen Melkmaschinen nur durch das automatische Andocken am Euter der Kuh, und FTF fahren feste Routen in Industriegebäuden ab, in denen sich die Sichtverhältnisse kaum ändern.

Das projizierte Wachstum hingegen wird auf neue Anwendungsfälle zurückzuführen sein, die einen höheren Grad an Autonomie erfordern und in denen die KI ihre flexibilisierendes Potenzial voll entfalten kann.

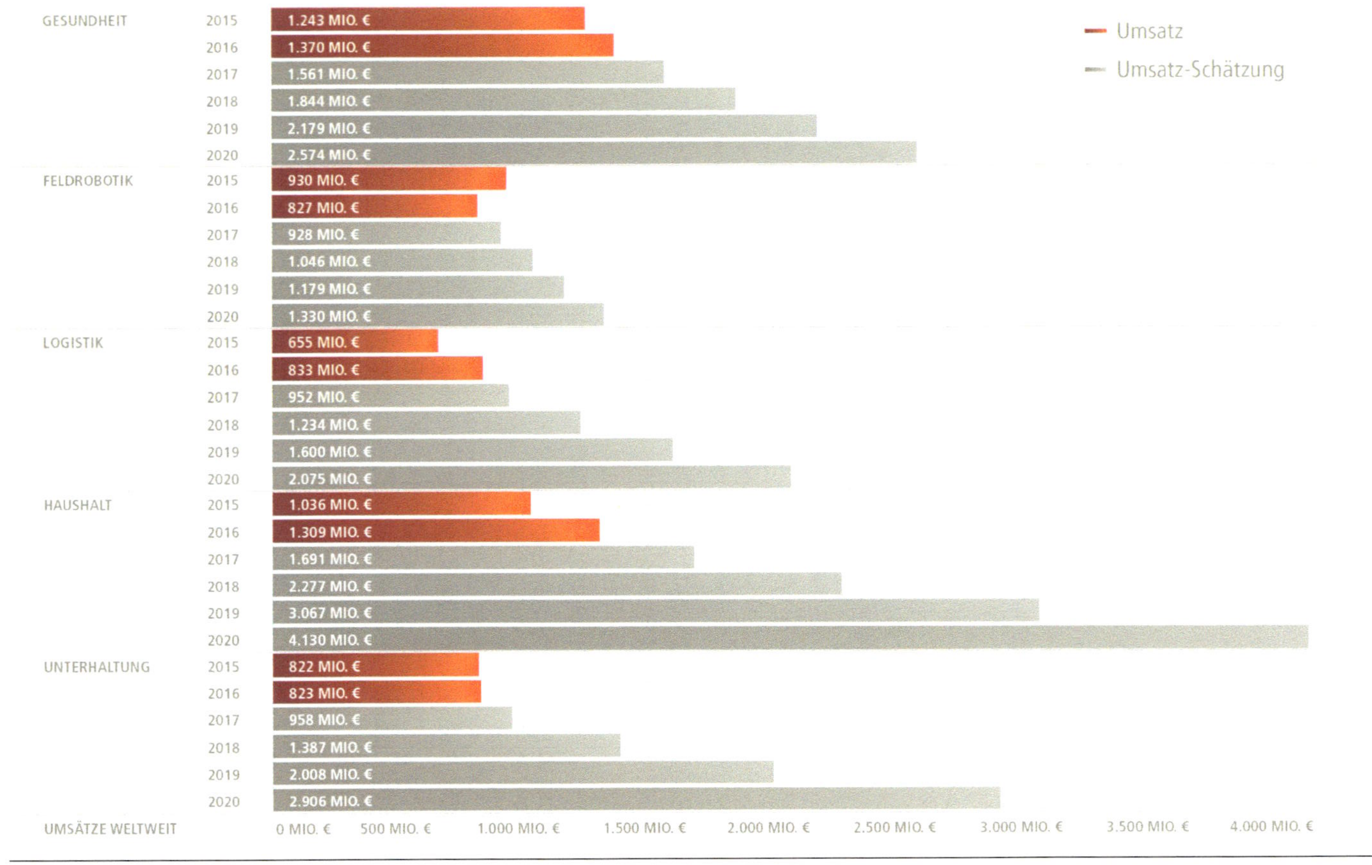

Abbildung 5.1: Marktpotenzial in den fünf umsatzstärksten Segmenten der Servicerobotik. Das Jahr 2017 stellt eine vorläufige Schätzung dar. Die Umsatzzahlen für die Jahre 2018 bis 2020 basieren auf einer Interpolation der geschätzten Gesamtumsätze für die drei Jahre unter Annahme einer konstanten jährlichen Wachstumsrate in den einzelnen Segmenten (Quelle: Buchholz et al. 2018, Daten aus: International Federation of Robotics 2017b).

Start-up-Investitionen als Maß für Marktreife

Das Zusammenspiel von KI-Methoden mit robotischen Systemen ist bereits seit den 1950er Jahren Gegenstand der Forschung. Die Anzahl an wissenschaftlichen Publikationen mit KI und Robotik im Fokus hat seitdem exponentiell zugenommen (siehe Abbildung 5.2). Deutschland ist nach den USA das publikationsstärkste Land, wenngleich mit großem Abstand.

Die kommerzielle Umsetzung der Forschungsergebnisse in KI-gesteuerte Robotik-Produkte befindet sich demgegenüber noch immer in den Kinderschuhen. Das Verhalten von Investoren im Start-up-Bereich kann hier als Indikator für die Marktreife herangezogen werden, da Start-ups oftmals als erste mit neuen Technologien in den Markt gehen. Erste zaghafte Investitionen in Robotik-Start-ups mit KI-Bezug sind erst seit 2011 zu verzeichnen. Seitdem lässt sich hier allerdings ein exponentieller Anstieg erkennen. Im Jahr 2017 wurden bereits knapp zwei Milliarden US-Dollar in KI-Robo-

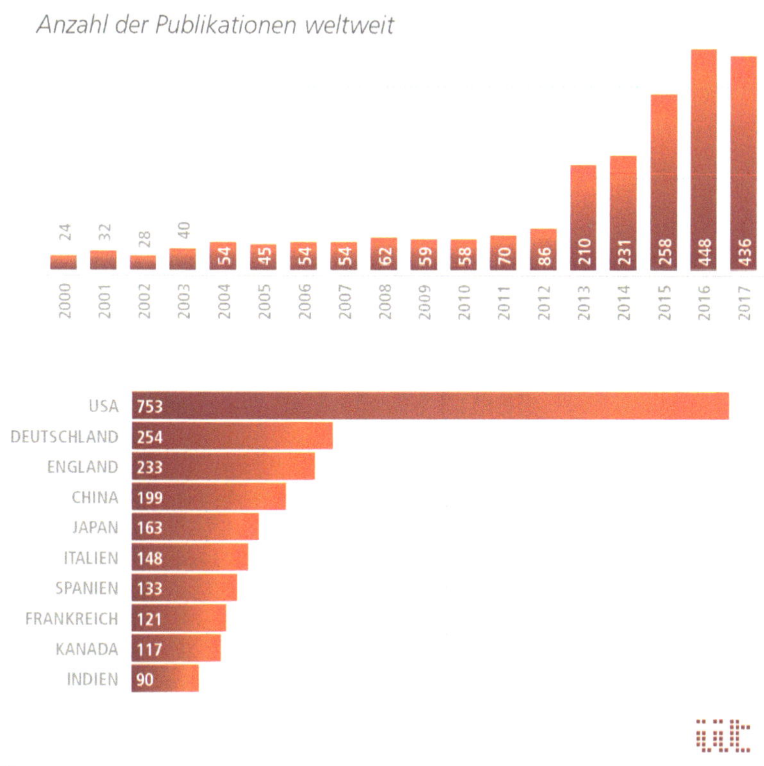

Abbildung 5.2a: Anzahl an wissenschaftlichen Publikationen zu den Themen KI und Robotik (eigene Darstellung, Daten aus Web of Science, Suchabfragebedingung: TS=(„artificial intelligence" OR „machine learning") AND TS=(robot)).*

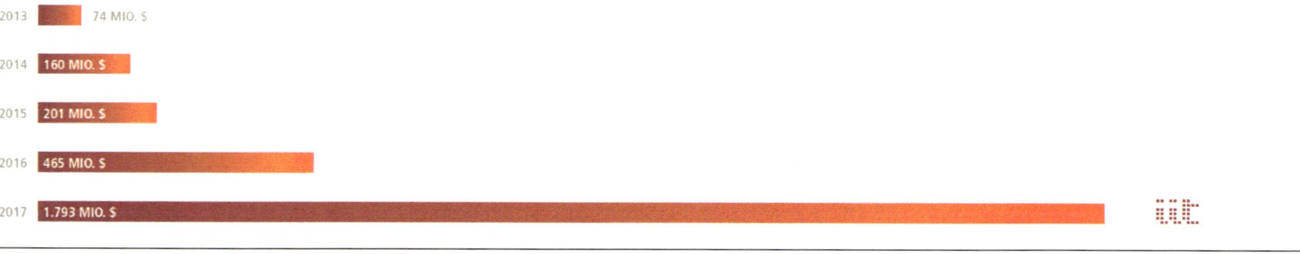

Abbildung 5.3: Entwicklung weltweiter Investitionen in Start-ups, die KI und Robotik adressieren (eigene Darstellung, Daten aus: www.crunchbase.com).

Abbildung 5.2b: Anzahl an Institutionen mit Publikationen zu den Themen KI und Robotik (eigene Darstellung, Daten aus Web of Science, Suchabfragebedingung: TS=(„artificial intelligence" OR „machine learning") AND TS=(robot*)).

Abbildung 5.4: Internationale Start-ups im Bereich Robotik und KI nach Größen der bekannten Investitionssummen im Zeitraum zwischen 2011 und 2017 (eigene Darstellung, Daten aus: www.crunchbase.com).

Verteilung von Investitionen in Start-ups in Europa

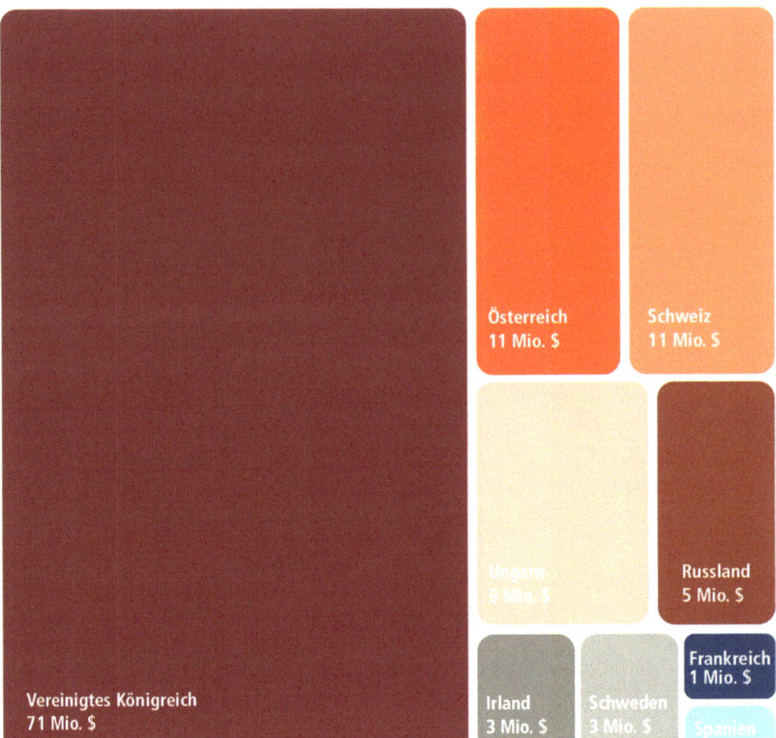

Abbildung 5.5a: Europäische Start-ups im Bereich Robotik und KI: Verteilung der bekannten Investitionssummen nach Ländern (eigene Darstellung, Daten aus: www.crunchbase.com, betrachteter Zeitraum: 2011-2017).

tik-Start-ups investiert (siehe Abbildung 5.3). Im internationalen Vergleich wird die Start-up-Szene vom nordamerikanischen und dem asiatischen Raum dominiert (siehe Abbildung 5.4).[43]

Der Hauptfokus der erfolgreichsten Start-ups liegt auf der Anwendung von KI für autonomes Fahren wie z. B. Argo AI oder Brain Corporation und Endkonsumenten-Roboter für Haushalt und Entertainment wie etwa ROOBO, Rokid und Anki. Aller-

---

[43] *Berücksichtig wurden alle Einträge der auf www.crunchbase.com verzeichneten Investiti-onsrunden zwischen 2011 und 2017 von Start-ups, die den Kategorien „Artificial Intelligence" und „Robotics" zugeordnet sind. Datum der Abfrage: 21.02.2018)*

Abbildung 5.5b: Europäische Start-ups im Bereich Robotik und KI: Start-ups nach Größen der bekannten Investitionssummen (eigene Darstellung, Daten aus: www.crunchbase.com, betrachteter Zeitraum: 2011-2017).

dings finden sich auch erste Start-ups mit hohen Investitionssummen im Umfeld der Produktion (z. B. Preferred Networks).

Im europäischen Vergleich fallen die Investitionssummen deutlich geringer aus. Britische Start-ups führen das Feld in Europa an, deutsche hingegen verzeichneten bis Ende 2017 noch keine nennenswerten Investitionssummen (siehe Abbildung 5.5). Dass das deutsche Logistikroboter-Start-up Magazino Anfang 2018 eine Finanzierungsrunde in Höhe von 20,1 Millionen Euro abschloss[44] ist in hier noch nicht erfasst.

---

[44] *https://www.handelsblatt.com/unternehmen/industrie/lagerroboter-zalando-steigt-bei-vorzeige-start-up-magazino-ein/21007764.html, zuletzt geprüft am 22.06.2018*

Auch europäische Start-ups konzentrieren sich auf das autonome Fahren wie z. B. Five AI oder Almotive und Haushalts- und Entertainmentroboter für den Endverbraucher (z. B. Emotech, Furhat Robtics). Andere europäische Start-ups entwickeln Kerntechnologien. So widmet sich beispielsweise Prowler.IO dem „decision making", einer Grundvoraussetzung für die Aktionsplanung, während andere Unternehmensneugründungen Computer Vision-Technologien für die Robotik erarbeiten. Jedoch gibt es bereits auch vereinzelte Start-ups, die konkrete Produkte in anderen Anwendungsbereichen konzipieren. Gamaya beispielsweise findet Robotiklösungen für den landwirtschaftlichen Sektor, Robart konzentriert sich auf Navigation von Reinigungsrobotern, und EiraTech, Magazino und RoboCV entwickeln Robotikprodukte für die Intralogistik.

Die Diskrepanz bei den Start-up-Investitionen zwischen Kontinentaleuropa, dem englischsprachigen Raum (Großbritannien und insbesondere den USA) und Asien belegt zum einen, dass Deutschland und anderen Ländern Kontinentaleuropas wie in den meisten Bereichen angewandter digitaler Innovation eine Außenseiterrolle zukommt. Andererseits belegen der Anstieg von Start-up-Investitionen weltweit und die zunehmende Diversifizierung der Anwendungsfälle, dass KI-Innovationen der Robotik tatsächlich neue Märkte und Anwendungsszenarien eröffnen, und dass dieses Marktpotenzial auch in Europa genutzt wird.

Der Innovationshorizont für KI-getriebene Robotik lässt sich an Beispielen aus der Landwirtschaftsrobotik (Feldrobotik) sowie der Medizin- und Pflegerobotik erkennen. Ein Vergleich dieser beiden Bereiche ist überaus interessant: Einerseits haben die aktuellen Servicerobotik-Hardwareplattformen bereits in beiden Bereichen einen sehr hohen technologischen Reifegrad erreicht. Allerdings leidet deren breite Anwendung noch an einem Mangel an zuverlässigen Algorithmen für die intelligente Sensordatenverarbeitung und adaptive Steuerung. Hier kann die moderne KI ihre flexibilisierende Funktion wahrnehmen. Anderseits stehen beide Bereiche vor teilweise sehr unterschiedlichen Herausforderungen. So ist die Mensch-Maschine-Interaktion ein zentraler Faktor für die Medizin- und Pflegerobotik, nicht jedoch für die autonome Feldrobotik.

Intelligente Roboter in der Landwirtschaft

Während autonome Fahrzeuge erst zögerlich im Straßenverkehr auftauchen, sind auf den Feldern dieser Welt schon seit Jahren halbautonom gesteuerte Landwirtschaftsmaschinen unterwegs. Dank GPS, optischen Sensoren und ausgefeilter Regelungstechnik können sie einer vorgegebenen Spur automatisch folgen – auf wenige Zentimeter genau. Allerdings sind solche Hightech-Landmaschinen bislang nur für Großbetriebe rentabel. Sie sind sehr groß und sehr teuer und können nur einfache, isolierte Arbeitsschritte wie z. B. Mähdreschen und Säen ausführen, die kein weiteres autonomes Verhalten erfordern (International Federation of Robotics 2017b).

Dank neuer KI-Technologien finden jetzt jedoch auch kleinere und vielfältiger einsetzbare Serviceroboter den Weg in die Landwirtschaft (Wölbert 2017). Diese leichten und kostengünstigeren Feldroboter profitieren insbesondere von den KI-Technologien Computer Vision, ML sowie Aktionsplanung und Optimierung (siehe Abbildung 5.6), die eine autonome Navigation auf dem Acker überhaupt erst möglich machen. Von dieser Entwicklung profitieren auch kleinere Landwirtschaftsbetriebe, und der Trend zu kleinen Feldrobotern könnte diese Maschinen sogar bald auch attraktiv für die Bewirtschaftung von privaten Gärten machen (Joe Jones 2017).

Das Aufgabenspektrum, das die neuen KI-getriebenen Feldroboter bereits heute erledigen und künftig noch besser werden meistern können, wächst von Tag zu Tag. So werden Drohnen genutzt, um optische Aufnahmen vom Feld zu machen, auf denen mit Hilfe von Computer Vision-Algorithmen relevante Objekte wie Früchte, Schädlinge und Unkraut) und Parameter (Pflanzendichte) detektiert werden können (z. B. Lottes et al. 2017). Fortschritte in der Aktionsplanung ermöglichen präzise

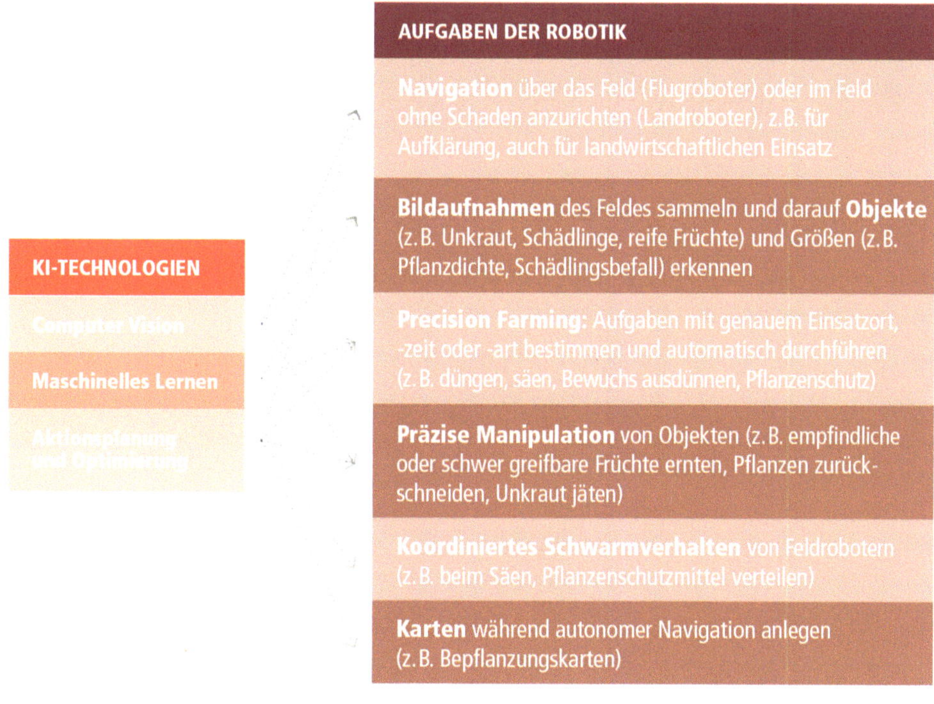

Abbildung 5.6: Neue KI-Technologien eröffnen der Landwirtschaftsrobotik neue Aufgabenfelder.

Manipulationen wie das Ernten von empfindlichen Früchten (van Henten et al. 2002) oder das Zuschneiden von Nutzpflanzen (Ackermann 2012). Und schließlich können Feldroboter ihre Aktivitäten mitschreiben und z. B. Bepflanzungskarten automatisch generieren.

Der Landwirtschaft stehen inzwischen sehr umfangreiche Sensordaten über die aktuellen Zustände auf den Feldern zur Verfügung, die von KI-Algorithmen ausgewertet optimale Handlungsentscheidungen ermöglichen (Sfiligo 2016). Ein Beispiel für solches „Precision Farming" ist die Installation von Stickstoffsensoren, die regelmäßig Daten über den lokalen Zustand des Bodens übermitteln. Daraus lässt sich ein gezieltes Düngen ableiten, ggf. punktuell nur dort, wo ein Stickstoffmangel festzustellen ist. Das senkt Kosten (weniger Dünger), ist effektiver (Überdüngung wirkt sich negativ auf den Ertrag aus) und schont nebenbei auch die Umwelt (Adamchuk et al. 2004). Moderne datengetriebene KI-Verfahren zur Aktionsplanung und Optimierung können neben Sensordaten vom Feld auch Vorwissen wie Bepflanzungskarten und externe Datenquellen wie z. B. Wetterdaten in die Entscheidungsfindung miteinbeziehen und damit die Landwirtschaft noch effektiver, präziser und wirtschaftlicher machen. Autonomen Feldrobotern kommt hierbei die wichtige Rolle zu, die einzelnen Handlungsschritte automatisch sowie zeitlich und örtlich präzise umzusetzen.

Bei kleinen Feldrobotern werden auch Roboterschwärme erforscht (King 2017) oder sogar schon angewandt (Wölbert 2017). Auch dies macht die autonome Feldrobotik attraktiver für kleine Landwirtschaftsbetriebe, die in Gruppen oder Kooperativen einzelne Landwirtschaftsroboter kaufen können, um sie dann für flächendeckende Einsätze, z. B. für die Saat, zu Schwärmen zusammenzufügen (King 2017). Die Koordination von Gruppen autonomer Roboter ist eine weitere Herausforderung für die KI in Aktionsplanung und Optimierung.

Neben dem beschriebenen Trend zu kleineren autonomen Feldrobotern wird auch eine zunehmende Vielseitigkeit der Funktionalität von Feldrobotern kleinen Landwirtschaftsbetrieben zugutekommen. Fortschritte in KI-Technologien wie ML machen es möglich, ein und dieselbe Roboterplattform auf mehrere landwirtschaftliche Aufgaben zu trainieren, etwa das Ernten verschiedener Früchte und das Versprühen von Pflanzenschutzmitteln (van Henten et al. 2002; Tobe 2014). Die Anschaffung eines autonomen Feldroboters, der verschiedene Arbeiten bewältigen kann, wird sich schneller rentieren.

Die Beispiele zeigen, dass die durch KI erweiterte Flexibilität und erhöhte Autonomie von Feldrobotern immer noch überschaubar ist – zumal, wenn man sie mit der Fähigkeit von Menschen, Probleme zu lösen, vergleicht. KI-Verfahren und autonome Feldroboter können menschliche Entscheidungen optimieren und eine ständig wachsende Bandbreite von in der Landwirtschaft notwendigen Handlungsschritten autonom ausführen. Den Menschen als Entscheider ersetzen können sie jedoch in keiner Weise.

Intelligente Roboter in Medizin und Pflege

Im Unterschied zur Landwirtschaft warten in Medizin und Pflege Herausforderungen ganz anderer Art auf KI und Robotik, denn hier sollen autonome Roboter mit Menschen interagieren können. Selbstverständlich gibt es auch in diesem Bereich Einsatzfälle einfacherer Art, z. B. in der Gebäudereinigung, der Entsorgung von medizinischem Müll oder der Organisation medizinischer Güter (International Federation of Robotics 2017b). Solche Anwendungen unterscheiden sich jedoch wenig von anderen Aktivitäten in der Logistik generell. Hier liegt der Fokus daher auf Servicerobotern, die mit Menschen interagieren.

Roboter können Menschen auf einer rein körperlichen Ebene behandeln, wie bei der Präzisionschirurgie, der intelligenten Prothetik oder auch bei chirurgischen Schulungen. Dabei erstreckt sich die Autonomie der Roboter hauptsächlich auf das Bereinigen und Korrigieren, etwa zur Stabilisierung der menschlichen Bewegungen (International Federation of Robotics 2017b). Relevant für diese Anwendungsfälle sind hauptsächlich die KI-Technologien ML, Computer Vision, Aktionsplanung und Optimierung.

Technologisch anspruchsvoller sind Systementwicklungen, die eine Mensch-Roboter-Interaktion beinhalten. Hierbei soll etwa ein Assistenz- oder Rehabilitationsroboter als autonomer Agent mit einem Menschen kooperieren (International Federation of Robotics 2017b). Zu unterscheiden sind dabei die physische Interaktion (Ikemoto et al. 2012), in der Mensch und Roboter einander berühren oder sich zusammen bewegen, und der verbale Austausch, bei dem Roboter und Mensch sich auch sprachlich verständigen. In der Mensch-Roboter-Interaktion ermöglichen neue KI-Methoden eine Flexibilisierung der sensorischen Datenverarbeitung (Wahrnehmung), der Aktionsplanung und der Handlung. Zusätzlich zur Umgebung muss auch der Mensch als Akteur modelliert und interpretiert werden: menschliches Wohlbefinden wie Emotionen oder Gesundheit und menschliche Ziele wie Intentionen gilt es aus den Sensordaten abzuschätzen und durch robotische Handlungen zu unterstützen. Auf sich schnell ändernde Bewegungen und Reaktionen des Menschen muss der Roboter in Echtzeit eingehen. Hierfür bedarf es neben Computer Vision, ML, Aktionsplanung und Optimierung auch neuer KI-Technologien in den Bereichen Kognitive Modellierung, Natural Language Processing (NLP) und Semantische Technologien (siehe Abbildung 5.7).

In Japan, wo die Akzeptanz für robotische Assistenzsysteme sehr viel höher ist als in Deutschland, werden in der Altenpflege schon seit mehr als zehn Jahren robotische Haustiere eingesetzt, die sehr einfache Verhaltensschaltkreise haben (Rabe und Kohlbacher 2015). Auch in anderen Bereichen können soziale robotische Assistenzsysteme hilfreich sein, z. B. bei autistischen Kindern, die in manchen Fällen die Interaktion mit einem Roboter der Interaktion mit Menschen vorziehen (Feil-Seifer und

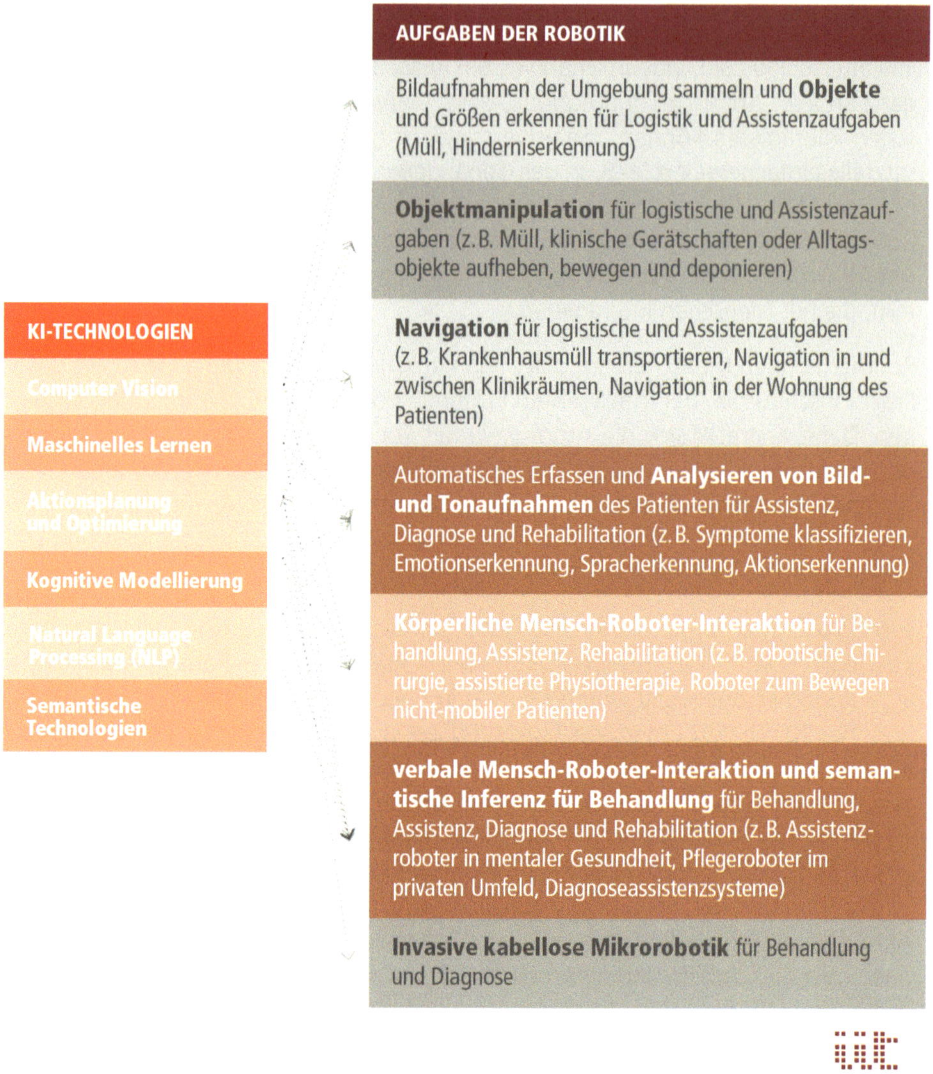

Abbildung 5.7: Neue KI-Technologien (Seifert et al. 2018) eröffnen der Medizin- und Pflegerobotik neue Aufgabenfelder. Die hier diskutierten Anwendungsfälle mit Bezug zur Mensch-Roboter-Interaktion sind farblich hervorgehoben.

Mataric 2011). Bekannt ist zudem, dass Kriegsveteranen sich häufig lieber von einem virtuellen Avatar als von einem Psychotherapeuten behandeln lassen, um der Stigmatisierung ihrer mentalen Krankheit zu entgehen (Lucas et al. 2017).

Solche robotischen „Companion"-Systeme, die Menschen in erster Linie körperlich oder emotional stützen, könnten in Zukunft vermehrt dazu genutzt werden, den Gesundheitszustand eines Patienten zu überwachen. Denn NLP, ML und Computer Vision sind zunehmend dazu fähig, Emotionen, mentale Zustände und Stress im Allgemeinen zu erkennen (El Kaliouby und Robinson 2004), zudem besonders auch Symptome körperlicher (Bartlett et al. 2014) und mentaler (Bedi et al. 2015) Krankheiten einzuschätzen. Roboter-Companions könnten somit die zur Zeit bestehenden Versorgungslücken in der Überwachung von gefährdeten Patientinnen und Patienten schließen, da sie, im Gegensatz zu menschlichem Pflegepersonal, rund um die Uhr im vollen Umfang einsatzfähig sind und z. B. automatisch Alarm auslösen können, wenn sie einen kritischen Zustand erkennen.

Auf Basis von KI-Technologien zur intelligenten Interpretation solcher diagnoserelevanten Sensordaten könnten robotische Assistenzsysteme künftig auch direkt selbst eingreifen, sei es, dass sie Patienten daran erinnern, bestimmte Aktionen durchzuführen wie etwa Medikamente einzunehmen, oder dass sie mit dem Patienten zusammenarbeiten. So könnten Rehabilitationsroboter – ähnlich einem „Serious Gaming"-Ansatz – einem Patienten motivierendes Feedback zu dessen Verhalten geben. Auch könnten Roboter Aufgaben übernehmen, die für menschliche Pfleger unangenehm sind, gesundheitsgefährdend oder sie gar überfordern, wie das Heben oder Bewegen nichtmobiler Patientinnen und Patienten (International Federation of Robotics 2017b).

Je interaktiver eine geplante Roboteraufgabe ist, desto höher sind die Anforderungen an die KI-Technologien, die menschlichen Aktionen und Intentionen nachzuvollziehen und auf Reaktionen einzugehen. Hier kommen NLP-Technologien eine wichtige Funktion zu, da Roboter, die bei der Schätzung menschlicher Verhaltensabsichten aufgrund von Beobachtung sehr unsicher sind, mittlerweile sogar klärend nachfragen können (Whitney et al. 2017; Ackermann 2017a).

Handlungsräume

Für die noch relativ junge Servicerobotik kann KI zu einer Schlüsseltechnologie werden, die ihr einen breiten Einsatz in unterschiedlichsten Feldern ermöglicht. Gerade in Deutschland könnten Serviceroboter nicht nur in der Industrie dazu beitragen, die Produktivität zu steigern und nachhaltiger zu wirtschaften, sondern auch den demografischen Wandel ausgleichen und außerhalb der Fabrikhallen in zentralen Bereichen unserer Gesellschaft entlastend wirken.

In der Pflege besteht die Hoffnung, dass repetitive und physisch anstrengende Tätigkeiten in absehbarer Zeit auf Serviceroboter übertragen werden können. Als Companions könnten Serviceroboter eine kontinuierliche Gesundheitsüberwachung von pflegebedürftigen Personen gewährleisten. Das ohnehin knappe Pflegepersonal könnte sich dann verstärkt den Kernaufgaben wie der Fürsorge widmen; Tätigkeiten also, bei denen für die nächsten Jahrzehnte nicht erkennbar ist, dass KI-Methoden hier auch nur ansatzweise den Menschen ersetzen könnten.

In der Landwirtschaft erhöht ein zunehmender Preisdruck den Bedarf an effizienten Automatisierungsmethoden. Verschärft wird dies auch dadurch, dass das Interesse in der Gesellschaft abnimmt, einen Berufsweg in diesem Wirtschaftszweig zu suchen, sowie durch die Schwierigkeit für Landwirte, überhaupt Personal für Helfertätigkeiten zu finden. Ähnliche Tendenzen zeigen sich auch im Straßenbau oder in der Abfallwirtschaft.

Die Basis für eine schnelle Entwicklung von Servicerobotern als ständige Begleiter des Menschen wurde in der KI-Grundlagenforschung der vergangenen Jahrzehnte gelegt. Die Verfügbarkeit der hierfür benötigten hohen Datenmengen sowie von großer Rechenleistung ist mittlerweile ebenfalls gegeben. Jetzt kommt es darauf an, die KI-Methoden an die unterschiedlichen Anwendungen der Servicerobotik anzupassen.

Beim autonomen Fahren geht heute schon ein rasanter Fortschritt mit steigenden Investitionen einher. Die weitere Beschleunigung der Entwicklung in diesem Anwendungsgebiet bedarf aufgrund des hohen Marktpotenzials nur geringer innovationspolitischer Eingriffe, wie auch die Entwicklungen des Investitionsverhaltens im Start-up Bereich unterstreichen. Die Märkte in Landwirtschaft, Medizin und Pflege hingegen sind noch deutlich kleiner und die Anwendungsfälle deutlich heterogener. Hier sind konzentrierte innovationspolitische Interventionen sinnvoll, um die KI-gesteuerte Servicerobotik auf den Weg zu bringen.

Wie in vielen anderen Bereichen angewandter neuartiger digitaler Technologien fehlen auch in der KI-gesteuerten Servicerobotik junge innovative Unternehmen, um das große Potenzial zu nutzen, das in der KI-Wissenschaft in Deutschland vorhanden ist. Der Kontrast zu den USA und asiatischen Ländern ist enorm, aber auch im europäischen Vergleich hinkt Deutschland deutlich etwa hinter Großbritannien her. Um diese Kluft zu schließen, sind fokussierte innovationspolitische Anreize für den Know-how-Transfer von der in Deutschland gut aufgestellten KI- und Robotik-Forschung (EFI 2018; Seifert et al. 2018) in die Wirtschaft notwendig. Dies gilt besonders für Märkte wie Gesundheitsrobotik und Landwirtschaftsrobotik, in denen der Bedarf enorm ist. Die technologischen Voraussetzungen für marktreife Produkte der Servicerobotik sind gegeben.

Ausblick

Künstliche Intelligenz und Robotik sind aktuell Megathemen der öffentlichen Debatte. Die tatsächlich signifikanten Durchbrüche in KI-Technologien wie ML und Computer Vision werden in den Medien jedoch gelegentlich zum Ausgangspunkt überbordender Fantasien für übertriebene Projektionen des Möglichen in der Zukunft, in der Roboter – ob zum Guten oder zum Schlechten – bald schon einen Großteil der heute von Menschen ausgeübten Tätigkeiten bewältigen können (Brooks 2017). Dies schürt vor allem Ängste vor massiven Arbeitsplatz- und auch Kontrollverlusten zugunsten digitaler Akteure und Entscheider. Bei kaum einem anderen Technologiethema ist die Kluft zwischen solchen Prophezeiungen und den tatsächlichen Möglichkeiten größer.

Das in den Medien gezeichnete Bild ist deshalb übertrieben und falsch, weil die kolportierten Fortschritte bisher vor allem im Bereich der schwachen oder eingeschränkten KI erzielt wurden. Moderne KI-Algorithmen funktionieren nur in einem eng abgesteckten Anwendungsfeld. Maschinelle Lernverfahren erkennen Strukturen in Übungsdaten und können auch Lücken füllen, aber sie verstehen nicht die Bedeutung des Gelernten und können ihr Wissen deshalb nicht auf neue, unbekannte Situationen übertragen.

Als beispielsweise der französische Präsident Emanuel Macron seine Wähler mit „Mes chers compatriotes" („Meine lieben Landsleute") ansprach, wurde dies von Microsofts Bing Übersetzer als „My fellow Americans" (meine amerikanischen Mitbürger) ins Englische übertragen (Bryson 2017). Der KI-Algorithmus hatte gelernt, dass „Landsleute" im englischsprachigen Raum statistisch betrachtet meist „Amerikaner" bedeutet, und verwendet die Worte deshalb als Synonyme. Auch gab es im Jahr 2016 in Florida einen tödlichen Autounfall mit einem autonom gesteuerten Pkw, der mit hoher Geschwindigkeit in einen quer die Straße kreuzenden Sattelschlepper hineinsteuerte, weil das Computer Vision-System diesen nicht erkannt hatte (Greenemeier 2016). Der Hersteller Tesla vermutet, dass das Computer Vision-System den Sattelschlepper aufgrund seiner weißen Farbe für einen Wolkenhimmel gehalten hat (Greenemeier 2016). Solch ein Fehler hätte einem menschlichen Fahrer nicht passieren können, der weiß, was Hindernisse sind, und deshalb auf jedes Objekt, das sich beim Näherkommen visuell ausdehnt, mit Bremsen reagiert. Diese Beispiele zeigen das fehlende Verständnis des Gelernten bei KI-Systemen auf, was deren Möglichkeiten zur intelligenten Entscheidungsfindung stark einschränkt.

Um die Fähigkeiten einer schwachen KI auf neue, unvorhergesehen Situationen zu übertragen, müssen also immer noch menschliche Ingenieure Hand anlegen und die Architektur nachbessern oder neue Trainingsdaten bereitstellen. Die Entwicklung von Robotern, die wie Menschen eigenständig, kreativ und flexibel auf neue, unvorhergesehene Situationen reagieren, d. h. die von einer starken oder generellen KI (*strong or general AI*) gesteuert werden, ist deshalb trotz massiver Fortschritte in maschinellem Lernen noch nicht absehbar (vgl. Brooks 2017).

Deshalb sind auch aufkommende Sorgen in der Bevölkerung, dass Arbeitsplätze an autonome, KI-gesteuerte Roboter verloren gehen könnten, bis auf wenige Ausnahmen unbegründet. Es gibt keine Evidenz dafür, dass KI, Industrie 4.0, digitale Technologien und Robotik nachhaltig Arbeitsplätze kosten (Graetz und Michaels 2015). Diese Angst hat sich allerdings inzwischen schon festgesetzt und folgt einem historisch bekannten Muster (Mokyr et al. 2015). KI, Robotik und andere Automatisierungstechnologien vernichten in der Regel keine Arbeitsplätze, sie ersetzen allerdings vorhandene Tätigkeiten (Autor et al. 2003; Spitz-Oener 2006). Dadurch verschieben sich die Arbeitsinhalte von Mitarbeitern oft hin zu anspruchsvolleren Arbeiten (Wischmann und Hartmann 2018).

Es wäre zu begrüßen, wenn sich der öffentliche Diskurs weniger an unrealistischen Bedrohungsszenarien orientiert, sondern die viel weitreichenderen gesellschaftlichen Möglichkeiten der KI-gesteuerten Servicerobotik ins Auge fassen würde. Wie die angeführten Beispiele zeigen, sind die in fünf bis zehn Jahren zu erwartenden Serviceroboter nicht nur wirtschaftlich gesehen kurz- und mittelfristig vorteilhaft (Erhöhung der Produktivität), sie werden auch zumeist Arbeiten übernehmen, die Menschen entweder nicht übernehmen können oder wollen – unangenehme, schwere oder repetitive Tätigkeiten, Beschäftigungen, die eine durchgängige Aufmerksamkeit und Arbeitsbereitschaft erfordern, oder Arbeiten, deren Präzision jenseits des menschlich Möglichen liegt. Zudem können KI-gesteuerte Serviceroboter einen großen Beitrag zur Nachhaltigkeit leisten (beispielsweise ökologische Landwirtschaft), von der auch künftige Generationen profitieren werden.

Auch hinsichtlich der langfristigen Perspektiven des Fortschritts in KI und Robotik sind die aktuellen Debatten wahrscheinlich nicht zielführend. Während ein Durchbruch in starker KI – Voraussetzung für die beschriebenen Angstszenarien – noch in keiner Weise abzusehen ist, werden in Forschung und Entwicklung auf Basis der schwachen KI andere futuristisch anmutende Anwendungsbeispiele für Roboter untersucht, die völlig neue Mehrwerte für unsere Gesellschaft generieren könnten. Im Bereich Landwirtschaft könnten Roboter beispielsweise Seetangfarmen in den Ozeanen bewirtschaften, deren Ernteertrag etwa zur Erzeugung erneuerbarer Energien genutzt werden könnte (Ackermann 2017b). In der Medizin könnte die noch junge Disziplin der Mikrorobotik es ermöglichen, Krankheiten im Inneren des menschlichen Körpers mit Hilfe sehr kleiner autonomer Roboter gezielt zu behandeln und Lebensprozesse zu erforschen (Sitti et al. 2015). Zu hoffen wäre unter anderem auf völlig neue Perspektiven in der minimalinvasiven Krebstherapie.

KI-Technologien wie Machine Learning und Computer Vision haben das Potenzial, der Servicerobotik neue Anwendungsmöglichkeiten und neue Märkte zu eröffnen.

Die menschliche Vorstellungskraft bleibt allerdings gern im Rahmen dessen, was aus eigener Erfahrung bekannt ist, und mangelnde Kenntnis des Neuen lässt Fantasien aus der Science-Fiction von Robotern entstehen, die wie Menschen agieren können. Derartige angsterzeugende Szenarien sind unrealistisch und verschleiern das tatsächliche vorhandene enorme Potenzial der KI-gesteuerten Robotik, die Gesellschaft, den Alltag, die Arbeit, die Wirtschaft und die Umwelt positiv zu beeinflussen. Hier gilt es gegenzusteuern.

Literatur

Ackermann, Evan (2012): Wall-Ye Robot Is In Your Vineyard, Prunin' Your Vines. A plucky French robot is ready to help out in your vineyard. Online verfügbar unter https:// spectrum.ieee.org/automaton/robotics/industrial-robots/wallye-robot-, zuletzt geprüft am 26.02.2018.

Ackermann, Evan (2017a): Robot Knows the Right Question to Ask When It's Confused. Understanding when they don't understand will help make robots more useful. Online verfügbar unter https://spectrum.ieee.org/automaton/robotics/artificial-intelligence/ robot-knows-the-right-question-to-ask-when-its-confused, zuletzt geprüft am 01.03.2018.

Ackermann, Evan (2017b): Robotic Kelp Farms Promise an Ocean Full of Carbon-Neutral, Low-Cost Energy. Open-ocean kelp farms with drone shepherds could provide renewable energy that doesn't take up land area. Online verfügbar unter https://spectrum.ieee.org/ energywise/energy/renewables/robotic-kelp-farms-promise-an-ocean-full-of-carbon-neut-ral-low-cost-energy, zuletzt geprüft am 06.03.2018.

Adamchuk, V. I., Hummel, J. W., Morgan, M. T.,; Upadhyaya, S. K. (2004): On-the-go soil sensors for precision agriculture. In: Computers and electronics in agriculture (44(1)), 71-91.

Autor, D. H.; Levy, F.; Murnane, R. J. (2003): The Skill Content of Recent Technological Change. An Empirical Exploration. In: The Quarterly Journal of Economics 118 (4), S. 1279–1333. DOI: 10.1162/003355303322552801.

Bartlett, Marian Stewart; Littlewort, Gwen C.; Frank, Mark G.; Lee, Kang (2014): Automatic decoding of facial movements reveals deceptive pain expressions. In: Current biology : CB 24 (7), S. 738–743. DOI: 10.1016/j.cub.2014.02.009.

Bedi, Gillinder; Carrillo, Facundo; Cecchi, Guillermo A.; Slezak, Diego Fernández; Sigman, Mariano; Mota, Natália B. et al. (2015): Automated analysis of free speech predicts psychosis onset in high-risk youths. In: NPJ schizophrenia 1, S. 15030. DOI: 10.1038/ npjschz.2015.30.

Brooks, Rodney (2017): The Seven Deadly Sins of AI Predictions. Mistaken extrapolations, limited imagination, and other common mistakes that distract us from thinking more productively about the future. (MIT Technology Reviews). Online verfügbar unter https:// www.technologyreview.com/s/609048/the-seven-deadly-sins-of-ai-predictions/, zuletzt aktualisiert am 06.10.2017, zuletzt geprüft am 22.02.2018.

Bryson, Joanna (2017): Why you can't "just fix" machine bias derived from ordinary lan-guage (Adventures in NI (persönlicher Blog)). Online verfügbar unter https://joanna-bry-son.blogspot.de/2017/05/why-you-cant-just-fix-machine-bias.html, zuletzt aktualisiert am 08.05.2017, zuletzt geprüft am 22.02.2018.

Buchholz, Birgit; Gabriel, Peter; Kraus, Tom; Künzel, Matthias; Richter, Stephan; Seidel, Uwe et al. (2018): Das Technologieprogramm PAiCE des BMWi -Fortschrittsbericht 2018. Hg. v. Institut für Innovation und Technik (iit). Berlin.

DeVault, David and Artstein, Ron and Benn, Grace and Dey, Teresa and Fast, Ed and Gainer, Alesia and Georgila, Kallirroi and Gratch, Jon and Hartholt, Arno and Lhommet, Margaux and others (2014): SimSensei Kiosk: A virtual human interviewer for healthcare decision support (Proceedings of the 2014 international conference on Autonomous agents and multi-agent systems). Online verfügbar unter http://ict.usc.edu/prototypes/simsensei/. zuletzt geprüft am 22.02.2018.

EFI (2018): Gutachten zu Forschung, Innovation und technologischer Leistungsfähigkeit Deutschlands. Hg. v. Expertenkommission Forschung und Innovation.

El Kaliouby, R.; Robinson, P. (2004): Real-Time Inference of Complex Mental States from Facial Expressions and Head Gestures. In: 2004 Conference on Computer Vision and Pattern Recognition Workshop. 2004 Conference on Computer Vision and Pattern Recognition Workshop. Washington, DC, USA, 27-02 June 2004: IEEE, S. 154.

Feil-Seifer, David; Mataric, Maja (2011): Socially Assistive Robotics. In: IEEE Robot. Automat. Mag. 18 (1), S. 24–31. DOI: 10.1109/MRA.2010.940150.

Graetz, Georg; Michaels, Guy (2015): Robots at work. S.I.: Bureau for Research and Economic Analysis of Development (BREAD working paper, 444). Online verfügbar unter http://ibread.org/bread/working/444, zuletzt geprüft am 22.02.2018.

Greenemeier, Larry (2016): Deadly Tesla Crash Exposes Confusion over Automated Driving. Amid a federal investigation, ignorance of the technology's limitations comes into focus (Scientific American). Online verfügbar unter https://www.scientificamerican.com/article/deadly-tesla-crash-exposes-confusion-over-automated-driving/, zuletzt aktualisiert am 08.07.2016, zuletzt geprüft am 22.02.2018.

Ikemoto, Shuhei; Amor, Heni; Minato, Takashi; Jung, Bernhard; Ishiguro, Hiroshi (2012): Physical Human-Robot Interaction. Mutual Learning and Adaptation. In: IEEE Robot. Automat. Mag. 19 (4), S. 24–35. DOI: 10.1109/MRA.2011.2181676.

International Federation of Robotics (2017a): World robotics 2017. Industrial robots. [S.I.]: VDMA.

International Federation of Robotics (2017b): World robotics 2017. Service robots. [S.I.]: VDMA.

ISO (2012): ISO 8373:2012: Robots and robotic devices - vocabulary. 2. ed. Geneva: ISO.

Joe Jones (2017): Tertill: A weed whacking robot to patrol your garden. Online verfügbar unter http://robohub.org/tertill-a-weed-whacking-robot-to-patrol-your-garden/, zuletzt aktualisiert am 06.07.2017, zuletzt geprüft am 26.02.2018.

King, Anthony (2017): EU's future cyber-farms to utilise drones, robots and sensors. Online verfügbar unter https://horizon-magazine.eu/article/eu-s-future-cyber-farms-utilise-drones-robots-and-sensors_en.html, zuletzt geprüft am 26.02.2018.

Lottes, Philipp; Khanna, Raghav; Pfeifer, Johannes; Siegwart, Roland; Stachniss, Cyrill (2017): UAV-based crop and weed classification for smart farming. In: 2017 IEEE International Conference on Robotics and Automation (ICRA). 2017 IEEE International Conference on

Robotics and Automation (ICRA). Singapore, Singapore, 29.05.2017 - 03.06.2017: IEEE, S. 3024–3031.

Lucas, Gale M.; Rizzo, Albert; Gratch, Jonathan; Scherer, Stefan; Stratou, Giota; Boberg, Jill; Morency, Louis-Philippe (2017): Reporting Mental Health Symptoms. Breaking Down Barriers to Care with Virtual Human Interviewers. In: Front. Robot. AI 4, S. 1017. DOI: 10.3389/frobt.2017.00051.

Mokyr, Joel; Vickers, Chris; Ziebarth, Nicolas (2015): The history of technological anxiety and the future of economic growth. Is this time different? In: The journal of economic perspectives: EP: a journal of the American Economic Association 29 (3), S. 31–50.

Rabe, Benjamin; Kohlbacher, Florian (2015): Pflegerobotik als Innovationstechnik in alternden Gesellschaften – Eine Analyse der Einflussfaktoren auf die Entstehung eines Lead-Markets in Japan. In: Asiatische Studien - Études Asiatiques 69 (2), S. 453. DOI: 10.1515/asia-2015-0021.

Seifert, Inessa; Bürger, Matthias; Wangler, Leo; Christmann-Budian, Stephanie; Zinke, Guido (2018): Potenziale der Künstlichen Intelligenz im produzierenden Gewerbe in Deutschland. Eine Studie im Rahmen der Begleitforschung zum Technologieprogramm PAiCE. Hg. v. Institut für Innovation und Technik (iit) in der VDI/VDE Innovations + Technik GmbH. Berlin.

Sfiligo, Eric (2016): Precision Agriculture: Top 10 technologies. Online verfügbar unter https://www.therobotreport.com/top-10-technologies-in-precision-agriculture/, zuletzt aktualisiert am 09.09.2016, zuletzt geprüft am 26.02.2018.

Silver, David; Schrittwieser, Julian; Simonyan, Karen; Antonoglou, Ioannis; Huang, Aja; Guez, Arthur et al. (2017): Mastering the game of Go without human knowledge. In: Nature 550 (7676), S. 354–359. DOI: 10.1038/nature24270.

Sitti, Metin; Ceylan, Hakan; Hu, Wenqi; Giltinan, Joshua; Turan, Mehmet; Yim, Sehyuk; Diller, Eric (2015): Biomedical Applications of Untethered Mobile Milli/Microrobots. In: Proceedings of the IEEE. Institute of Electrical and Electronics Engineers 103 (2), S. 205–224. DOI: 10.1109/JPROC.2014.2385105.

Spitz-Oener, Alexandra (2006): Technical change, job tasks, and rising educational demands. Looking outside the wage structure. In: Journal of labor economics 24 (2), S. 235–270.

Tobe, Frank (2014): Are ag robots ready? 27 companies profiled. Online verfügbar unter https://www.therobotreport.com/are-ag-robots-ready-27-companies-profiled/, zuletzt geprüft am 06.03.2018.

van Henten, E. J.; Hemming, J.; van Tuijl, B.A.J.; Kornet, J. G.; Meuleman, J.; Bontsema, J.; van Os, E. A. (2002): An Autonomous Robot for Harvesting Cucumbers in Greenhouses. In: Autonomous Robots 13 (3), S. 241–258. DOI: 10.1023/A:1020568125418.

Whitney, David; Rosen, Eric; MacGlashan, James; Wong, Lawson L. S.; Tellex, Stefanie (2017): Reducing errors in object-fetching interactions through social feedback. In: 2017 IEEE International Conference on Robotics and Automation (ICRA). 2017 IEEE International

Conference on Robotics and Automation (ICRA). Singapore, Singapore, 29.05.2017 - 03.06.2017: IEEE, S. 1006–1013.

Wischmann, Steffen; Hartmann, Ernst Andreas (2018): Zukunft der Arbeit – Eine praxisnahe Betrachtung. Berlin, Heidelberg: Springer Berlin Heidelberg.

Wölbert, Christian (2017): Das sind die Stars auf der Agritechnica. Online verfügbar unter http://www.haz.de/Nachrichten/Wirtschaft/Niedersachsen/Das-sind-die-Stars-auf-der-Agritechnica-2017-in-Hannover, zuletzt aktualisiert am 17.11.2017, zuletzt geprüft am 26.02.2018.

6. E-Governance: Digitalisierung und KI in der öffentlichen Verwaltung

Leo Wangler, Alfons Botthof

Die Digitalisierung und darauf aufbauend KI eröffnet völlig neue Möglichkeiten, Prozesse zu vereinfachen, effizienter zu gestalten und intelligent zu automatisieren. Dort, wo entsprechende Voraussetzungen gegeben sind respektive geschaffen wurden und Prozesse einen KI-Einsatz nahelegen, können Technologien der KI gerade auch im Bereich der öffentlichen Verwaltung hohes Potenzial eröffnen. Erfahrungen aus der Privatwirtschaft zeigen, dass sich Chancen ergeben, in einer Welt mit steigenden Anforderungen, hoher Arbeitsbelastung und Fachkräftemangel viele – meist monotone und zeitfressende – Tätigkeiten neu zu gestalten. Doch welche wesentlichen Voraussetzungen müssen für den Einsatz von KI in der öffentlichen Verwaltung erfüllt sein?

Wie auch in der freien Wirtschaft ist zum Beispiel die Digitalisierung und intelligente Vernetzung der Systeme bei der E-Governance von zentraler Bedeutung. Nur so lässt sich eine fundierte und durchgängige Datengrundlage für die Anwendung von KI-basierten Systemen herstellen. Neben der Frage der Infrastruktur muss auch in Implikationsprozessen auf die Qualifizierung der betroffenen Verwaltungsmitarbeiter und auf die Akzeptanz von Nutzerinnen und Nutzern Wert gelegt werden.

Der Blick in die Praxis zeigt, dass Sicherheits-, Justiz- und Sozialbehörden zunehmend an Belastungsgrenzen stoßen und in absehbarer Zeit keine Besserung der Lage zu erwarten ist. Beispielsweise wird in der Steuerverwaltung (DBB 2017) eine Personallücke von 20 Prozent diagnostiziert. Vielerorts sind die Bürgerämter überlastet, mit den damit verbundenen Unannehmlichkeiten für Einwohner und Unternehmen. Anträge können nicht zügig bearbeitet werden, sodass Antragsteller in finanzielle Schwierigkeiten geraten können. Die Folgen sind Ärger und Frust, gepaart mit Unverständnis beim Steuerzahlenden.

Eine Überlastung der Verwaltung ist auf Bundes-, Landes- und kommunaler Ebene zu beobachten. Die Probleme wurden durch die chronisch knappen öffentlichen Haushalte verstärkt, was vielerorts zu Stellenkürzungen geführt hat – bei gleichzeitig gestiegenen Anforderungen und mit teilweise verheerenden Folgen. So hat etwa die Bundeshauptstadt Berlin im Zeitraum von 2003 bis 2017 knapp 30.000 Stellen in ihrer Verwaltung gestrichen (RBB 2017). Gleichzeitig verzeichnete die Stadt einen starken Zuzug, der den Druck auf die Verwaltungsmitarbeiter noch einmal deutlich

V. Wittpahl (Hrsg.), *Künstliche Intelligenz*,
DOI 10.1007/978-3-662-58042-4_8, © Der/die Autor(en) 2019

verstärkte. Arbeiteten 2003 in Berlin (Bezirke und Land) noch rund 40 Landesbedienstete je 1.000 Einwohner, sind es mittlerweile nur noch knapp 30. Es wurden Stellen eingespart, ohne die Arbeitsprozesse z. B. durch einen Ausbau der IT-Infrastruktur so zu verändern, dass die verbleibenden Mitarbeiter in der Lage wären, den Mangel an Personal zu kompensieren. Diese Überlastung hat Konsequenzen. Beispielsweise dauert es in Berlin aktuell ca. drei Wochen, um ein Fahrzeug anzumelden (Tagesspiegel 2017a). Allein die Beantragung eines Personalausweises kann länger als einen Monat dauern (FOCUS 2017). Ähnlich schlecht steht es um die Abwicklung von Verwaltungsakten für Unterhaltszahlungen (Tagesspiegel 2017d) oder die Ummeldung eines Wohnsitzes (Tagesspiegel 2017c).

Damit verbunden ist eine anwachsende Unzufriedenheit sowohl von Seiten der Bürger als auch bei den Mitarbeiterinnen und Mitarbeitern in den Ämtern der Behörden. Zurückzuführen ist diese im Wesentlichen auf Unzulänglichkeiten im Verwaltungsablauf. Indikator dafür ist die Bearbeitung von Standardanfragen. Wenn eine Routine-Berechnung zur Höhe einer Geldleistung zu viel Zeit in Anspruch nimmt, weil der Sachbearbeiter zu lange damit beschäftigt ist, die Dokumente auf Vollständigkeit zu überprüfen oder Daten manuell aus unterschiedlichen Systemen zusammenzutragen, ist dies immer ein Ausgangspunkt für Verbesserungen, zur Fehlerminimierung und Effizienzsteigerungen. Diese lassen sich wiederum nur durch zukunftsgerichtete Investitionen in die Digitalisierung der öffentlichen Verwaltung erzielen (Accenture 2017).

Doch Besserung ist bisher nicht in Sicht. Viele Bereiche der öffentlichen Verwaltung nutzen die Möglichkeiten einer leistungsfähigen IT-Infrastruktur und den Einsatz von Softwarelösungen nur unzureichend. Vieles, was anderswo am Computer und perspektivisch durch die KI erledigt wird, muss hier vielfach noch umständlich händisch ausgeführt werden. Erheblicher Personalabbau in Kombination mit fehlenden Investitionen in die IT-Infrastruktur und Software verschärfen bestehende Probleme. Einzelne Bundesländer haben sogar im IT-Bereich Stellen gestrichen (Tagesspiegel 2017b).

Im Gegensatz dazu sind andere Länder wie Dänemark (Handelsblatt 2018a) oder Estland (ZEIT 2017b) bei E-Governance-Anwendungen führend. Damit haben sie in der Vergangenheit wichtige Voraussetzungen geschaffen, um smarte Services anzubieten und künftig weitere Effizienzsteigerungen und intelligente Lösungen in Verwaltungsabläufen zu erzielen und die Dienste im Sinne der Bürger zu verbessern. Der Aufbau der Infrastruktur und die gewonnenen Erfahrungen kommen allen Beteiligten, den Dienstleistern auf dem Amt wie auch den Bürgerinnen und Bürgern in diesen Ländern auch bei den nächsten Schritten, wenn zunehmend KI-gestützte Prozesse implementiert werden, zugute.

Voraussetzungen zur Nutzung der KI und aktueller Digitalisierungsstand der öffentlichen Verwaltung

Der Prozess der Digitalisierung in der Wirtschaft ist ein wertvolles Fallbeispiel, aus dem sich Lehren und Erkenntnisse für die digitale Transformation der öffentlichen Verwaltung ableiten lassen. Die intelligente Vernetzung der industriellen Produktion haben etliche Unternehmen in den letzten Jahren systematisch vorangetrieben. Im Rahmen von Industrie 4.0 konnte sich dieser Prozess zu einem Erfolg versprechenden industriepolitischen Paradigma entwickeln. Dieser Vorgang dauert an und ist besonders in den KMU noch längst nicht befriedigend gelungen. Aber schon jetzt werden die Vorzüge der Industrie 4.0 augenfällig: Durch die intelligente Vernetzung der Systeme können Datenströme zusammengeführt werden und es fallen damit einhergehend umfassende Datenmengen für unterschiedlichste Auswertungen an. Mit Hilfe von KI-Techniken sind die Unternehmen nunmehr in der Lage, die durch den Einsatz vernetzter cyberphysikalischer Systeme entstehenden Daten systematisch zu analysieren und so zu nutzen, dass Prozessinnovationen, Produktinnovationen und/oder neue Geschäftsmodelle Realität werden können. Schließlich generiert KI als Erweiterung von Industrie 4.0 neue Wachstumsimpulse (BMWi 2018). Mit Industrie 4.0 wurde eine zentrale Voraussetzung dafür geschaffen, dass KI-Methoden jetzt Einzug in industrielle Produktionsprozesse halten und hier zusätzliche Produktivitätsgewinne möglich machen (Brynjolfsson et al. 2017).

Analogien lassen sich zur öffentlichen Verwaltung herstellen (siehe Abbildung 6.1). Auch die digitale Transformation der öffentlichen Verwaltung vollzieht sich in Stufen, die aufeinander aufbauen. Damit KI in der öffentlichen Verwaltung erfolgreich eingesetzt werden kann, bedarf es einer erfolgreichen Implementierung von E-Government bzw. Verwaltung 4.0. Dabei ist KI als technologiebasierte Methode zu verstehen, mit dem sich heutige Prozesse effizienter gestalten und neue intelligente Dienstleistungen entwickeln lassen. Analog zu Werkzeugen, die körperliche Arbeit erleichtern, unterstützt die KI die Wissensarbeit (Accenture 2017). Aber anders als das klassische (Hand-)Werkzeug kann KI in Arbeitsprozessen die menschliche Intelligenz erweitern. In der Vergangenheit waren Supercomputer auch ohne KI-Algorithmen in der Lage, die besten menschlichen Schachspieler zu schlagen, und selbst mittelmäßige Schachspieler können im Team mit einem Computer gegen Supercomputer gewinnen, sogenanntes Freestyle Chess (Behavioral Scientist 2017). Für ein Traditionsspiel wie Go reichten aber allein hohe Rechenleistungen nicht aus, um erstklassige Go-Spieler zu schlagen. Erst KI-Technologie, wie sie in der Software AlphaGo zum Einsatz kommt, war im Jahr 2017 in der Lage, gegen den amtierenden Weltmeister zu gewinnen. Dazu musste diese aufwendig im Spiel mit menschlichen Gegnern trainiert werden. AlphaGo Zero benötigt selbst dieses menschliche Training nicht mehr (ZEIT 2017a).

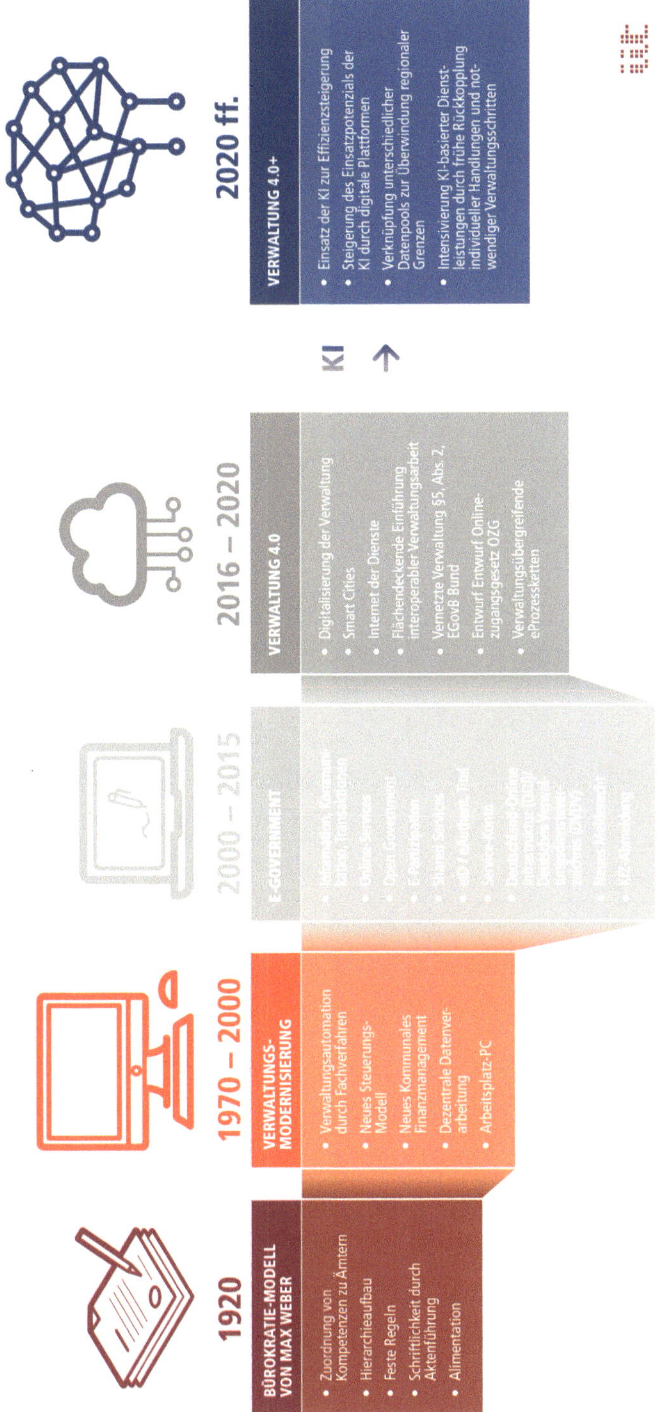

Abbildung 6.1: Digitalisierungsstufen der öffentlichen Verwaltung auf dem Weg zum KI-Einsatz (eigene Darstellung in Anlehnung an Klinger 2016).

Die bisherigen Ausführungen zeigen, dass die Digitalisierung als Grundvoraussetzung für den KI-Einsatz in der öffentlichen Verwaltung zu sehen ist. Daher stellt sich
zunächst die Frage, auf welchem Stand sich die Digitalisierung in Deutschland derzeit
befindet. Kann KI hierauf aufbauen und dazu beitragen, die eingangs beschriebenen
Probleme zu beheben? Auskunft geben Daten des Global Innovation Index (GII
2017).[45] Es zeigt sich, dass Deutschland zwar beim Zugang zur Informations- und
Kommunikationstechnik (IKT-Technologien) sowohl im öffentlichen als auch im priva-

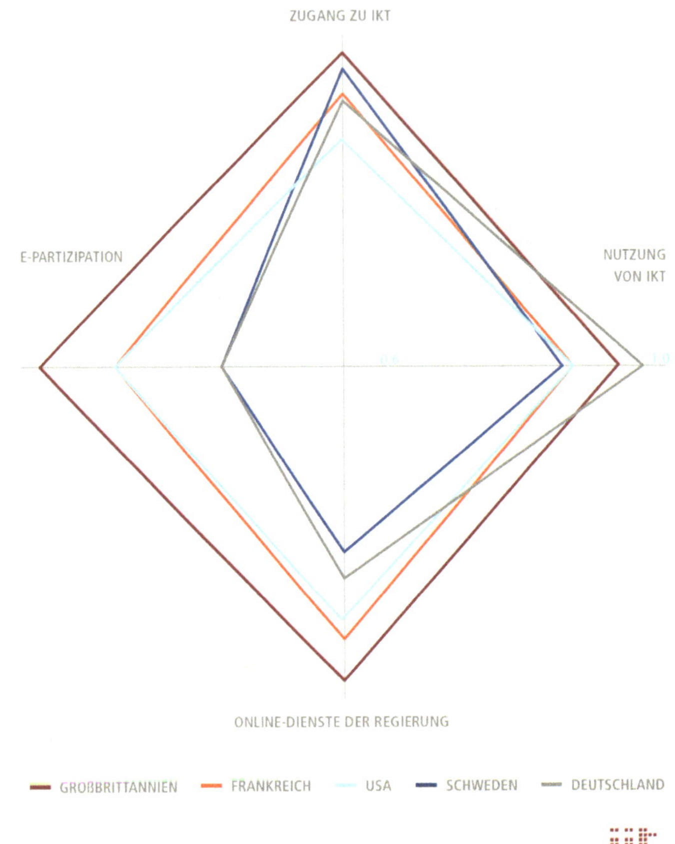

*Abbildung 6.2: Ausgewählte Digitalisierungsindizes (Quelle: Daten des GII, eigene Darstel-
lung und Berechnungen).*

[45] *Für den Vergleich der öffentlichen Verwaltung in Deutschland mit anderen Ländern
wurden die Werte normiert, indem man sie in einen relativen Bezug zu dem Land setzte,
das bei dem jeweiligen Indikator am besten abschneidet (der Wert des führenden Landes
entspricht dann 100 Prozent).*

ten Sektor sehr gut abschneidet, andererseits aber beim Online-Service von Regierung und Verwaltung relativ zu den Vergleichsländern (Frankreich, Schweden, England und USA) das Schlusslicht ist. Auch bei der Online-Partizipation und IKT-Nutzung (einschließlich des Privatsektors hat Deutschland Verbesserungsbedarf.

Gleichzeitig zeigt sich anhand des Digitalisierungsindexes (D21), dass so viele Bürger wie nie zuvor über einen Zugang zum Internet verfügen. Von der Nachfrage her sind daher immer bessere Voraussetzungen gegeben, um E-Governance-Angebote auszuweiten (D21 2016).

Dass Deutschland in der Digitalisierung der öffentlichen Verwaltung im Vergleich zu anderen Staaten weit abgeschlagen ist, verdeutlicht auch Abbildung 6.3. Der dort dargestellte Indikator zeigt, wie sich die Nutzung von E-Governance-Angeboten durch die Bürgerinnen und Bürger zwischen den Jahren 2006 und 2016 verändert hat. Gemessen wird, ob sie Dokumente per Internet an öffentliche Behörden senden. Zwar ist der relative Anteil in Deutschland von 9,4 Prozent im Jahr 2006 auf 17 Prozent im Jahr 2016 gestiegen – damit hat sich die Nutzung fast verdoppelt, was einem Wachstum von knapp einem Prozent pro Jahr entspricht. Allerdings ist Deutschland im internationalen Vergleich weit abgeschlagen. Wenn dieses Wachstum im gleichen Tempo weiterginge, würde es etwa bis zum Jahr 2100 dauern, bis bestimmte Verwaltungsschritte vollkommen digitalisiert wären. In anderen Ländern wie etwa Dänemark vollzog sich die Digitalisierung weitaus schneller.

Im DESI-Ranking der EU, das die Digitalisierung der Wirtschaft und Gesellschaft abbildet (siehe Abbildung 6.4), findet sich Deutschland beim Teilindex Digitalisierung in der öffentlichen Verwaltung auf Platz 20 und liegt dabei 37,6 Prozent hinter dem führenden Estland.

Doch warum ist Deutschland im internationalen Vergleich weit abgeschlagen? Ein Grund dafür ist sicherlich, dass in den vergangenen Jahren nahezu keine Gelder in Innovationen im öffentlichen Sektor geflossen sind (siehe Abbildung 6.5). Wie schon erwähnt, wäre das jedoch eine Grundvoraussetzung dafür, dass KI-Methoden Mitarbeiter in der öffentlichen Verwaltung entlasten könnten. Dringend notwendig wären beispielsweise gezielte Förderprogramme für die öffentliche Verwaltung, die ähnlich wirksam wären wie die sehr erfolgreichen Industrie-4.0-Programme, die wichtige Grundlagen für die Digitalisierung in der industriellen Produktion geschaffen haben.[46]

Die Analyse der Daten zeigt, dass Deutschland bei der Digitalisierung in der öffentlichen Verwaltung weiterhin Nachholbedarf hat. Es steht zu befürchten, dass auf-

---

[46] *Spannend ist der Fall Dänemark: Dem Land konnte es offensichtlich gelingen, im Bereich der Digitalisierung in der öffentlichen Verwaltung zu den führenden Ländern aufzuschließen und gleichzeitig wurde dabei auf gezielte öffentliche Förderinstrumente verzichtet.*

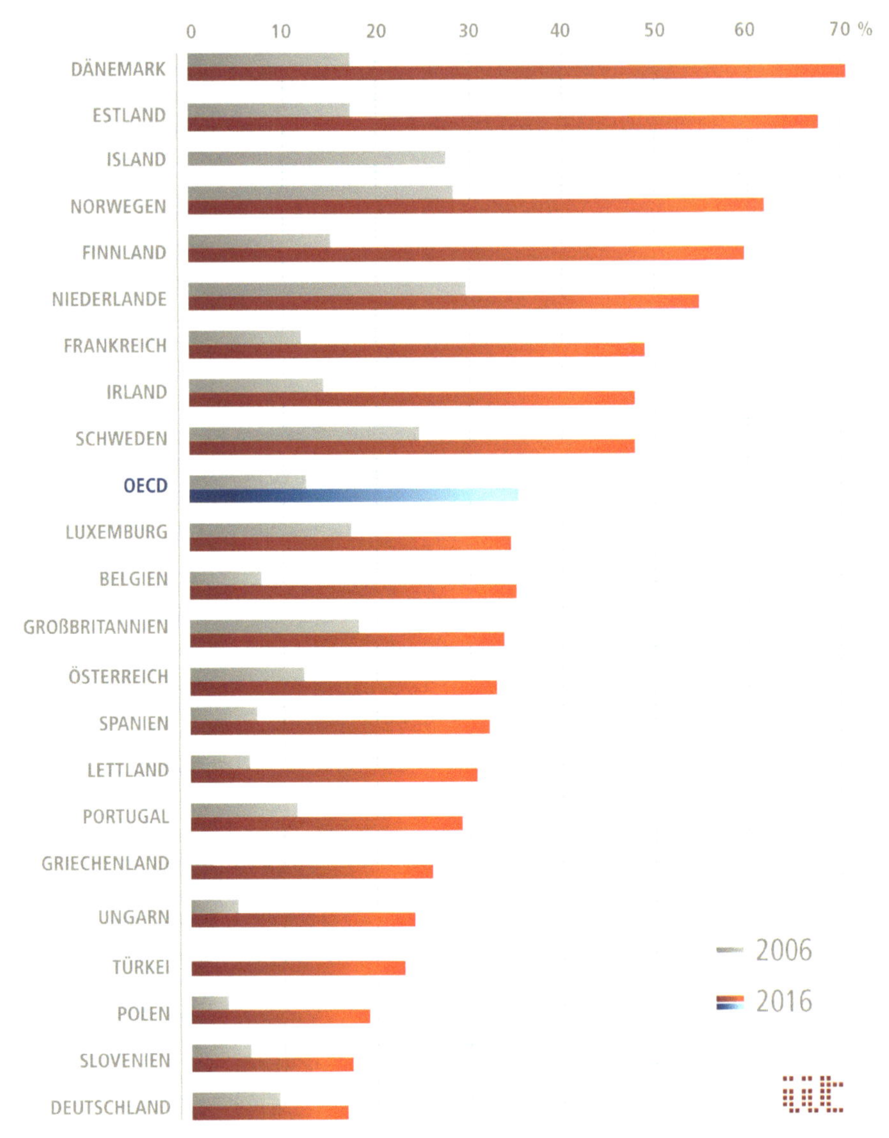

Abbildung 6.3: Nutzung des Internets für die Übersendung von Formularen an die öffentli-che Verwaltung innerhalb der vergangenen zwölf Monate. Hier ist Deutschland im internati-onalen Vergleich weit abgeschlagen. Führende Länder sind Dänemark, Estland und Island (Quelle: OECD 2017, S. 203).

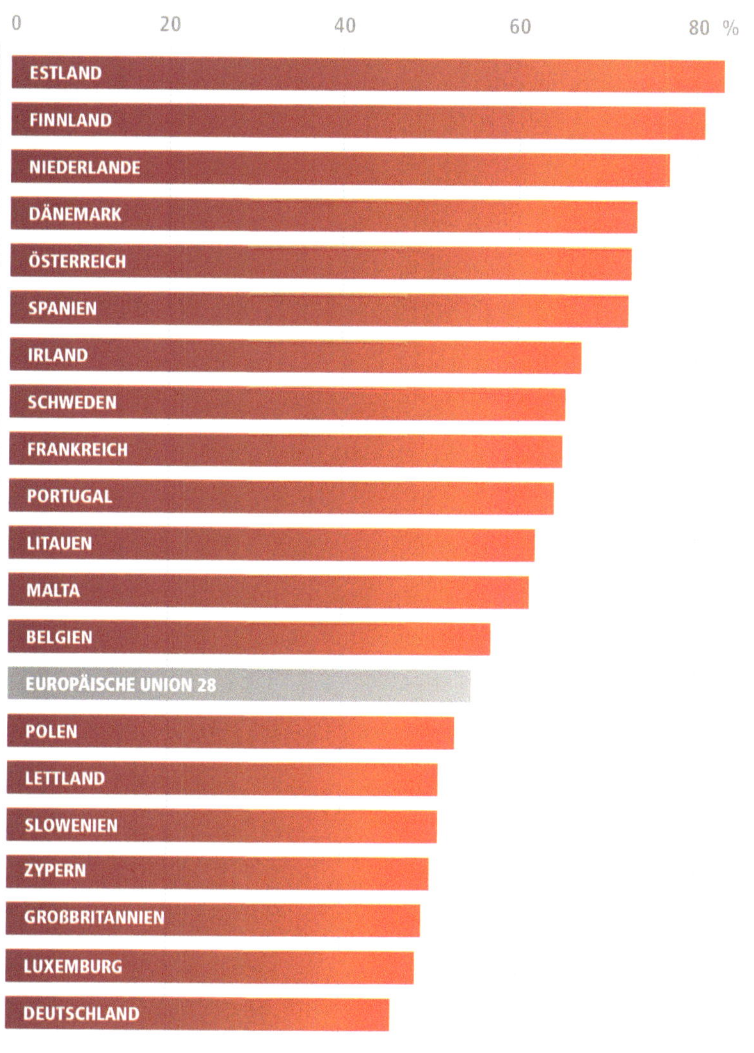

Abbildung 6.4: Digital Economy and Society Index (DESI)-Ranking der EU-Kommission zum Thema E-Governance (Quelle: EU 2018).

grund dieser fehlenden Voraussetzungen wichtige Bedingungen für einen kurzfristigen KI-Einsatz bislang nicht gewährleistet sind (siehe Abbildung 6.6). Damit KI-basierte Funktionalitäten wie Analysen, Optimierungen, intelligente Prozesssteuerung, etc. zunächst entwickelt und dann genutzt werden können, bedarf es einer Investitionsoffensive in die digitale Infrastruktur, die Entwicklung interoperabler Systeme und begleitender Qualifizierung.

Abbildung 6.5: Staatliche Unterstützungsangebote für Innovationen im öffentlichen Sektor im internationalen Vergleich (Quelle: OECD 2017, S. 201).

	Österreich	Belgien	Kanada	Dänemark	Estland	Finnland	Frankreich	Deutschland
ANZAHL FÖRDERUNGEN	○	●	◖	○	●	●	●	○
FINANZIERUNGSQUELLE								
BUDGET	–	–	–	–	×	×	×	–
BUDGET VON MINISTERIUM/AGENTUR	–	×	×	–	–	–	×	–
ANDERE (EU)	–	–	–	–	–	–	–	–
FÖRDERZIELE								
EXPERIMENTE	–	–	×	–	×	×	×	–
ENTWICKLUNG VON PROTOTYPEN	–	–	×	–	×	–	×	–
RISIKOMINIMIERUNG	–	–	–	–	×	–	×	–
IMPLEMENTIERUNG VON PROJEKTEN	–	×	×	–	×	×	–	–
FÖRDERUNG INNOVATIVER PROJEKTE	–	–	–	–	×	×	–	–
SKALIERUNG VON PROJEKTEN	–	–	×	–	×	×	–	–
EVALUATION	–	–	×	–	×	–	–	–
AUSZEICHNUNG INNOVATIVER PROJEKTE	–	–	–	–	–	–	–	–

	Ungarn	Island	Irland	Italien	Japan	Korea	Litauen	Mexiko	Niederlande	Polen	Portugal	Slowakei	Slowenien	Spanien	Schweden	Türkei	Großbritannien	OECD Gesamt
ANZAHL FÖRDERUNGEN	○	○	◖	◖	○	●	○	●	●	●	◖	○	○	○	◖	○	●	
FINANZIERUNGSQUELLE																		
BUDGET	–	–	×	×	–	×	–	×	×	×	×	–	–	–	×	–	×	12
BUDGET VON MINISTERIUM/AGENTUR	–	–	×	×	–	×	–	×	×	–	–	–	–	–	×	–	×	4
ANDERE (EU)	–	–	–	×	–	–	–	–	–	×	×	–	–	–	–	–	–	3
FÖRDERZIELE																		
EXPERIMENTE	–	–	–	–	–	×	–	×	×	–	–	–	–	–	×	–	×	9
ENTWICKLUNG VON PROTOTYPEN	–	–	×	×	–	×	–	–	×	×	–	–	–	–	×	–	×	10
RISIKOMINIMIERUNG	–	–	–	×	–	×	–	×	–	–	–	–	–	–	×	–	–	6
IMPLEMENTIERUNG VON PROJEKTEN	–	–	–	–	–	×	–	×	×	×	×	–	–	–	×	–	×	11
FÖRDERUNG INNOVATIVER PROJEKTE	–	–	×	×	–	×	–	×	×	×	–	–	–	–	×	–	×	10
SKALIERUNG VON PROJEKTEN	–	–	–	×	–	×	–	×	×	–	–	–	–	–	×	–	×	9
EVALUATION	–	–	×	–	–	×	–	×	–	–	–	–	–	–	×	–	×	8
AUSZEICHNUNG INNOVATIVER PROJEKTE	–	–	×	–	–	×	–	×	–	–	–	–	–	–	×	–	–	4

Legende: ○ Keine ◖ Eine ● Mehrere × Enthalten – Nicht gefördert

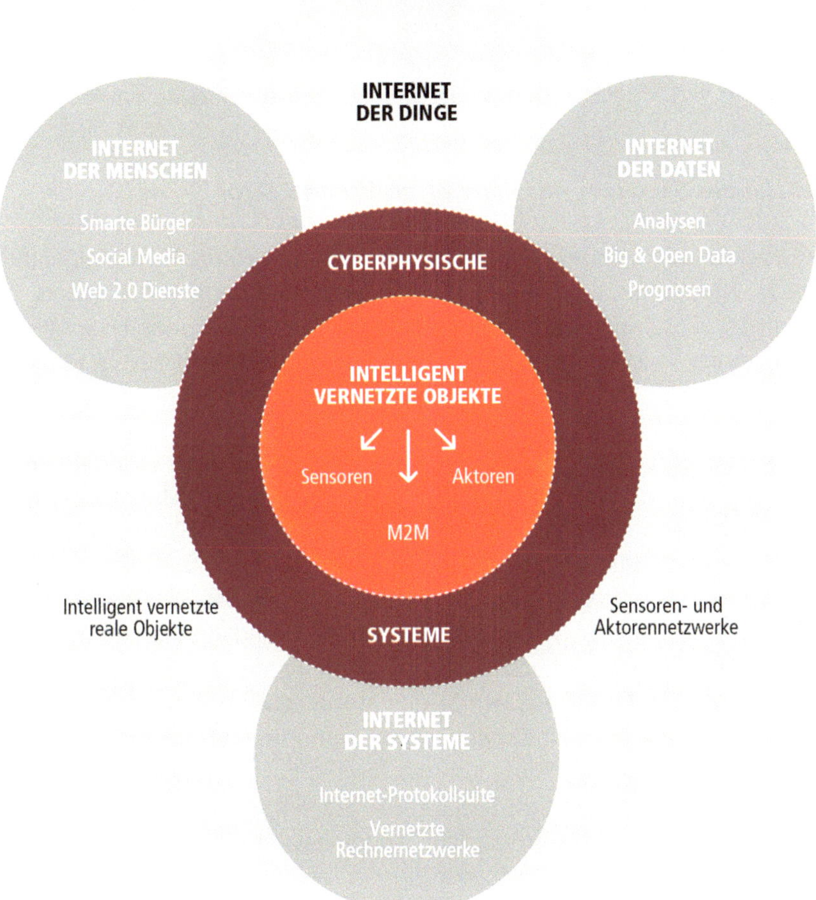

Abbildung 6.6: Der intelligent vernetzte Staat (Quelle: eigene Darstellung angelehnt an Lucke 2015, S. 11). Im roten Bereich bedarf es Investitionen, damit die öffentliche Verwaltung unter Anwendung der KI effizienter funktionieren kann.

Aus welchen Bausteinen im Einzelnen müsste eine Digitalisierungsoffensive im öffentlichen Sektor bestehen? Wie in Abbildung 6.1 und Abbildung 6.6 dargestellt, müssten in einem ersten Schritt die einzelnen Akteure wie Nutzer und Leistungserbringer in den öffentlichen Verwaltungen über das Internet der Dinge bzw. durch die Nutzung cyberphysischer Systeme sehr viel stärker als bisher miteinander vernetzt werden. Und wenn das Internet der Dinge bewusst mit einbezogen würde, könnten selbst in jenen Bereichen, in denen bisher in erster Linie analog gearbeitet wird, die Prozesse mit den Möglichkeiten der KI sehr viel effizienter ablaufen.

Potenzial des Einsatzes der KI im öffentlichen Sektor

Wenn es gelänge, die KI zukünftig nutzbringend in der öffentlichen Verwaltung einzusetzen, würde dies die Abläufe grundlegend verändern. Das Ergebnis: größere Produktivität, Geschwindigkeit und Nutzerfreundlichkeit der öffentlichen Verwaltung (z. B. Government Technology 2016). Hier nur einige wenige Beispiele, abgeleitet aus dem heutigen Aufgabenportfolio der Ämter:

KI-basierte Systeme sind in der Lage, immer komplexere Fragen von Bürgerinnen und Bürgern zu verstehen und zu verarbeiten (Chat-Bots oder FAQ-Bots), um Hilfen beim Ausfüllen von Formularen und spezifische Auskünfte eigenständig zu geben. Selbst fremde Sprachen bilden kein Hindernis mehr bei der Kommunikation mit Bürgerinnen und Bürgern; digitale Assistenten unterstützen die Beschäftigten in den Behörden bei Sprachproblemen in Echtzeit. Schriftliche Unterlagen, relevante Informationen im E-Mail-Verkehr und mündliche Anfragen werden intelligent erkannt, autark bearbeitet oder an die zuständigen Stellen automatisch weitergeleitet. Eingereichte Unterlagen können auf Vollständigkeit und Angaben auf Plausibilität (vor)geprüft werden. Termine und Fristen werden systemseitig nachgehalten. Berechnungen zur Höhe finanzieller Ansprüche zu Sozialleistungen selbst bei nicht standardisierbaren Fällen können vorgenommen werden. Steuerrelevante Zahlungsvorgänge können durch Vernetzung künftig Steuererklärungen vereinfachen bis automatisieren.

Ein zentrales Merkmal wird sein, dass künftig sehr viel mehr Routinetätigkeiten von der KI ausgeführt werden. Zum Beispiel die Anmeldung eines Kraftfahrzeugs: Künftig ist denkbar, dass bereits beim Kauf eines Fahrzeugs die relevanten Fahrzeugdaten durch intelligente Verknüpfungen vom Verkäufer autonom an das zuständige Amt übermittelt werden, benötigte Formulare auch auf Basis unvollständiger oder umgangssprachlich übermittelter oder anderweitig bereits vorliegender Informationen erstellt werden und die Anmeldung dann nur noch einen formalen Akt darstellt, der wenige Minuten in Anspruch nimmt. Zeitfenster für Präsenz- oder Abholtermine könnten intelligent entsprechend den Kundenwünschen vorgeschlagen, und vom Bürger via App gebucht werden.

Ähnliche KI-basierte Erleichterungen sind für viele weitere Verwaltungsvorgänge denkbar, wenn etwa persönliche Dokumente wie Personalausweis oder Führerschein neu ausgestellt werden müssen. Intelligente Systeme informieren über passende Termine. Perspektivisch werden digitale Assistenten die öffentliche Verwaltung unterstützen. Im Idealfall erfolgt die Kommunikation zwischen Bürger und Amt zukünftig über den intelligenten Assistenten. Bürgerinnen und Bürger selbst müssten in diesem Szenario nur noch abschließend prüfen, ob die richtigen Schritte eingeleitet wurden und dies bestätigen.

Die Verwaltung der Zukunft als Plattform

Wie in anderen Bereichen der Wirtschaft auch lassen sich viele Interaktionen zwischen Bürgern und Ämtern künftig auf digitalen Plattformen umsetzen. Insbesondere eignen sich kommunale Internet-Plattformen, um aus Sicht der Bürgerinnen und Bürger Zeit und Kosten einzusparen. Dies bietet Städten ebenso wie Kommunen auf dem Land umfassende Möglichkeiten, ihre Beratungsleistungen völlig neu zu organisieren. Eigentlich gibt es keine Verwaltungsabläufe, die sich künftig nicht in einem digitalen Prozess abbilden ließen – nicht notwendigerweise in jedem Fall aber auch – mit Unterstützung von KI-Technologien. Die Beantragung eines Personalausweises oder die Ausstellung von Geburtsurkunden lassen sich über digitale Plattformen organisieren, vorausgesetzt der Datenschutz bleibt gewahrt (siehe hierzu auch Teil A, Beitrag 4) Solche digitalen Plattformen lassen sich vielfältig ausgestalten, um anfallende Daten im Sinne der Bürger auszuwerten und die Angebote der Behörden durch Einsatz von KI noch effizienter und bürgernäher zu machen (Handelsblatt 2018b). In anderen Ländern ist das bereits Standard. Eine wichtige Voraussetzung für eine solche Entwicklung ist der digitale Personalausweis, denn er ermöglicht die Online-Authentifizierung. Individuelle Daten lassen sich mit ihm automatisiert in Online-Formulare übertragen. KI könnte dann die unterschiedlichen Informationen als kombinierbar erkennen, daraufhin zusammenführen und Prozesse weiter optimieren (eGovernment 2017). Digitale Plattformen sind somit eine wichtige strukturelle Voraussetzung, um die Potenziale der KI für Effizienzsteigerungen in der öffentlichen Verwaltung nutzbringend für die Bürger einzusetzen.

Neue Formen der bürgernahen Kommunikation mit Verwaltungseinrichtungen durch KI

Im privaten Bereich finden sich schon heute „intelligente Lautsprecher". Alexa, Siri, Cortana etc. vermitteln das Gefühl, jederzeit aufs Wort zu gehorchen und auf Wünsche einzugehen. Niemand muss sich hier noch durch Menüs klicken oder Anliegen über die Tastatur eingeben. Derartige Benutzerschnittstellen verdeutlichen, welchen Vorteil bereits jetzt die „schwache" KI bei der Spracherkennung und dem Zugriff auf internetbasierte Wissensbestände bietet. Wie bei kommerziell betriebenen Call-Centern oder bei fortschrittlichen Customer-Relation-Managementsystemen werden sich auch in der öffentlichen Verwaltung solche Interaktionsschnittstellen mit vorhandenen und künftig verfeinerten KI-Technologien attraktiver und zuverlässiger gestalten lassen. Als Wegweiser durch den Bürokratiedschungel und als Auskunftssystem wird eine natürliche sprachliche Kommunikation und eine bedarfsgerechte Assistenz künftig auch hier nicht mehr wegzudenken sein. Damit *„besteht die Chance, eines der wesentlichen Dilemmata öffentlicher Verwaltung zumindest in der Tendenz aufzulösen: hochkomplexe Sachverhalte in ihrer Komplexität zu belassen und sie gleichwohl mit einer Oberfläche auszustatten. Denn zu gewinnen gibt es am Ende viel: Die Akzeptanz staatlichen Handelns, die Wertschätzung unserer Demokratie ist von einer enormen Vielzahl von Faktoren abhängig. Und dazu gehören – selbstverständlich nicht an erster Stelle, aber immerhin – auch kleine und mitunter nebensächliche Alltagserfahrungen – und wenn es eine zügige Terminvergabe auf dem Bürgeramt ist"* (Minack 2017).

Massenhaft anfallende Routinetätigkeiten lassen sich besonders elegant mit KI-Unterstützung bewältigen: etwa die Bereitstellung von Antragsformularen oder Beratung und Auskunft zu standardisierten sowie individualisierten Verwaltungsprozessen, ebenso ein einfaches Terminmanagement oder die Berechnung von Leistungen für Arbeitslose. Mit Sprach- bzw. Dialekterkennungssoftware lässt sich im Umgang mit Migranten die Nationalität feststellen usw. All dies wird verbunden sein mit einer hohen Zufriedenheit bei all denen, die den Service der Verwaltung in Anspruch nehmen wollen oder müssen.

KI-Anwendungen im Beschaffungswesen

Das Beschaffungswesen ist in der öffentlichen Verwaltung ebenso komplex wie in Wirtschaftsunternehmen. Die damit verbundenen Daten liegen in der Regel ungeordnet vor. Sie müssen also meist manuell strukturiert werden, damit die Sachbearbeiter sie effizient und mit einer geringen Fehlerquote verarbeiten können. Identifizierung, Beschreibung und Kategorisierung in der klassischen Weise zu gewährleisten ist mit einem enormen Aufwand verbunden und gehört sicherlich zu den ungeliebten Tätigkeiten. Aber ebenso wie in den Unternehmen lassen sich diese Arbeiten weitestgehend automatisieren; Mustererkennung und Entscheidungsfindung sind bereits heute etablierte KI-Funktionen.

Für die im Beschaffungswesen anfallenden Aufgaben eignet sich die jeweils sinnvolle KI-Technologie.[47] Infrage kommende Algorithmen beziehungsweise Methoden der

---

[47] *Ein Beispiel ist www.genpact.com, zuletzt geprüft am 24.07.2018*

KI liegen inzwischen ausgereift vor. Packzettel, Lieferscheine, Faxunterlagen, telefonische oder Online-Bestellungen, Rechnungen sowie Mahnungen liefern dann Informationen, die sich als „smarte Daten" nutzen lassen – so z. B. als Trainingsdaten, die automatisierte, sprachgesteuerte Systeme befähigen, an der Schnittstelle zu Kunden oder Lieferanten kommunikative Aufgaben zu übernehmen: „[…] Sprachgesteuerte Bots können Rechnungen oder Bestellungen annehmen oder fehlerhafte Liefermengen eigenständig korrigieren. Mithilfe von maschinellem Lernen (ML) und tiefem Lernen (Deep Learning, DL) passt sich das System immer besser an die unternehmensinternen Richtlinien an und lernt von der kontinuierlichen Interaktion mit Anwendern und Lieferanten. Mit je mehr Daten das System gefüttert wird, umso intelligenter wird es und kann die angelernte Wissensbasis nutzen, um alle Prozesse im Beschaffungsmanagement zu optimieren […]" (Industry of Things 2018). Finanzämter, Ausländerbehörden oder das Bundesamt für Migration und Flüchtlinge könnten aktuell dankbare Anwender dieser Technologien werden. Die Identifikation und das Management von Engpässen im Verwaltungshandeln kann durch prädiktive Verfahren verbessert und dynamisch angepasst werden.

Methoden des ML können das Sortieren von Datensätzen, beispielsweise also die Zuordnung unterschiedlich notierter oder in Varianten auftretender Rechnungen und Lieferscheinen sein, die sich aufgrund von fehlerhaften oder uneinheitlichen Schreibweisen unterscheiden, obwohl sie eindeutig zu einer Institution oder Person gehören. Die intelligente Vereinheitlichung geschieht dabei nach Regeln.

Darüber hinaus ist es von hohem Interesse, auch eine inhaltliche Identifizierung und Klassifizierung zu erreichen. Hier kommt DL zum Zuge. *„[…]. DL anhand von Wortvektoren würde im Beschaffungsmanagement beispielsweise bedeuten, dass eine Rechnung mit der Betreffzeile ‚Plastik, 500ml, Evian' automatisch als abgefülltes Wasser erkannt wird. Die richtige Zuordnung erfolgt rein auf Basis des Kontexts und durch die wachsende Erfahrung des lernenden Systems. Eine manuell dafür aufgesetzte Regel ist nicht notwendig[…]"* (Industry of Things 2018).

Fazit und Ausblick

Die angeführten Beispiele geben einen Eindruck davon, wie die KI im Sinne der Bürgerinnen und Bürger die öffentlichen Verwaltungsabläufe verbessern kann. Wenn sich auch KI-Technologien und -Methoden noch in der Entwicklung befinden, ist es dennoch notwendig, erste Schritte einzuleiten, um sie in der öffentlichen Verwaltung einzuführen. Dies betrifft insbesondere die intelligente Vernetzung der Kommunikationssysteme und die Datenarchitektur. Ein dynamisches Stufenmodell (siehe Abbildung 6.7) zeigt auf, wie die Digitalisierung in der öffentlichen Verwaltung weiter vorangetrieben und die Interaktion zwischen Bürgern und Verwaltung verbessert werden kann.

Abbildung 6.7: Stufenmodell zur digitalen Weiterentwicklung öffentlicher Verwaltungsangebote, eigene Darstellung

Der überfällige Anstoß für eine Digitalisierungsoffensive in der öffentlichen Verwaltung ist mit umfangreichen Investitionen verbunden (s.o.). So gilt es, nach Investitionen in digitale Strukturen passgenaue KI-basierte Dienstleistungen und Anwendungen zu entwickeln und die Grundlagen dafür zu schaffen, diese zukünftig immer mehr über digitale, vernetzbare Plattformen anzubieten. Während in der Wirtschaft u.a. staatlich geförderte Verbundprojekte Innovationen vorantreiben, wird mit diesen Instrumenten bislang relativ wenig in die öffentliche Verwaltung investiert.

Veränderung der Kundenbeziehung zwischen Verwaltungsmitarbeiter und Bürger	Notwendiger Implementierungsschritt
Direkter Kontakt zur Bürgerin / zum Bürger Erhöhung der Effizienz der Abläufe durch digitale Assistenzsysteme	Investitionsoffensive zur Implementierung KI-basierter Systeme in der öffentlichen Verwaltung. Öffnung für die Zusammenarbeit mit externen (IKT-)Dienstleistern
Direkter Kontakt zur Bürgerin / zum Bürger. Erhöhung der Effizienz der Abläufe durch Reduzierung der Notwendigkeit für Behördengänge	Weiterer Ausbau des digitalen Angebots der öffentlichen Verwaltung. Gezielte Nutzung von Apps und digitalen Plattformen zur Dienstleistungserbringung
Stark reduzierter direkter Kontakt zur Bürgerin / zum Bürger, da im Regelfall die Kommunikation über digitale Plattformen abgewickelt wird. Die KI nutzt die dahinterliegenden Daten und optimiert die Abläufe	Nutzung der KI zur intelligenten Verknüpfung der Nutzerdaten, um die Verwaltungsabläufe noch effizienter zu gestalten
Digitale Verwaltung ist Regelfall. Direkter Kontakt zu Bürgerinnen / Bürgern über Service-Hotline oder per Online-Kommunikation. Nur in begründeten Ausnahmefällen helfen Verwaltungsmitarbeiter, bestimmte Prozesse umzusetzen	Zusammenführung dezentral organisierter Nutzerdaten zur intelligenten Optimierung überregionaler Zusammenhänge
Bürgerinnen und Bürger interagieren nicht mehr pro-aktiv mit der öffentlichen Verwaltung. Vielmehr laufen die Verwaltungsschritte automatisiert ab. Bei Abweichungen von Regelmäßigkeiten wird direkter Kontakt zur Verwaltung aufgenommen um mögliche Fehler zu beheben	Sehr frühe Verknüpfung individueller Handlungen mit verwaltungsrelevanten Prozessen zur Automatisierten und möglichst zeitnahen Dienstleistungserbringung

In einem ersten Schritt gilt es daher, Defizite wie die fehlende digitale Infrastruktur, updatefähige vernetzte Systemkomponenten, mangelnde Kompetenzen etc. zu beheben und zeitnah Mittel für Forschungs- und Entwicklungsvorhaben für die öffentliche Verwaltung bereitzustellen. Denkbar hierfür sind Verbundprojekte, Ideenwettbewerbe für KI-Start-ups sowie Pilotprojekte zu Anwendungen von KI-basierten Systemen in einschlägigen, verwaltungsrelevanten Prozessschritten. Ein weiterer Weg wäre, durch Pre-Commercial Public Procurement, die vorkommerzielle Auftragsvergabe, gezielt die Technologieentwicklung in der öffentlichen Verwaltung anzukurbeln (EU 2007). Dabei fragt die öffentliche Hand über ein Wettbewerbsverfahren Forschung und Entwicklungen an und identifiziert im Vergleich Best Practices. Ein Pre-Commercial Procurement lässt sich sehr gut mit dem föderalen Systemen in Deutschland in Einklang bringen, weil die Bundesländer und Kommunen FuE-Entwicklungen vorantreiben.

Auf dieser Basis aufbauend muss es in einem zweiten Schritt darum gehen, immer mehr Prozesse auf digitale Plattformen zu übertragen. Vieles, was bisher mit aufwendigen Behördengängen verknüpft ist, sollte zukünftig über digitale Verwaltungsplattformen zu erledigen sein. Im Endeffekt spart die öffentliche Verwaltung Kosten, und die öffentlichen Haushalte werden entlastet. Die damit verbundenen Möglichkeiten zeigen Best-practice Beispiele aus dem Ausland.

Die intelligente Verknüpfung der Systeme und der Aufbau digitaler Plattformen schaffen die notwendige Datenbasis, damit KI-basierte Produkte und Dienstleistungen auch im Bereich der öffentlichen Verwaltung Einzug erhalten. Künftig kann sie beispielsweise mit Hilfe KI proaktiv auf die Bürger zugehen und so dazu beitragen, Prozesse noch effizienter zu gestalten. Denkbar ist, dass Bürger ihre Daten künftig in einem Depot sammeln, auf das auch das Bürgeramt zugreifen kann. Im Falle der Erneuerung des Personalausweises könnte die KI so beispielsweise relevante Personendaten abgreifen, alle notwendigen Schritte im Hintergrund vorbereiten, das Dokument automatisch erstellen und auf den Weg zum Bürger bringen.

Regionale Nutzerdaten lassen sich miteinander verknüpfen, sodass sie überregional zur Verfügung stehen. Dies erleichtert die Mobilität von Bürgerinnen und Bürgern, z. B. wenn im Falle eines Umzugs in ein anderes (Bundes-)Land administrative Vorgänge automatisch über die Cloud aktiviert werden können. Um die Integration der Daten umzusetzen, ist bei der Verknüpfung auf Interoperabilität zu achten.

Der Vergleich zum KI-Einsatz im privatwirtschaftlichen Bereichen macht das hohe Transformationspotenzial augenfällig, das KI in der öffentlichen Verwaltung hat. Dienstleistungen für den Bürger und die Interaktion zwischen Behörden auf der einen und Bürgern auf der anderen Seite können mit dem Einsatz von digitalen Technologien bereits heute und in Zukunft sukzessive mit KI effizienter und damit für alle Beteiligten zeitsparender und kostengünstiger erbracht werden.

Literatur

Accenture (2017): Helferin der Not. Smarte Roboter und küstliche Intelligenz bringen öffentliche Verwaltung in Schwung. Online verfügbar unter https://www.accenture.com/ t00010101T000000Z__w__/de-de/_acnmedia/PDF-54/Accenture-Kunstliche-Intelligenz-RPA-OV-2017.pdf, zuletzt geprüft am 26.02.2018.

Behavioral Scientist (2017): Don't Touch the Computer. Online verfügbar unter http:// behavioralscientist.org/dont-touch-computer/, zuletzt geprüft am 26.02.2018.

BMWi (2018): Potenziale der Künstlichen Intelligenz im produzierenden Gewerbe in Deutschland. Eine Studie im Rahmen der Begleitforschung zum Technologieprogramm PAiCE. (im Erscheinen).

Brynjolfsson, Erik; Rock, Daniel; Syverson, Chad (2017): Artificial Intelligence and the Modern Productivity Paradox. A Clash of Expectations and Statistics. In: *NBER Working Paper No. 24001*. Online verfügbar unter http://www.nber.org/chapters/c14007.pdf, zuletzt geprüft am 26.02.2018.

D21 (2016): Digital Index. Jährliches Lagebild zur digitalen Gesellschaft. Online verfügbar unter https://initiatived21.de/app/uploads/2017/01/studie-d21-digital-index-2016.pdf, zuletzt geprüft am 26.02.2018.

DBB (2017): Verwaltungsexperten schlagen Alarm. Personal: Öffentlichem Dienst droht ein Notstand. Online verfügbar unter https://www.dbb.de/teaserdetail/artikel/personal-oef-fentlichem-dienst-droht-ein-notstand.html, zuletzt aktualisiert am 19.04.2017, zuletzt geprüft am 28.02.2018.

eGovernment (2017): Der elektronische Personalausweis lernt dazu. Bundesverwaltungsamt vergibt Berechtigungszertifikat für Sparkassen. Online verfügbar unter https://www. egovernment-computing.de/der-elektronische-personalausweis-lernt-dazu-a-673598/, zuletzt geprüft am 26.02.2018.

EU (2007): Pre-commercial Procurement: Driving innovation to ensure sustainable high quality public services in Europe. Example of a possible approach for procuring R&D services applying risk-benefit sharing at market conditions, i.e. pre-commercial procurement. Online verfügbar unter http://ec.europa.eu/transparency/regdoc/rep/2/2007/ EN/2-2007-1668-EN-1-0.Pdf, zuletzt geprüft am 28.02.2018.

FOCUS (2017): Personalausweis in Berlin beantragen. Das müssen Sie beachten. Online verfügbar unter https://www.focus.de/regional/berlin/personalausweis-in-berlin-beantra-gen-das-muessen-sie-beachten_id_6809559.html, zuletzt aktualisiert am 20.03.2017, zuletzt geprüft am 26.02.2018.

GII (2017): Global Innovation Index. Online verfügbar unter https://www.globalinnovationin-dex.org/, zuletzt geprüft am 26.02.2018.

Government Technology (2016): How Artificial Intelligence Will Usher in the Next Stage of E-Government. Online verfügbar unter http://www.govtech.com/opinion/How-Artificial-Intelligence-Will-Usher-in-the-Next-Stage-of-E-Government.html, zuletzt geprüft am 26.02.2018.

Handelsblatt (2018a): Ein bisschen mehr wie Dänemark sein. Online verfügbar unter http://www.handelsblatt.com/unternehmen/it-medien/e-government-ein-bisschen-mehr-wie-daenemark-sein/20804976.html, zuletzt geprüft am 26.02.2018.

Handelsblatt (2018b): Per Mausklick ins Rathaus. Wenn Städte und ihre Bürger digital werden. Online verfügbar unter http://www.handelsblatt.com/politik/deutschland/per-mausklick-ins-rathaus-wenn-staedte-und-ihre-buerger-digital-werden/20811960.html, zuletzt geprüft am 26.02.2018.

Industry of Things (2018): Die Maschine lernt nie aus. Künstliche Intelligenz im Beschaffungsmanagement. Online verfügbar unter https://www.industry-of-things.de/kuenstliche-intelligenz-im-beschaffungsmanagement-a-676564/, zuletzt geprüft am 26.02.2018.

Lucke, Jörn von (2015): Smart Government. Wie uns die intelligente Vernetzung zum Leitbild „Verwaltung 4.0" und einem smarten Regierungs- und Verwaltungshandeln führt. Online verfügbar unter https://www.zu.de/institute/togi/assets/pdf/ZU-150914-SmartGovernment-V1.pdf, zuletzt geprüft am 26.02.2018.

Minack, Benjamin (2017): Bots, Algorithmen und künstliche Intelligenz. Anwendungsmöglichkeiten in der Öffentlichen Verwaltung der Zukunft. In: Wegweiser Media & Conferences GmbH Berlin (Hrsg.): Jahrbuch Innovativer Staat 2017. Das Jahrbuch für die Verwaltung der Zukunft. 18. Auflage. Berlin: Wegweiser Media & Conferences.

OECD (2017): Government at a Glance 2017: OECD Publishing.

Peter Klinger (2016): Alles digital oder was? Kommunen heute und morgen. Online verfügbar unter https://www.btc-networkforum-kommune.com/-/media/Kommune/Vortaege/BTC-2016-Friedrichshafen-IKS-Klinger.pdf%3Fla%3Den%26hash%3D7D855CBB84DC8CBCB3287E5C70DE5B32F10B884E+&cd=1&hl=de&ct=clnk&gl=de&client=firefox-b-ab, zuletzt geprüft am 26.02.2018.

RBB (2017): Daten zum Öffentlichen Dienst Berlin. Wenn nichts geschieht, droht Personalnotstand. Online verfügbar unter https://www.rbb24.de/politik/beitrag/2017/06/Personalnotstand-Verwaltung-Berlin-Pensionierung.html, zuletzt geprüft am 26.02.2018.

Tagesspiegel (2017a): Auto anmelden in Berlin. Schlange stehen in der Zulassungsstelle. Online verfügbar unter https://www.tagesspiegel.de/berlin/auto-anmelden-in-berlin-schlange-stehen-in-der-zulassungsstelle/20101410.html, zuletzt geprüft am 26.02.2018.

Tagesspiegel (2017b): Berlins Regierende haben die Erfindung des Computers nicht bemerkt. Online verfügbar unter https://www.tagesspiegel.de/berlin/martenstein-ueber-behoerdliches-versagen-berlins-regierende-haben-die-erfindung-des-computers-nicht-bemerkt/19977982.html, zuletzt geprüft am 26.02.2018.

Tagesspiegel (2017c): Verwaltung in Berlin. An der Grenze zur Verfassungswidrigkeit. Online verfügbar unter https://www.tagesspiegel.de/meinung/verwaltung-in-berlin-an-der-grenze-zur-verfassungswidrigkeit/12343008.html, zuletzt geprüft am 26.02.2018.

Tagesspiegel (2017d): Verwaltungschaos. Darum sind die Berliner Ämter beim Unterhalt überlastet. Online verfügbar unter https://www.tagesspiegel.de/berlin/verwaltungschaosdarum-sind-die-berliner-aemter-beim-unterhalt-ueberlastet/20661614.html, zuletzt geprüft am 26.02.2018.

ZEIT (2017a): Mehr als ein Spiel. Die künstliche Intelligenz erobert die Wirklichkeit. Online verfügbar unter https://www.zeit.de/2017/43/alphago-kuenstliche-intelligenz-spiel. zuletzt geprüft am 26.02.2018.

ZEIT (2017b): Willkommen in E-Land. Online verfügbar unter https://www.zeit.de/kultur/2017-10/estland-einwohner-e-residency-10nach8. zuletzt geprüft am 26.02.2018.

7. Learning Analytics an Hochschulen

Corinne Büching, Dana-Kristin Mah, Stephan Otto, Prisca Paulicke,
Ernst A. Hartman

Digitale Angebote sind inzwischen fester Bestandteil des Bildungssystems.
Zahlreiche Hochschulen verwenden Learning-Management-Systems (LMS) zur
Unterstützung von Lehre und Studium und bieten immer häufiger Online-
Kurse an, z. B. Massive Open Online Courses (MOOC) (Cormier und Siemens
2010). Bei der Nutzung digitaler Lernangebote und Lernumgebungen fallen
kontinuierlich Daten an, die sich analysieren lassen, Einblick etwa in das indi-
viduelle Lernverhalten geben oder Hinweise darauf, wie die Lehre und das
Lernen unterstützt werden könnten, um Lernprozesse zu verbessern. Bislang
nutzen Bildungsinstitutionen diese Daten jedoch noch wenig – mittels Lear-
ning Analytics könnte sich das ändern. Was aber ist Learning Analytics? Und
wie ist es im Kontext KI einzuordnen?

Learning Analytics verwendet dynamisch generierte Daten von Lernenden, Lehrenden und Lernumgebungen, mit dem Ziel, Lernprozesse und Lernumgebungen zu
optimieren (Ifenthaler 2015). Die hierzu verwendeten Daten setzen sich aus leis-
tungs- und personenbezogenen sowie curricularen Variablen – z. B. aktuelle Studien-
leistungen, Aktivität in universitären Onlinesystemen, soziodemografische Daten –
zusammen, die u. a. aus dem LMS stammen. Anhand solcher Daten können Lernverhalten analysiert und Lernprofile erzeugt werden. Im Hochschulkontext werden in
der Regel Algorithmen verwendet, die aufgrund von Echtzeitdaten berechnen können, wie groß etwa die Wahrscheinlichkeit der erfolgreichen Absolvierung eines Kur-
ses ist, um Risikostudierende zu identifizieren (Arnold 2010). Zudem können die Lernenden automatisch generiertes personalisiertes Feedback zu ihrem Lernprozess
sowie individualisierte Empfehlungen zur Unterstützung erhalten (Pistilli und Arnold
2010).

Die individuell angepassten Rückmeldungen, Lernempfehlungen sowie die Vorhersagen zum Lernerfolg (wie die Berechnung von Erfolgswahrscheinlichkeiten durch
Learning Analytics ist Gegenstand der Debatte im Kontext von KI, ML, intelligenten
Tutorensystemen und adaptivem Lernen (Adams Becker et al. 2017). Adaptives Lernen und Learning Analytics beschrieb bereits 2016 der NMC Horizon Report (Hoch-
schulausgabe), der Technologietrends und Auswirkungen neuer Technologien im
Hochschulbereich weltweit erfasst und als Lehr-/Lerntechnologien identifiziert, die
innerhalb eines Jahres oder schneller weite Verbreitung finden werden (Johnson et

V. Wittpahl (Hrsg.), *Künstliche Intelligenz*,
DOI 10.1007/978-3-662-58042-4_9, © Der/die Autor(en) 2019

al. 2016). Adaptive Lerntechnologien können sich durch große Datenmengen und intelligente Algorithmen immer besser dynamisch und in Echtzeit auf Personen einstellen sowie passende Lernaktivitäten und -inhalte antizipieren (Johnson et al. 2016). Beispielsweise verwendet die Sprachlern-App „Duolingo" virtuelle Chatpartner (Chatbots), die automatisiert und adaptiv auf die Lernfortschritte der Lernenden reagieren können. Auch erste Textbewertungs-Programme für schriftliche Arbeiten, insbesondere in Rahmen von MOOCs, werden entwickelt und erprobt, die auf KI-Grundlage den Bewertungsstil der Prüfenden lernen und Texte dementsprechend beurteilen können. Eine vollständige Automatisierung von intelligenten Systemen und Learning Analytics ist jedoch stark umstritten, da bisher menschliche Urteilskraft bei der Leistungsbewertung unabdingbar ist. So zeigt Learning Analytics aggregierte Daten und deren Visualisierung – die Interpretation der Daten sowie die datenevidenten Interventionen sollten anhand lerntheoretischer und pädagogischer Kompetenz durch Lehrende erfolgen.

Aktuell erforschen und nutzen vorrangig englischsprachige Länder wie USA, Australien und das Vereinigte Königreich Learning Analytics. In Deutschland wird es bisher kaum thematisiert und angewendet. Dabei können internationale Studien bereits einen positiven Zusammenhang zwischen dem Einsatz von Learning Analytics und Studienerfolgen aufzeigen (Sclater und Mullan 2017).

Nutzen und Spektrum von Learning Analytics

Learning Analytics bietet den an Lernprozessen beteiligten Gruppen wie Politik, Institutionen, Instruktionsdesign, Lernende und Lehrende vielfältigen Nutzen (Ifenthaler und Widanapathirana 2014). Beispielweise ermöglicht es auf politischer Ebene institutionsübergreifende Vergleiche und kann als Informationsquelle für Qualitätssicherungsprozesse dienen. Lernende erhalten Einblick in ihre Lerngewohnheiten, können diese reflektieren und optimieren und somit ihre Erfolgschancen erhöhen. Lehrende können ihre Lehrpraktiken analysieren und ihre Lehrqualität verbessern sowie Risikostudierende identifizieren und entsprechend eingreifen (Ifenthaler und Schumacher 2016).

Allgemein geht mit Learning Analytics die Verheißung einher, dass die Analyse der aggregierten Daten und das daraus generierte Feedback an Lehrende wie Lernende die Qualität der Lehr- und Lernprozesse deutlich verbessern kann. Lehrende fragen sich häufig: Welche Wirkung hat meine Lehrveranstaltung erzielt? Konnte ich alle Bedürfnisse der Studierenden einbeziehen? Zumeist wurden und werden diese Fragen durch die Klausurnoten von Studierenden oder durch Lehrevaluationen am Ende des Semesters beantwortet.

Einhergehend mit der technischen Entwicklung hin zu Online- und Blendend Learning-Formaten an den Universitäten sind Studierende hochschulintern mehr und mehr online und setzen ihre digitalen Fußabdrücke. Zumeist äußerst sich dies in Form von Online Communities, Foren, Blogs, oder schlicht über eine Lernplattform wie z. B. Moodle der jeweiligen Lehrveranstaltung (Sin und Muthu 2015). Wenn sich Studierende in einem LMS wie Moodle bewegen, eröffnen sich für die Lehrenden neue Möglichkeiten, die digitalen Lerndaten von Studierenden bereits im Lernprozess, also im laufenden Semester, zu verfolgen. Plötzlich sind Daten verfügbar, die den Lehrenden etwa darüber Auskunft geben, wer in welchem Umfang das Lernsetting nutzt, wie etwa Logins, Forenbeiträge. In diesem Zusammenhang spricht man in der anglo-amerikanischen Literatur von dem Wissen über „learning experience in learning environments" (Merceron, Bilkstein und Siemens 2015).

Aus der Sicht eines Lehrenden liegt darin der Vorteil, schon während des Semesters beobachten zu können, welche Lernmedien online besonders gut angenommen werden (z. B. Lehrvideos, Podcasts, Texte), bei welchen Onlinetests die Studierenden vielleicht größere Schwierigkeiten haben oder auch schlicht zu welchen Tages- oder Wochenzeiten sie sich an die Arbeit setzen. Abbildung 7.1 zeigt beispielhaft ein Dashboard, das Lehrenden die Aktivitäten ihrer Studierenden tagtäglich übersichtlich anzeigt und ihnen die Möglichkeit gibt, unmittelbar zu intervenieren, wenn z. B. Studierende unterdurchschnittlich gut mitarbeiten – sei es, dass subjektiv Verständnisschwierigkeiten bestehen, das Lehrmaterial mangelhaft ist oder die Lehrenden etwa den Stoff nicht gut aufbereitet haben.

Anhand des so visualisierten Lernverhaltens der einzelnen Studierenden könnte der Lehrende individuelle Lernwege effektiver erkennen oder unmittelbar Maßnahmen

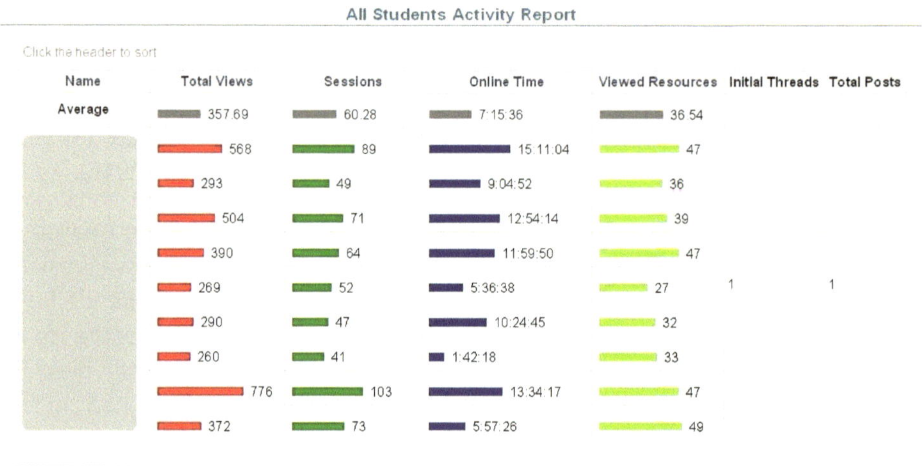

Abbildung 7.1: Ansicht eines Dashboards zu den Aktivitäten von Studierenden (Quelle: Zhang und Almeroth 2010).

für eine Nachjustierung der Methodik und Didaktik der Lehrveranstaltung treffen. Aus dem skizzierten Bild ergeben sich allerdings Fragen zum Lernen: Welche Erkenntnisse sind durch Learning Analytics im Hinblick auf das Lernverhalten zu erwarten? Ist Learning Analytics die Voraussetzung für adaptives Lernen? Wie können das Lernverhalten oder der individuelle Lernprozess optimiert werden, z. B. durch Verfolgen des Clickstreams bei MOOCs? Liegen Lernschwächen oder besondere Begabungen vor?

Die Daten aus den Lehrveranstaltungen könnten um weitere Studierendendaten ergänzt werden, um sie unter dem Aspekt „Studienerfolg" zu analysieren. Kellen (Kellen et al. 2013) untersuchten die Daten von Studierenden im Zeitverlauf von mehreren Semestern. Sie nutzten Hintergrunddaten (z. B. die Abiturnote) der Studierenden und Daten aus den Lehrveranstaltungen. Sie fügten diese Teilmengen anschließend zu einem Gesamtscore zusammen und konnten erkennen, welche Studierenden positiv auffallen, und sie von denen unterscheiden, die im Mittel hinter ihren Kommilitonen zurückblieben. Zum Einsatz von Learning Analytics als Werkzeug zur Qualitätssicherung und Qualitätsentwicklung ergeben sich folgende Fragen: Kann durch Learning Analytics der Unterricht verbessert werden? Können durch Learning Analytics Risikostudierende identifiziert werden? Ist Learning Analytics also ein geeignetes Instrument zur Vermeidung von Studienabbrüchen? Eignen sich die Daten für Prognosen bzw. kann man aus ihnen künftigen Lernerfolg ableiten?

Auf einer Ebene oberhalb von Lehrveranstaltungen und Studiengängen können Datenanalysen über ganze Bildungsinstitutionen hinweg Aussagen zu deren Effektivität und deren Beitrag zum Studierendenerfolg machen. Allgemein bekannt sind hier die PISA-Studien (Programme for International Student Assessment).

Zusammenfassend kann festgehalten werden, dass unterschiedliche Gruppen von Beteiligten (z. B. Studierende, Dozierende, Hochschulleitungen oder auch Regierungsinstitutionen) unterschiedliche Interesse an Daten haben können, die etwas über den Studierendenerfolg auf Mikroebene einer Lehrveranstaltung, auf Mesoebene der Studiengänge oder Makroebene der Hochschulen aussagen (siehe Abbildung 7.2).

Mögliche Ziele von Learning Analytics sind nachfolgend in Anlehnung an Leitner und Ebner (2017) aufgelistet:

- Identifizierung und Unterstützung von Risikostudierenden

- Verbesserung von Retention und Leistung

- Visualisierung der Lernleistung anhand einer Vergleichsgruppe

- (Echtzeit-)Feedback zu Lernperformance und -aktivität

- Verbesserung der Gruppenarbeit durch Aufzeigen der Mitwirkung der einzelnen Gruppenmitglieder

- Visualisierung zum Engagement und Niveau in Diskussionsforen

- Förderung der Reflexion und Selbsteinschätzung im Lernprozess

- Aussagen zur Interaktion in einem E-Learning-System

- Evaluation von Lehr- und Lernprozessen

Ziele von Learning Analytics, Qualitäts- und Evaluationskriterien sowie Chancen und Herausforderungen sind in einer Vielzahl von Frameworks formuliert, die als Richtlinien für die erfolgreiche Entwicklung, Implementierung und Anwendung von Learning Analytics fungieren sollen (Greller und Drachsler 2012; Scheffel et al. 2015). So ist die Erhöhung des Studienerfolgs ein zentrales Ziel von Learning Analytics und im Erfolgsfall auch deshalb interessant, weil so im Umkehrschluss hohe Studienabbruch-

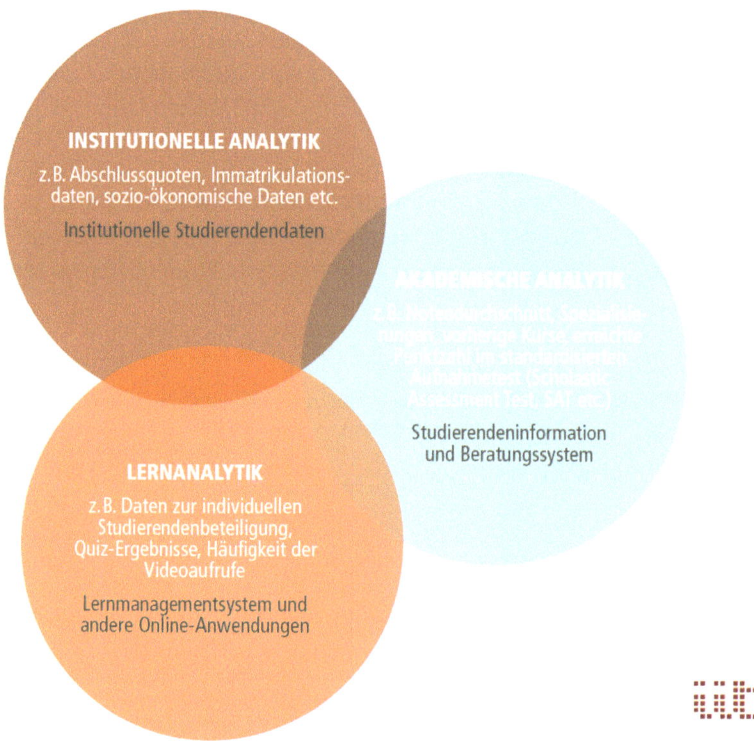

Abbildung 7.2: Dimensionen der Analyse von studentischem Erfolg (Quelle: Elias 2011, eigene Darstellung und Übersetzung).

quoten vermeidbar werden (Mah et al. 2016). Deutschland strebt die Erhöhung von Studienerfolg an, um beispielsweise dem Fachkräftemangel zu begegnen (BMBF 2012). Den Studienerfolg vorherzusagen und Risikostudierende zu identifizieren ist auf Basis von leistungs-, personenbezogenen und curricularen Variablen möglich (Arnold und Pistilli 2012). Studierende erhalten personalisiertes Feedback zu ihrem Lernprozess auf Kursebene sowie Empfehlungen für Unterstützungsangebote (Pistilli und Arnold 2010). Diese Informationen werden den Nutzern nahezu in Echtzeit im Dashboard zur Verfügung gestellt, beispielsweise visualisiert als Ampel oder Kompass (Verbert, Duval, Klerkx, Govaerts und Santos 2013).

Tools und Techniken

Immer dann, wenn Studierendendaten einem kontinuierlichen Tracking bzw. einem systematischen Assessment unterzogen werden sollen, kommen zumeist Content- oder Learning-Management-Systeme (CMS/LMS) zum Einsatz. Diese sind nach Hijon und Carlos (2016) von einer umfassenden und zufriedenstellenden Funktionalität

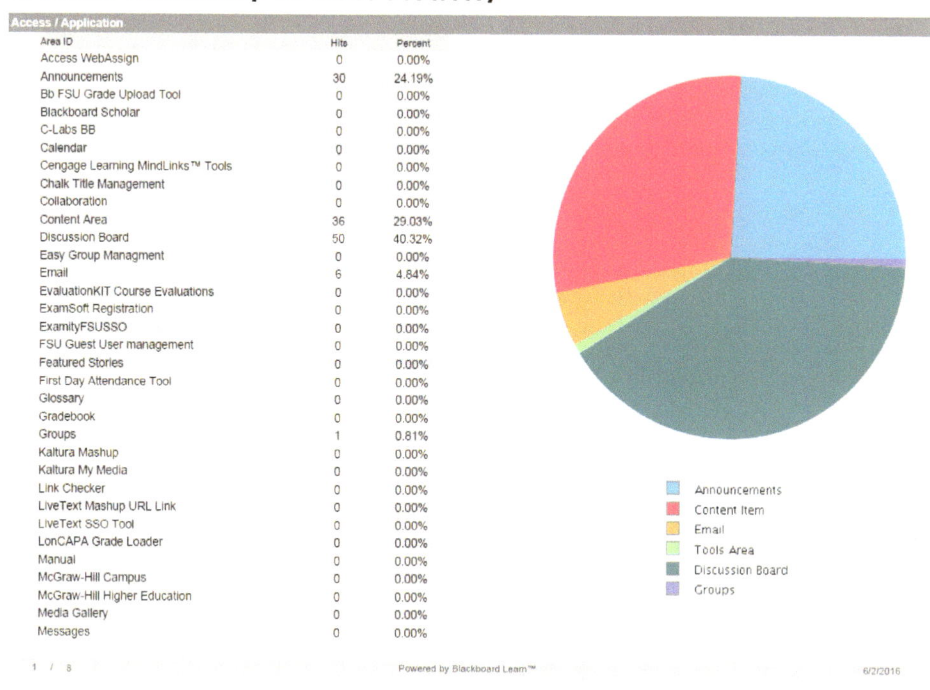

Access / Application		
Area ID	Hits	Percent
Access WebAssign	0	0.00%
Announcements	30	24.19%
Bb FSU Grade Upload Tool	0	0.00%
Blackboard Scholar	0	0.00%
C-Labs BB	0	0.00%
Calendar	0	0.00%
Cengage Learning MindLinks™ Tools	0	0.00%
Chalk Title Management	0	0.00%
Collaboration	0	0.00%
Content Area	36	29.03%
Discussion Board	50	40.32%
Easy Group Managment	0	0.00%
Email	6	4.84%
EvaluationKIT Course Evaluations	0	0.00%
ExamSoft Registration	0	0.00%
ExamityFSUSSO	0	0.00%
FSU Guest User management	0	0.00%
Featured Stories	0	0.00%
First Day Attendance Tool	0	0.00%
Glossary	0	0.00%
Gradebook	0	0.00%
Groups	1	0.81%
Kaltura Mashup	0	0.00%
Kaltura My Media	0	0.00%
Link Checker	0	0.00%
LiveText Mashup URL Link	0	0.00%
LiveText SSO Tool	0	0.00%
LonCAPA Grade Loader	0	0.00%
Manual	0	0.00%
McGraw-Hill Campus	0	0.00%
McGraw-Hill Higher Education	0	0.00%
Media Gallery	0	0.00%
Messages	0	0.00%

Abbildung 7.3: Ansicht eines Kursberichts über die Aktivitäten der Studierenden (Quelle: Florida State University 2018).

noch weit entfernt. Auf der Ebene einer Lehrveranstaltung werden unter der Überschrift Learning Analytics vor allem Häufigkeiten der Aktivitäten von Studierenden erhoben, z. B. Interaktion zwischen ihnen und angebotenem Lernmaterial oder unter Kommilitonen. Ein mögliches Interface könnte in Anlehnung an Abbildung 7.3 gestaltet sein.

Je nach Fragestellung können jedoch auch Netzwerkanalysen, die den Prozess der Interaktion von Studierenden aufzeigen, in einem Netzdiagramm visualisiert werden (siehe Abbildung 7.4).

Wenn Einflüsse zwischen Noten, Modulen und Studiengängen untersucht werden sollen, spielen neben den genutzten LMS (z. B. Moodle, ILIAS) auch die CMS der Hochschulen, insbesondere diejenigen, die das Prüfungsamt nutzt, eine zentrale Rolle. Wenn bedeutende Variablen von Studierendengruppen (z. B. Geschlecht, Abschluss, Migrationsgeschichte) sowie einzelner Studierender zusammengeführt und analysiert werden könnten, ließen sich einige interessante Fragen beantworten. Hochschulen könnten auf diese Weise u. a. ihre Zulassungsverfahren überprüfen,

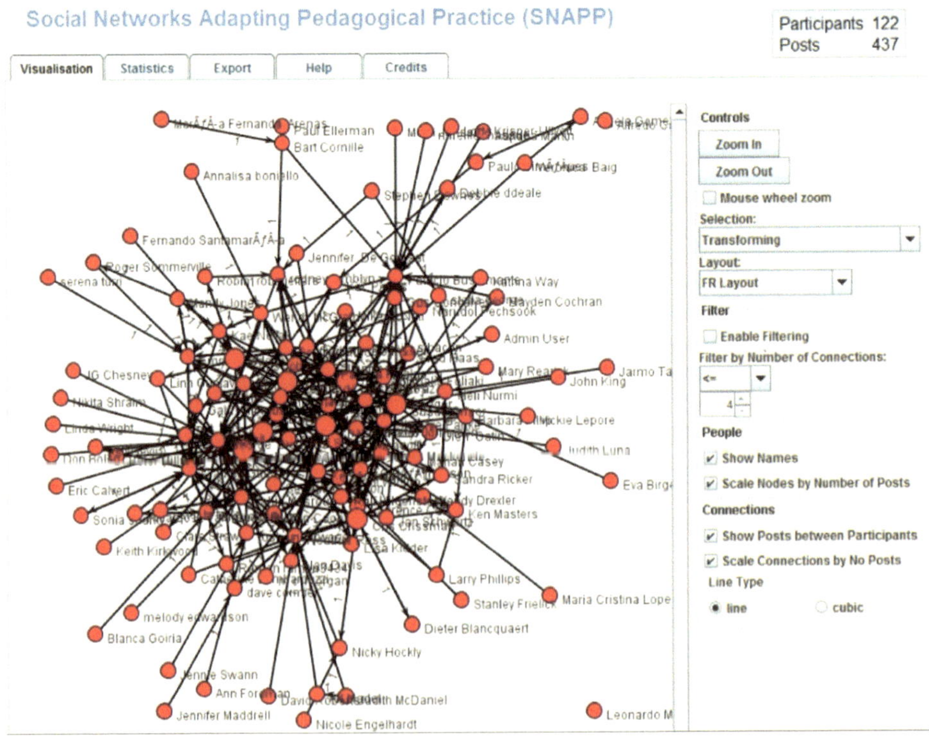

Abbildung 7.4: Visualisierung einer Analyse sozialer Netzwerke (Quelle: Panke 2010).

etwa: Lassen wir die richtigen Studierenden in einem bestimmten Studiengang zu? Was braucht ein Studieninteressierter, um das Studium der Wirtschaftswissenschaft in unserer Institution erfolgreich zu absolvieren? Welche Teilgruppen profitieren besonders von welcher Art von Unterstützung?

Das Zusammenführen einzelner Variablen kann für die Beantwortung solcher Fragen neue Möglichkeiten bieten. Kritiker geben vor dem Hintergrund aktueller Datenschutzdebatten zu bedenken, dass die Freigabe von persönlichen Daten für den eigenen Lernprozess (z. B. Feedback vom Dozierenden) oder für einen höheren Zweck (z. B. um nachfolgenden Studierenden effektive Lernsettings zu bieten) kontrovers diskutiert wird.

Praxisbeispiele im Hochschulkontext

Während im angloamerikanischen Raum bereits eine Vielzahl von entsprechenden Programmen an den Universitäten implementiert ist – und deren Wirksamkeit erforscht wurde – steckt die Anwendung von Learning Analytics im deutschsprachigen Hochschulbereich noch in den Kinderschuhen (Sclater, Peasgood, Mullan 2016). Allerdings gibt es hierzulande zunehmend Bestrebungen, innovative Szenarien auf Grundlage von Learning Analytics zu identifizieren und deren Potenziale für die deutsche Hochschullandschaft nutzbar zu machen (Ifenthaler, Mah und Yau 2017). Der konkrete Einsatz von Learning Analytics für spezifische Zielsetzungen lässt sich exemplarisch an drei Projekten aufzeigen:

Early Alert an der University of New England, Australien

Die University of New England, New South Wales in Australien, hat mehr als 18.000 Studierende, von denen viele das Studium in Teilzeit absolvieren und als Nicht-traditionelle Studierende gelten. Vor dem Einsatz von Early Alert lag die Studienabbruchsquote bei etwa 18 Prozent, was die Hochschule nicht länger hinnehmen wollte (Sclater, Peasgood, Mullan 2016, S. 33). Aus diesem Grund richtete sie Early Alert als mehrschichtiges Learning-Analytics-System mit dem Ziel ein, das Befinden der Studierenden und deren individuelle Lehr-Lern-Bedürfnisse zu ermitteln. Neben einem Abfrageportal (e-Motion), in dem Studierende online ihre aktuelle Befindlichkeit über Emoticons melden können, haben sie im Early-Alert-System zusätzlich die Möglichkeit, textbasierte Rückmeldungen über The Vibe zu geben und zugleich auch die ihrer Kommilitonen einzusehen. Alle Studierendendaten werden in der Automated Wellness Engine (AWE) zusammengeführt, in der diese zusätzlich um Daten zu „class attendance, previous study history, prior results, assignment submissions, and access patterns for the student online portal and other university websites" (Sclater, Peasgoog, Mullan 2016, S. 33) ergänzt werden. Klassifiziert nun das System die Entwicklung eines Studierenden als problematisch, wird dieser zunächst per E-Mail angesprochen und angefragt, ob

Unterstützung benötigt wird. Hilfestellungen werden dann – je nach Notwendigkeit – um Telefon- oder persönliche Beratung ergänzt. Das Early-Alert-System konnte dazu beitragen, dass nur noch 12 Prozent ihr Studium abbrachen.

MentOR an der Universität Duisburg-Essen

Das Programm MentOR (Mentoring im Orientierungspraktikum mit online-gestützter Rückmeldung) ist ein Projekt an der Fakultät für Bildungswissenschaften, das sich explizit an Lehramtsstudierende in der Studieneingangsphase richtet und ihnen auf der Basis unterschiedlicher Fremd- und Selbsteinschätzungen eine Rückmeldung zur Kompetenzentwicklung und zur Eignung für den Lehrerberuf bietet (Niemann et al. 2014). Rund um das erste Schulpraktikum im Bachelor-Lehramtsstudium geben die Studierenden eine Selbsteinschätzung zu ihren Kompetenzen vor und nach dem Praktikum ab, die um die Fremdeinschätzungen der Lehrkräfte im Praktikum und der Dozierenden des universitären Begleitseminars auf einer Online-Plattform ergänzt werden.

Die so generierten individuellen Daten von den Studierenden werden diesen dann in individuellen Kompetenzprofilen zur Verfügung gestellt. Im Rahmen von Rückmelde-gesprächen mit dem Dozierenden des Begleitseminars ermittelt dieser gegebenen-falls daraus abgeleitete Optionen für eine Beratung (Niemann et al. 2014).

Die Learning Analytics-Strategie an der Open University im Vereinigten Königreich

Die Open University ist die größte staatliche Universität in Großbritannien und Europa und basiert als Fernuniversität auf dem Supported Distant Learning System, welches einen ortsunabhängigen Zugriff auf sämtliche Studieninhalte ermöglichen soll.

Schon diese Struktur der Universität lässt auf einen möglichen Bedarf an Feedbackfor-maten auf Basis von Learning Analytics schließen, um Lehr- und Lernsettings effektiv zu gestalten. Anders als viele Hochschulen, die Learning Analytics im Rahmen eines Projekts mit einem spezifischen Fokus (Zielgruppe, Fakultät) nutzen, ist Learning Ana-lytics an der Open University in eine umfassende Gesamtstrategie eingebunden, die eine Vielzahl von Projekten mit fachspezifischem und fachübergreifendem Fokus beinhaltet. So wird u. a. das wöchentliche Arbeitspensum der Studierenden an der Open University erfasst. Weiterhin erhebt eine Längsschnittstudie online an drei Uni-versitäten die Kompetenzentwicklung der Studierenden, um hieraus Bedingungen für das Gelingen von Lehre und Lernen abzuleiten. Wie viel Peer-Unterstützung Studie-rende brauchen, wird mit qualitativen Verfahren (social network analysis, Lerntagebü-cher, Fokusgruppeninterviews) ermittelt. Die Forschungsergebnisse auf Grundlage der über Learning Analytics erhobenen Daten verweisen darauf, welches Feedback Stu-dierende bevorzugen (Nguyen et al. 2016), oder auf die möglichst lerneffektive Bereit-stellung von Selbstlernmaterial (Toetenel und Rienties 2016).

Herausforderungen und Risiken

Den vielfältigen Chancen von Learning Analytics stehen Herausforderungen und Risiken gegenüber wie Datenqualität, Datenschutz und Privatsphäre sowie Akzeptanz der Nutzergruppen (Pardo et al. 2014; Slade und Prinsloo 2013). Zunächst gibt es grundsätzlich die Schwierigkeit, die anfallende Menge an unstrukturierten Daten und Metadaten zu organisieren. Educational Data Mining ist eine Möglichkeit, die Daten für weitere Analysen zugänglich zu machen. Learning Analytics hat wiederum die Aufgabe, die Daten zu analysieren und zu visualisieren. Die Datenqualität ist aber unterschiedlich und die Warnung vor wissenschaftlich nicht begründeten Schlussfolgerungen über Lehr- und Lernprozesse wird laut. Zudem besteht die Gefahr, dass Wissen über Lehr- und Lernprozesse aufgrund von statistischen Wahrscheinlichkeiten gewonnen wird, Learning Analytics die Daten jedoch nicht interpretiert und somit wissenschaftlich unvollständig begründete Zusammenhänge hergestellt werden (Loser 2016). Learning Analytics fragt beispielsweise nicht nach den Gründen für schlechte Antworten, sondern zeigt statistisch auf, dass eine Lernschwäche bei bestimmten Antwortmustern vorhanden ist. Das sollte der Wissenschaft nicht genügen, so Loser (2016). Die Interpretation der Daten erfolgt durch menschliche Beurteilung. Diese kann sich mittels Learning Analytics auf eine Vielzahl von Daten stützen und daraus datenevidente Interventionen ableiten. Es handelt sich um eine sinnvolle Zusammenarbeit von Mensch und Maschine, um Lehr-/Lernprozesse und Lernumgebungen zu optimieren.

Aus der Perspektive der Studierenden wird häufig in populärwissenschaftlichen Debatten vor dem „gläsernen Studierenden" gewarnt. Tatsächlich konnte man noch nicht abschließend und zufriedenstellend klären, wie die Studierenden-Daten anonym bleiben können. Zudem ist fraglich, ob Studierende einen derart umfassenden Überblick über ihre Daten haben, um eine bewusste Entscheidung über Teilnahme und Datenfreigabe für die Analyse treffen zu können. Damit einhergehend ist Freiwilligkeit ein Thema, da für manche Angebote ein Zwang zur Nutzung (z. B. von E-Learning-Plattformen) besteht. Eine weitere Gefahr für Lernende besteht in einer möglicherweise entstehenden „Filter-Blase": Die Prognose von Verhaltenswahrscheinlichkeiten und personalisierte Empfehlungen begrenzen die Entwicklungsmöglichkeiten mit den Konsequenzen, dass die Kreativität unterdrückt werde sowie falsche Pfade und Scheitern, die auch Quelle des Lernens darstellen können, unwahrscheinlicher werden (Loser 2016). Denkbar sei in diesem Zusammenhang, dass wirtschaftliche und politische Interessen die Vorschläge beeinflussen, die das jeweilige System macht.

Die Gefahren für die Lehrenden an Hochschulen können aus zwei Perspektiven betrachtet werden. Erstens aus der Sicht auf die Kompetenz der Lehrenden selbst und zweitens aus der Perspektive der Lehrenden auf die Studierenden und deren

Bewertung. Betrachtet man die Kompetenz der Lehrenden, lässt sich derzeit festhalten, dass diese hinsichtlich der Möglichkeiten und Tools, die Learning Analytics bietet, besser qualifiziert sein sollten. Anders formuliert: Um Learning Analytics und KI zielführend und gewinnbringend für Hochschullehrende einzusetzen, müssen Qualifikationsformate erarbeitet und angeboten werden. Was die Beziehungen von Lehrenden zu Studierenden betrifft, bestehen die Gefahren der Kontrolle, der Stereotypisierung sowie der Leistungsbewertung durch nicht-menschliche Akteure.

Für die deutschen Hochschulen lässt sich bei einer Etablierung von Learning Analytics eine Herausforderung formulieren: Es handelt sich um die „adäquate Interpretation der Daten, da Learning Analytics zwar mit dem Engagement und der Beteiligung von Studierenden korreliert, aber noch keine Aussage darüber trifft, was Lehrende verändern sollten" (Ionica 2016). Damit wird angesprochen, dass sehr viele Daten angehäuft, weniger analysiert und noch weniger in die Praxis als konkrete Umsetzung rückgekoppelt werden. Was passiert mit den Daten, zu welchem Zweck werden sie gesammelt und unter welchen Gesichtspunkten werden sie analysiert? Das sind einige der Fragen, denen sich die Hochschulen stellen müssen. Vor dem Hintergrund, dass der Markt von Learning-Analytics-Tools stark fragmentiert ist und derzeit dringend Normen notwendig sind (Leitner et al. 2017, 380ff.), werden Standards und Datenaustauschformate immer wichtiger, die einen sicheren Transfer sensibler Daten gewährleisten. Konkret: Die Hochschulen müssen das Datenmanagement klären und einer Überwachungskultur entgegentreten.

Der Umgang mit Bildungsdaten ist bislang weitestgehend nicht reguliert, IT-Sicherheitsstandards fehlen. Datenschutzbeauftragte warnen vor den Gefahren von Big Data. Wirtschaftliche, pädagogische und ethische Bedenken über Konsequenzen werden laut, und es wird formuliert, dass gegenwärtig kaum abzuschätzen sei, welche Risiken mit Learning Analytics und KI im Hochschulbereich einhergehen (Jülicher 2015, S. 3).

Es bleibt festzuhalten, dass die Interpretation von Daten mit Learning Analytics im Hochschulbereich vor Herausforderungen steht, „die noch viel Forschung, Beratung und eine Qualifizierung für Studierende und Hochschullehrende voraussetzt. Vor allem muss das Vertrauen aller Beteiligten in die Transparenz und Sicherheit der Daten und der Prozesse hergestellt werden, auch wenn die dafür notwendigen Technologien insbesondere für die Datensicherheit längst vorhanden sind" (Ionica 2016).

Zukunftsperspektiven zum Einsatz von Learning Analytics mit KI-Bezug

Nach der Darstellung von Learning Analytics im Hochschulkontext hinsichtlich Nutzen, Tools und Techniken, Praxisbeispielen sowie Herausforderungen, sollen anknüpfend an aktuelle Projekte und Entwicklungen, nachfolgend drei Zukunftsperspektiven zum Einsatz von Learning Analytics mit KI-Bezug skizziert werden: (1) Personalisiertes Lernen, (2) automatisiertes Feedback und Beratung sowie (3) humanoide Roboter als Assistenten in der Hochschullehre.

1. Personalisiertes Lernen. Schon jetzt liegen zahlreiche elektronische Lernendendaten vor, die durch das verstärkte online Lernen und online Lehren sowie durch die Digitalisierung von Lehr- und Lernumgebungen (z. B. MOOCs, LMS) noch zunehmen werden. Mit Learning Analytics werden diese Daten verarbeitet, analysiert und visualisiert, um Lehrende eine datengestützte Grundlage zur Einschätzung von Lernenden und Ableitung von Unterstützungsmaßnahmen zu bieten. Zudem ermöglicht Learning Analytics Einblicke in Lernverhalten und Lernfortschritte, wodurch Lern- und Lehrumgebungen optimiert und Lernen personalisiert werden könnte.

Die Personalisierung von Lerninhalten ist Ziel des Projekts „HyperMind – Das antizipierende Physikschulbuch"[48] der Technischen Universität Kaiserslautern in Zusammenarbeit mit dem Deutschen Forschungszentrum für Künstliche Intelligenz (DFKI), gefördert vom Bundesministerium für Bildung und Forschung. Entwickelt werden soll ein intelligentes Physikschulbuch, das adaptiv-dynamisch Inhalte und Aktivitäten entsprechend der individuellen Kompetenzen und Bedürfnisse der Lernenden zur Verfügung stellt. Grundlage für die Aktivitätserkennung ist ein Eye-Tracker, der unter dem Display des Schulbuchs (Tablet oder Computerbildschirm) angebracht ist und die Blickposition der Lernenden erfasst. Somit wird die Verweildauer des Blicks auf den unterschiedlichen Abschnitten – z. B. Einleitung, Definitionen, Anwendungsbeispiele – während der verschiedenen Testphasen – z. B. Textlesen, Aufgabenlösen – gemessen. Diese Daten werden mit KI-Algorithmen analysiert, um Unter- und Überforderung, Lernverhalten und -fortschritte sowie Präferenzen und Lernniveaus vom Anfänger über Fortgeschrittene bis zu Expertinnen und Experten zu untersuchen.

Zukünftig vorstellbar wäre eine verstärkte Verknüpfung von Learning Analytics mit diversen Sensordaten wie Eye-Tracking für Blickposition oder Smartwatches für Pulsmessung, um vertiefte Einblicke in Lernendenverhalten zu erhalten, automatisiert adaptiv-dynamische Lerninhalte zu generieren und somit personalisiertes Lernen zu ermöglichen. Perspektivisch wäre dieses Szenario zur automatisierten Unterstützung personalisierten Lernens in verschiedenen Bildungskontexten – z. B. Schule, Hochschule und Weiterbildung – denkbar.

2. Automatisiertes Feedback und Beratung. Persönliches Feedback zum Lernprozess ist für Lernende sehr wichtig – im Hochschulkontext insbesondere im ersten Studienjahr, der sogenannten Studieneingangsphase, in dem die meisten Studienabbrüche

---

[48]   *https://www.physik.uni-kl.de/en/kuhn/forschungsprojekte/aktuelle-projekte/uedu/ hypermind/, zuletzt geprüft am 22.06.2018*

stattfinden (Heublein et al., 2017). Bei der großen Anzahl Studierender ist ein individuelles Feedback durch einen Lehrenden aus Kapazitätsgründen schwer realisierbar – genau hier könnte eine KI eingesetzt werden. Wie einleitend beschrieben, ist ein Ziel von Learning Analytics das Feedback zu Lernperformance und -aktivität in Echtzeit. Das Course-Signals-System der Purdue University (USA) zeigt Studierenden und Lernenden Erfolgswahrscheinlichkeiten auf Kursebene anhand eines Ampelsystems an – grün: hohe Erfolgswahrscheinlichkeit, gelb: mittlere Erfolgs-/Misserfolgswahrscheinlichkeit, rot: hohe Misserfolgswahrscheinlichkeit (Pistilli und Arnold 2010). Feedback in Echtzeit mittels Learning Analytics gewinnt an Bedeutung, da das Angebot an Online-Kursen zunimmt, wenngleich Abbruchraten bei Online-Kursen besonders hoch sind. Auch in Online-Kursen sollten Lernende möglichst frühzeitig und regelmäßig Feedback zu ihren Lernfortschritten erhalten. In diesem Rahmen sind Beratungsangebote, wie beispielsweise allgemeine Studienberatung, Studienorientierung und Mentoring wichtige Aspekte eines Studiums.

Die Kiron Open Higher Education gmbH[49] bietet seit 2015 ein Online-Studienprogramm für Geflüchtete an, um gleitende Zugänge zur Hochschulbildung zu ermöglichen. In Kooperation mit derzeit 56 Partnerhochschulen bietet Kiron ein „Blended Learning 2.0"-Bildungsmodell an. Bis zu zwei Jahre kann ein Onlinestudium von den geflüchteten Personen absolviert werden, daran anschließend erfolgt an einer Partnerhochschule zwei Jahre lang ein Präsenzstudium. Derzeit sind mehr als 3.300 Studierende auf der Kiron-Plattform registriert. Neben den fünf Fachbereichen (Business and Economics, Mechanical Engineering, Computer Science, Political Science und Social Work) werden Beratungs- und Unterstützungsangebote im Rahmen eines Beratungsnetzwerks offeriert. Um die Maßnahmen in der Orientierungsphase möglichst effizient zu gestalten, werden digitale Beratungsangebote eingesetzt, wie ein Self-Assessment-Tool zur Entscheidungsfindung, ein Onboarding-MOOC für zugelassene Studierende zur Information über erste Schritte auf der Kiron-Lernplattform und Live-Online-Sessions. Perspektivisch sollen durch vermehrte Automatisierung noch mehr Menschen mit digitalen Angeboten erreicht werden.

Zukünftig denkbar wären hier automatisierte personalisierte Beratungsangebote auf Basis von aufbereiteten Lernendendaten mittels Learning Analytics. Hierbei wäre es vorstellbar, dass KI-Algorithmen aus den existierenden Daten lernen, Muster zu erkennen und Beratungsbedarfe klassifizieren. Eine Automatisierung von Betreuungs- und Beratungsprozessen mittels KI-Einsatz, beispielsweise bei Standardfragen, würde mehr Freiraum für individuelle Gespräche und Beratung durch Dozierende und Beratungspersonal ermöglichen.

---

[49]   *https://kiron.ngo/wp-content/uploads/2017/02/2017-09-25_INTEGRAL%C2%B2_Broschu%CC%88re_Abschlussveranstaltung.pdf, zuletzt geprüft am 13.07.2018*

3. Humanoide Roboter als Assistenten in der Hochschullehre. Die Digitalisierung der Hochschulbildung erfordert neue digitale Lehr- und Lernszenarien. Die Methode „Inverted Classroom" (auch „Flipped classroom" genannt) bezeichnet die Methode des umgedrehten Unterrichts. Lehrinhalte werden digital in Form von MOOCs, Lernvideos, Lernmaterialien und Tests auf Onlineplattformen zur Verfügung gestellt und ortsunabhängig eigenständig zur Vorbereitung auf die Präsenzveranstaltung erarbeitet. Die Präsenzveranstaltung wird für Vertiefungen, gemeinsames Üben, diskutieren und kollaboratives Arbeiten genutzt. Kollabroatives Arbeiten ist jedoch betreuungsintensiv – und mit wenig Lehrenden und vielen Studierenden eine Herausforderung. Wie könnten hier humanoide Roboter (charakterisiert durch menschliche Form und menschliches Verhalten) als Assistenten die Lehrenden unterstützen? Genau diese Frage wird in dem vom Bundesministerium für Bildung und Forschung geförderten Projekt „H.E.A.R.T. (Humanoid Emotional Assistant Robots in Teaching)"[50] an der Philipps-Universität Marburg erforscht. Der humanoide Roboter „Pepper"[51] wird als Assistent in Lehrveranstaltungen an der Philipps-Universität Marburg eingesetzt, z. B. um Aufgaben zu stellen, Quizze durchzuführen und auf Fragen der Studierenden zu antworten. Pepper ist auf menschliche Aktionen und Reaktionen programmiert und somit prädestiniert für Mensch-Maschine-Kommunikation und Mensch-Maschine-Beziehung. Technisch möglich ist dies durch maschinelle Spracherkennung (mehrere Sprachen), Sprachsynthese, natürlich-sprachlicher Dialogfähigkeit, verbale Kommunikation über Gestik, Blickkontakt und Körperhaltung sowie Gesichtserkennung. Das eingebaute Tablet ermöglicht zudem den Einsatz für Lehr- und Präsentationsaufgaben.

Perspektivische Anknüpfungspunkte zu Learning Analytics könnten der Einsatz humanoider Roboter als individuelle Lern- und Beratungsassistenten auf Basis der analysierten Lernendendaten sein (z. B. aus den Online-Tests zur Vorbereitung auf die Präsenzveranstaltung) oder die persönliche Unterstützung von automatisch identifizierten Studierendengruppen (z. B. hinsichtlich Interesse und Lernniveau) auf elektronisch verfügbarer Datengrundlage.

Fazit und Ausblick

Learning Analytics birgt ein großes Potenzial zur Optimierung von Lehr- und Lernprozessen, denn datenbasierte Erkenntnisse bieten vielfältige Vorteile für alle Beteilig-

---

[50] *https://www.project-heart.de/, zuletzt geprüft am 13.07.2018*

[51] *https://cdn.website-start.de/proxy/apps/a1tvb2/uploads/gleichzwei/instances/3A26FA88-E7D9-41CA-BB2F-DBE354A2A784/wcinstances/epaper/a735bb42-2925-4a06-be47-1a2f50374bee/pdf/heart_peppers_f%C3%A4higkeiten_broschuere_gro%C3%9F.pdf, zuletzt geprüft am 13.07.2018*

ten. Für Hochschulen ist Learning Analytics interessant und vielversprechend, um Risikostudierende frühzeitig zu identifizieren und Studienerfolg zu fördern. Wie deutsche Hochschulen von internationalen Erfahrungen mit Learning Analytics profitieren können, wird derzeit erforscht (Ifenthaler et al. 2017). Für die Bewertung der Ergebnisse eignen sich die bereits existierenden Projekte wie MentOR an der Universität Duisburg-Essen. Dennoch bleibt festzuhalten: In Deutschland steht der Einsatz von Learning Analytics noch am Anfang. Das wiederum bietet „die Chance – frühzeitig und im Dialog mit allen Beteiligten – tragfähige Strategien im Umgang mit der Verknüpfung, Auswertung und Analyse von Bildungsdaten zu entwickeln" (Jülicher 2015, S. 3).

Abschließend ist zu betonen, dass die Zukunft von Learning Analytics in einer fundierten, ganzheitlichen Betrachtungsweise durch interdisziplinäre Ansätze und Forschungsdisziplinen liegt, die nicht nur Häufigkeiten (z. B. Logins im LMS, Anzahl von Foreneinträgen und Gruppendiskussionen, fristgerechte Bearbeitung von Assessments) zählen, sondern diese mit Inhalten verknüpfen. Die Verbindung von Lehr- und Lernforschung, Informatik und Statistik sowie die Einbindung einer ethischen Perspektive sind folglich essentiell (Ifenthaler und Schuhmacher 2016). Wichtige Fragen beziehen sich vor allem auf den Datenschutz und die Privatsphäre, den transparenten Umgang mit Learning Analytics und Informationen für alle beteiligten Nutzergruppen. Hierbei sollte verstärkt die Interpretation der Daten im Fokus stehen, die von den menschlichen Nutzern zu leisten ist. Die Relevanz menschlicher Präsenz und Urteilskraft ist somit elementar im Bildungskontext, wenngleich die Datenaufbereitung mittels Learning Analytics sowie zukünftige Entwicklungen mit KI-Bezug Lehren und Lernen unterstützen können. Perspektivisch denkbar ist die Verarbeitung von Lernendendaten auf Basis von deep learning (siehe Einleitung zu Kapitel Technologie „Entwicklungswege zur KI"). Die Einbettung von Learning Analytics in ein verantwortungsvolles Change-Management an Hochschulen zählt darüber hinaus zu den zentralen Aufgaben ebenso wie die Fragen nach ihrer Nachvollziehbarkeit (Ferguson und Clow 2017). Es bedarf weiterer Forschung zum Zusammenhang von Learning Analytics und Entwicklungen in der KI. Der NMC Horizon Report 2017 betrachtet KI als wichtigen lehr- und lerntechnologischen Bestandteil für den Hochschulbereich im Zeithorizont von vier bis fünf Jahren (Adams Becker et al. 2017). Da Lernen und Lehren vermehrt online stattfindet und Hochschulen zunehmend Datenmengen von studentischen Lernaktivitäten sammeln, können sich vielversprechende Perspektiven von Learning Analytics und KI ergeben, die es beispielsweise im Sinne des personalisierten Lernens weiter zu verfolgen, zu erforschen und zu entwickeln gilt.

Literatur

Adams Becker, S.; Cummins, M.; Davis, A.; Freeman, A.; Hall Glesinger, C.; Anathanarayanan, V. (2017): NMC Horizon Report 2017 Higher Education Edition. Austin, Texas: The New Media Consortium. Online verfügbar unter http://cdn.nmc.org/media/2017-nmc-horizon-report-he-EN.pdf, zuletzt geprüft am 05.05.2017.

Arnold, K. (2010): Signals: Applying academic analytics: EDUCAUSE Quarterly (33).

Arnold, K.; Pistilli, M. D. (Hrsg.) (2012): Course signals at Purdue: using learning analytics to increase student success. 2nd International Conference on Learning Analytics and Knowledge. Vancouver, BC, Canada, 29th-May 2nd. New York.

BMBF (2012): Perspektive MINT. Wegweiser für MINT-Förderung und Karrieren in Mathematik, Informatik, Naturwisenschaften und Technik. Online verfügbar unter https://www.bmbf.de/pub/perspektive_mint.pdf, zuletzt geprüft am 04.06.18.

Cormier, D.; Siemens, G. (2010): The open course. Through the open door: Open courses as research, learning and engagement. In: EDUCAUSE Review 45 (4), S. 30–39. Online verfügbar unter https://oerknowledgecloud.org/sites/oerknowledgecloud.org/files/ERM1042[1].pdf, zuletzt geprüft am 04.06.18.

Elias, Tanya (2011): Learning Analytics: Definitions, Processes and Potential. Online verfügbar unter https://landing.athabascau.ca/file/download/43713, zuletzt geprüft am 05.06.2018.

Ferguson, R.; Clow, D. (Hrsg.) (2017): Where is the evidence? A call to action for learning analytics. LAK '17 Proceedings of the Seventh International Learning Analytics & Knowledge Conference. the Seventh International Learning Analytics & Knowledge Conference. Vancouver, BC, Canada, March 13-17: ACM.

Florida State University (2018): How do I track student activity in my course? (671). Online verfügbar unter https://support.campus.fsu.edu/kb/article/671-how-do-i-track-student-activity-in-my-course/, zuletzt geprüft am 05.06.2018.

Greller, W.; Drachsler, H. (2012): Translating learning into numbers: A generic framework for learning analytics. In: Educational Technology & Society 15 (3), S. 42–57. Online verfügbar unter https://pdfs.semanticscholar.org/d1bd/219962defaeb326c3b51fb4fb1086c5b7b28.pdf, zuletzt geprüft am 04.06.2018.

Heublein, U., Ebert, J., Hutzsch, C., Isleib, S., König, R., Richter, J., Woisch, A. (2017). Zwischen Studienerwartungen und Studienwirklichkeit, Ursachen des Studienabbruchs, beruflicher Verbleib der Studienabbrecherinnen und Studienabbrecher und Entwicklung der Studienabbruchquote an deutschen Hochschulen. Hannover: DZHW.

HijonmR.; Carlos, R .: E-Learning platforms analysis and development of students tracking functionality. In: Proceedings of the 18th World Conference on Educational Multimedia, Hypermedia & Telecomunications, S. 2823–2828.

Ifenthaler, Dirk (2015): Learning Analytics in: The SAGE encyclopedia of educational technology. 2, S. 447–451.

Ifenthaler, Dirk; Mah, Dana-Kristin; Yau, Jane Yin-Kim (2017): Studienerfolg mittels Learning Analytics. e-teaching.org. Online verfügbar unter https://www.e-teaching.org/etresources/pdf/erfahrungsbericht_2017_ifenthaler-et-al_studienerfolg-mittels-learning-analytics.pdf, zuletzt geprüft am 05.06.18.

Ifenthaler, Dirk; Schuhmacher, Clara (2016): Learning analytics im Hochschulkontext. In: WIST 45 (4), S. 176–181. DOI: 10.15358/0340-1650-2016-4-176.

Ifenthaler, Dirk; Widanapathirana, Chathuranga; Springer. (2014): Development and Validation of a Learning Analytics Framework. Two Case Studies Using Support Vector Machines. In: Technology, knowledge and Learning 19 (1-2), S. 221–240. DOI: 10.1007/s10758-014-9226-4.

Ionica, Lavina (2016): Learning Analytics in der Hochschullehre. Hg. v. Hochschulforum Digitalisierung. Online verfügbar unter https://hochschulforumdigitalisierung.de/de/blog/learning-analytics-hochschullehre, zuletzt geprüft am 30.05.2018.

Johnson, L.; Adams Becker, S.; Cummins, M.; Estrada, V.; Freeman, A.; Hall, C. (2016): NMC Horizon Report: 2016 Higher Education Edition. Hamburg: Multimedia Kontor Hamburg. Online verfügbar unter https://www.mmkh.de/fileadmin/dokumente/Publikationen/2016-nmc-horizon-report-he-DE.pdf, zuletzt geprüft am 04.06.18.

Jülicher, Tim (2015): Big Data in der Bildung. Learning Analytics, Educational Data Mining und Co. In: ABIDA-Dossier.

Kellen, V.; Recktenwald, A.; Burr, S. (2013): Applying Big Data in Higher Education: A Case Study. 13. Aufl. Hg. v. Cutter Consortium (8). Online verfügbar unter https://www.cutter.com/article/applying-big-data-higher-education-case-study-400836, zuletzt geprüft am 05.06.2018.

Leitner, Philipp; Ebner, Martin; Erpenbeck, John; Sauter, Werner (2017): Learning Analytics in Hochschulen. In: Handbuch Kompetenzentwicklung im Netz. Bausteine einer neuen Lernwelt. Stuttgart: Schäffer-Poeschel Verlag, S. 371–383.

Loser, Kai-Uwe (2016): Pro und Contra: Positionen zu Learning Analytics. Hg. v. e-teaching. org. Online verfügbar unter https://www.e-teaching.org/community/meinung-old/pro_con_learning_analytics/index_html, zuletzt aktualisiert am 17.06.2016, zuletzt geprüft am 30.05.2018.

Mah, Dana-Kristin (2016): Learning Analytics and Digital Badges. Potential Impact on Student Retention in Higher Education. In: Technology, knowledge and Learning 21 (3). New York: Springer. Online verfügbar unter http://dx.doi.org/10.1007/s10758-016-9286-8, zuletzt geprüft am 22.06.2018.

Merceron, Agathe; Bilkstein, Paulo; Siemens, George (2015): Learning Analytics: From Big Data to Meaningful Data. In: Journal of Learning Analytics 2 (3), S. 4–8. Online verfügbar unter https://files.eric.ed.gov/fulltext/EJ1127050.pdf, zuletzt geprüft am 05.06.18.

Nguyen, Quan; Tempelaar, Dirk; Rienties, Bart; Giesbers, Bas (2016): What learning analytics based prediction models tell us about feedback preferences of students. In: The Quarterly Review of Distance Education Band 17 (Ausgabe 3), S. 13–33. Online verfügbar unter

https://www.researchgate.net/publication/309232936_What_learning_analytics_based_
prediction_models_tell_us_about_feedback_preferences_of_students, zuletzt geprüft am
22.6.18.

Niemann, Julia; Neu-Clausen, Maike; Hoffmann, Rüdiger (2014): Die Mentoringprogramme
der Fakultät für Bildungswissenschaften. Projektbericht 2011-2014. Hg. v. Universität
Duisburg-Essen, Fakultät für Bildungswissenschaften. Online verfügbar unter https://
www.uni-due.de/imperia/md/images/zfh/mentoring-tutorien/bildungswissenschaften_m%
C3%A4rz_2015.pdf, zuletzt geprüft am 22.6.18.

Panke, Stefanie (2010): 'Web XXO' – Week Three of PLENK2010 on Emerging Technologies.
In: etcjournal (a journal for educational technology & change). Online verfügbar unter
https://etcjournal.com/2010/09/29/web-xxo-%e2%80%93-week-three-of-plenk2010-on-
emerging-technologies/, zuletzt geprüft am 22.06.2018.

Pardo, Abelardo; Siemens, George; Wiley-Blackwell (2014): Ethical and Privacy Principles for
Learning Analytics. In: Br J Educ Technol 45 (3), S. 438–450. Online verfügbar unter http://
dx.doi.org/10.1111/bjet.12152, zuletzt geprüft am 22.06.2018.

Pistilli, Matthew D.; Arnold, Kimberly E. (2010): In practice. Purdue Signals: Mining real-time
academic data to enhance student success. In: About Campus 15 (3), S. 22–24. DOI:
10.1002/abc.20025.

Scheffel, Maren; Drachsler, Hendrik; Specht, Marcus (Hrsg.) (2015): Developing an evaluation
framework of quality indicators for learning analytics. the Fifth International Conference.
Poughkeepsie, New York, 16.03.2015 - 20.03.2015. New York, New York, USA: ACM
Press.

Sclater, Niall; Mullan, J. (2017): Learning analytics and student success - assessing the
evidence. Hg. v. Jisc. Online verfügbar unter http://repository.jisc.ac.uk/6560/1/learning-
analytics_and_student_success.pdf, zuletzt geprüft am 22.06.2018.

Sclater, Niall; Peasgood, A.; Mullan, J. (2016): Learning Analytics in Higher Education. A
review of UK and international practices. Full report. Hg. v. Jisc. Jisc. Bristol. Online
verfügbar unter https://www.jisc.ac.uk/sites/default/files/learning-analytics-in-he-v3.pdf,
zuletzt geprüft am 22.06.2018.

Sin, Katrina; Muthu, Loganathan (2015): Application of Big Data in educational Data Mining
and Learning Analytics. A literature review. In: Journal of Soft Computing: Special Issue on
Soft Computing Models for Big Data 5 (4), S. 1035–1049. Online verfügbar unter http://
ictactjournals.in/paper/IJSC_V5_I4_paper6_1035_1049.pdf, zuletzt geprüft am
22.06.2018.

Slade, Sharon; Prinsloo, Paul (2013): Learning Analytics. Ethical Issues and Dilemmas. In:
American Behavioral Scientist 57 (10), S. 1510–1528. DOI: 10.1177/0002764213479366.

Toetenel, Lisette; Rienties, Bart (2016): Analysing 157 learning designs using learning analytic
approaches as a means to evaluate the impact of pedagogical decision-making. In: British
Journal of Educational Technology Volume 47 (Issue 5), S. 981–992. Online verfügbar

unter https://onlinelibrary.wiley.com/doi/pdf/10.1111/bjet.12423, zuletzt geprüft am 22.06.2018

Verbert, Katrien; Duval, Erik; Klerkx, Joris; Govaerts, Sten; Santos, José Luis (2013): Learning Analytics Dashboard Applications. In: American Behavioral Scientist 57 (10), S. 1500–1509. DOI: 10.1177/0002764213479363.

Zhang, H.; Almeroth, K. (2010): Moodog: Tracking Student Activity in Online Course Management Systems. In: Journal of Interactive Learning Research 21 (3), S. 407–429.

8. Perspektiven der KI in der Medizin

Stephan Krumm, Anne Dwertmann

Gesellschaftliche Entwicklungen, wie steigende Patientenzahlen, aber auch der technische Fortschritt und die daraus resultierende Datenflut, stellen Medizinerinnen und Mediziner und Forschende vor neue Herausforderungen. Das medizinische Wissen wächst in einer nie dagewesenen Geschwindigkeit und überholt sich innerhalb kurzer Zeit. Doch diese Herausforderungen beinhalten zugleich auch neue Chancen.

Die Anwendung von Verfahren der KI kann dazu beitragen, dieses Wissen nutzbar zu machen und in der immer komplexer werdenden medizinischen Praxis unterstützend wirken. Diese Erkenntnis ist nicht neu: Die Medizin wurde schon vor Jahrzehnten als eines der ersten praktischen Anwendungsfelder von KI benannt. Algorithmen mit den kryptischen Namen PUFF (Aikins et al. 1983) oder CADUCEUS (Banks 1986) bildeten die Grundlage für die ersten kommerziellen KI-Produkte Ende der 1980er Jahre, wie beispielsweise der Diagnosedatenbank „Diagnosis" (Ärzte-Verlag 1989).

Fortschritte im Bereich des tiefen Lernens (Deep Learning, DL) haben in den vergangenen Jahren zahlreiche technologische Entwicklungen in der Medizin angestoßen, und eine Vielzahl von Unternehmen und Wissenschaftlern hat sich dem Feld der KI zugewandt. Gleichwohl sind frühere KI-Technologien schon seit vielen Jahren auch in Deutschland in der klinischen Anwendung etabliert. Sogenannte Expertensysteme und hier im Speziellen wissensbasierte Systeme sind fester Bestandteil der täglichen Arbeit in der ambulanten und stationären Versorgung. Genutzt werden solche Anwendungen beispielsweise für die Sicherheit in der Arzneimitteltherapie, um Kontraindikationen oder Wechselwirkungen zwischen verschiedenen Medikamenten zu vermeiden, und im Bereich der korrekten Diagnose- und Behandlungscodierung. Das Wissen darum ist jedoch noch wenig verbreitet, und dementsprechend gering ist das Vertrauen in der Bevölkerung: 61 Prozent von rund 1.000 im Rahmen einer Online-Studie Befragten würden sich auf eine Diagnose verlassen, die ein Arzt mit Computer-Unterstützung erstellt hat. Wenn ein Befund ausschließlich vom Computer stammt – beispielsweise durch eine KI-Anwendung –, wären lediglich 12 Prozent der Befragten nicht skeptisch (siehe Abbildung 8.1).

Ungeachtet dieses Stimmungsbildes ist es sehr wahrscheinlich, dass sich KI-Technologien in der Patientenversorgung künftig deutlich stärker etablieren werden. Allerdings gilt es noch einige Hürden zu überwinden, wie beispielsweise die noch bestehenden Herausforderungen im Umgang mit großen komplexen und unstrukturierten

V. Wittpahl (Hrsg.), *Künstliche Intelligenz*,
DOI 10.1007/978-3-662-58042-4_10, © Der/die Autor(en) 2019

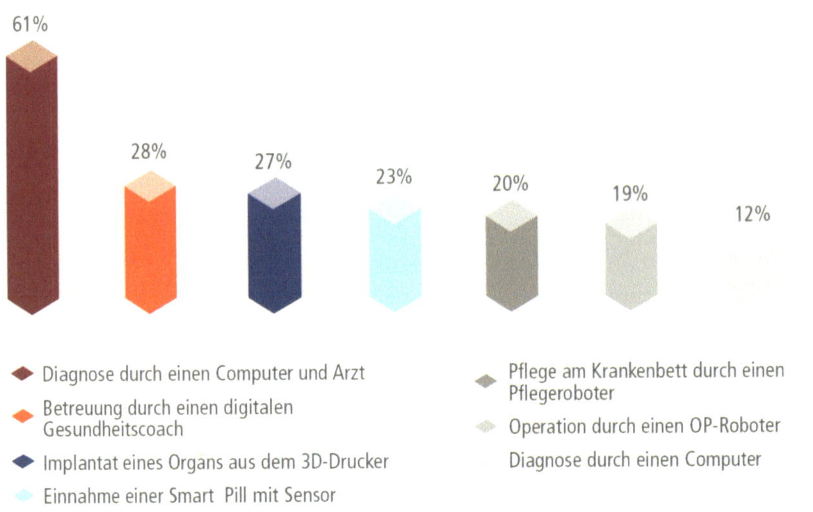

Abbildung 8.1: Persönliche Bereitschaft zu künftigen Möglichkeiten im Gesundheitswesen (Auswahl). Befragt wurden 1013 Personen aus ganz Deutschland, repräsentativ für Alter (16 +) und Geschlecht; Onlinebefragung (Darstellung angelehnt an BearingPoint GmbH, 2017).

Datenmengen zu bewältigen. Für eine flächendeckende Verbreitung von praktischen KI-Anwendungen in Deutschland müssen zudem kluge Datenschutzlösungen gefunden und Berührungsängste von medizinischem Fachpersonal sowie von Patienten abgebaut werden.

Datenwachstum – die zentrale Herausforderung

Auch wenn Prognosen zur Abschätzung des künftigen globalen Datenvolumens schwierig sind und sich teilweise unterscheiden, ist der Trend deutlich: Durch verbesserte oder neue Technologien wird sich die Datenmenge exponentiell erhöhen (Reinsel et al. 2017, Schlömer 2016). Das gilt auch für den medizinischen Bereich. Hier tragen verbesserte, höher auflösende Verfahren in der Bildgebung ebenso dazu bei wie eine zunehmende Dokumentation von gesundheitsrelevanten Informationen durch medizinisches Personal und durch die Patienten selbst. Diese sogenannte digitale Selbstvermessung (quantified self) erfolgt beispielsweise mit Fitness-Trackern und Smartwatches oder mit immer häufiger eingesetzter Sensorik in alltäglichen Gegenständen wie Waage, Zahnbürste oder Insulin-Pen.

Mit dem exponentiellen Datenwachstum geht eine vergleichsweise moderatere Zunahme der Anzahl wissenschaftlicher Veröffentlichungen einher. So wurden im

Jahr 2014 ca. 2,5 Millionen durch Peer-Reviews beurteilte Artikel in Fachzeitschriften publiziert. Die Anzahl von veröffentlichten Artikeln und Fachzeitschriften ist über die letzten Jahrzehnte durchschnittlich um drei Prozent jährlich gewachsen; ein Großteil dieser Veröffentlichungen entsteht im medizinischen Bereich (Ware und Mabe 2015). Grund dafür ist eine generelle Expansion des Wissenschaftsbetriebs und demzufolge eine steigende Anzahl an Wissenschaftlerinnen und Wissenschaftlern.

Es ist anzunehmen, dass zwar mit einer Vervielfachung der verfügbaren Daten zu rechnen ist, das daraus tatsächlich abgeleitete Wissen in Form von Publikationen jedoch moderater wachsen wird. Die fortschreitende Vernetzung und der bessere Austausch der wissenschaftlichen Ergebnisse wird jedoch – wie bereits in den vergangenen Jahrzehnten – dazu führen, dass immer mehr Wissen individuell verfügbar sein wird. Das bedeutet allerdings, dass der Einzelne kaum mehr dazu in der Lage sein wird, stets auf der Höhe des aktuellen Wissensstands zu handeln.

Das medizinische Wissen hat schon jetzt einen Umfang erreicht, der es den Ärzten sowie dem Personal medizinischer Einrichtungen fast unmöglich macht, immer auf dem Laufenden zu bleiben. Für Ärzte ist es schwierig, sämtliche Behandlungsstrategien und deren Anwendungsfälle gleichermaßen zu kennen und anzuwenden. Hinzu kommt, dass mit der schnellen Vermehrung des medizinischen Wissens vermeintliche Gewissheiten von heute auf morgen veralten können. Abhilfe könnten KI-gestützte Programme schaffen, welche anhand von selbstlernenden Algorithmen stets die neuesten Erkenntnisse einbeziehen.

Übung macht den Meister: maschinelles und tiefes Lernen

Die immensen Fortschritte der KI in den vergangenen Jahren beruhen im Wesentlichen auf einer Kombination des überwachten Lernens (Supervised Learning) mit der Nutzung von Ansätzen des tiefen Lernens. In diesem Zusammenspiel wird ein Trainingsdatensatz als Ausgangsbasis für die Optimierung eines Algorithmus verwendet. Je größer der zugrundeliegende Datensatz, desto präziser kann der Algorithmus arbeiten. Dabei werden KI-Methoden insbesondere im Bereich der Analyse von großen unstrukturierten und schnelllebigen Daten (Big Data) große Hoffnungen zugeschrieben. KI kann also dazu beitragen, große Datenmengen hinsichtlich statistischer Zusammenhänge zu untersuchen, und somit helfen, neue wissenschaftliche Erkenntnisse zu gewinnen – beispielsweise zur Vorhersage von Therapieauswirkungen, als klinische Entscheidungshilfe und in der Überwachung der Medikamentensicherheit (Lee und Yoon 2017). Bisher steht jedoch die hierfür notwendige bioinformatische Auswertung und praktische Nutzung komplexer Datenmengen noch ziemlich am Anfang. So kann zwar das menschliche Erbgut für weniger als 1.000 US-Dollar sequenziert werden, aber nur ein Bruchteil der dabei anfallenden riesigen Datenmengen lässt sich bisher im Zusammenhang mit einer Krankheit richtig interpretieren und im Sinne einer personalisierten

Medizin zur Diagnose bzw. Behandlung der Patienten nutzen. Über verschiedene DL-Ansätze sollen hier die Ausgangsqualität der erhobenen Genomdaten (FDA 2016) sowie deren Interpretation (Beyer 2016) verbessert werden.

Eine immer noch bestehende Hürde bei der Verknüpfung von großen Datenmengen beispielsweise aus Patientenakten ist die mangelnde Qualität der Erhebung bzw. Klassifizierung der Daten. Somit gibt es bislang nur exemplarische Nachweise, dass die Nutzung von Big-Data-Technologien in der Klinik einen praktischen Vorteil hat. Eine regelhafte Anwendung im klinischen Alltag ist noch weit entfernt. Allerdings wird KI in Verbindung mit DL nicht nur bei Big-Data-Analysen, sondern auch einer Vielzahl weiterer potenzieller medizinischer Anwendungen diskutiert. Dies betrifft den gesamten Behandlungspfad, von der Krankheitsprävention, über frühe Diagnose, Behandlung und Therapie bis hin zur Nachsorge.

Radiologie: KI im Vier-Augen-Prinzip

In der medizinischen Bildgebung wird schon seit mehreren Jahrzehnten auf sogenannte Expertensysteme zurückgegriffen. Im Englischen ist dabei häufig die Rede von computer aided detection und computer aided diagnosis (CAD). Die bibliografische Referenzdatenbank PubMed listet dazu Studien beginnend ab den 1970er Jahren auf. Diese Computerprogramme unterstützen die Radiologen bei der Interpretation der Bilddaten. Computertomografische Bilddaten können aus mehreren Tausend Einzelaufnahmen bestehen; einen Befund zu erstellen, kann die Radiologin bzw. den Radiologen daher unter Umständen viel Zeit kosten. Weil dies zudem eine sehr hohe Konzentration erfordert, können sich schnell Flüchtigkeitsfehler in die Arbeit einschleichen.

CAD unterstützt die Radiologen in diesen Fällen mittels Mustererkennung dabei, relevante Einzelaufnahmen zu identifizieren und auf Auffälligkeiten hinzuweisen. Es hat sich als praktisch erwiesen, mit CAD das klassische „Vier-Augen-Prinzip" zu simulieren: Der Radiologe wertet zunächst die Aufnahmen aus, und im Anschluss prüft der Computer mittels eines Algorithmus, welche Bildausschnitte zusätzlich näher gesichtet werden sollten (Castellino 2005).

Der größte Unterschied dieser inzwischen gängigen Praxis zu den aktuellen Entwicklungen im Bereich DL ist, dass Menschen die solchen Expertensystemen zugrunde liegenden Algorithmen programmierten und diese somit nur einen bestimmten Komplexitätsgrad erreichen konnten. DL ermöglicht es nun, dass der Algorithmus aus jedem analysierten Datensatz automatisch Erkenntnisse extrahiert, die in die Analyse des nächsten Datensatzes einfließen. Sensitivität und Spezifität der Ergebnisse werden auf diese Weise kontinuierlich optimiert. In erster Linie dienen diese neuen Entwicklungen jedoch der Effizienzsteigerung und Verkürzung der notwendigen Zeit, die die Ärztin oder der Arzt zur Diagnose und Therapie benötigt.

Wie dynamisch die Entwicklungen in diesem Bereich aktuell verlaufen, zeigt ein Beispiel aus den USA: Am 26. September 2017 veröffentlichten die National Institutes of Health (NIH) einen von Radiologen annotierten Datensatz aus 112.120 anonymisierten Röntgen-Thoraxübersichtsaufnahmen mit 14 verschiedenen Pathologien wie Pneumonie, Pneumothorax oder Fibrose. Diese Veröffentlichung war verbunden mit dem Aufruf an die wissenschaftliche Gemeinschaft, entsprechende Analysealgorithmen (auf Basis von KI) zu entwickeln (Summers 2017). Bereits weniger als zwei Monate später stellte ein Team der Universität Stanford einen auf Basis von tiefem Lernen entwickelten Algorithmus vor, der alle 14 verschiedenen Pathologien erkennen konnte. Und er war nicht nur besser als die bis dahin veröffentlichten Algorithmen, sondern erzielte in einem Vergleichstest am Beispiel der Erkrankung Pneumonie auch bessere Ergebnisse als vier Radiologen, die jeweils unabhängig voneinander insgesamt 420 Aufnahmen auf Hinweise dieser Krankheit ausgewertet hatten (Standford University 2017). Die NIH planen, in absehbarer Zeit einen solchen Datensatz auch für den Bereich der Computertomografie zur Verfügung zu stellen (Summers 2017).

Die Anwendungsmöglichkeiten von KI in der Radiologie sind jedoch nicht auf die Markierung von derartigen Auffälligkeiten beschränkt. Sobald bei einem Patienten beispielsweise ein Tumor oder eine Läsion identifiziert wird, erfolgt dessen bzw. deren Vermessung. Neben der Größe und dem Volumen werden dabei auch die Konsistenz und die Struktur bestimmt. Eine solche Vermessung, die der Radiologe manuell ausführt, ist aufwendig, da unter anderem die Gewebegrenzen in jedem Schnittbild genau bestimmt werden müssen, um später die Größe errechnen zu können. Es liegt auf der Hand, dass sich solche Tätigkeiten mit KI-Methoden automatisieren lassen.

DL-Algorithmen können zudem dazu beitragen, die Entwicklung einer Krankheit zu analysieren. So ist es schon heute möglich, dass Programme aus der elektronischen Patientenakte die radiologischen Aufnahmen aus dem Archiv und zugleich das entsprechende aktuelle Schnittbild automatisiert aufrufen, sodass der Radiologe die Bilder vergleichen kann. Auch kann die Software diese Bilder komfortabel skalieren und ausrichten.

Mithilfe von KI lässt sich auch der gesamte klinische Arbeitsablauf optimieren. Durch eine automatisierte Auswertung der anfallenden Bilddaten nach Auffälligkeiten lassen sich beispielsweise Patienten mit akutem Behandlungsbedarf schneller identifizieren und durch den Computer entsprechend priorisieren. Zudem ist denkbar, dass der KI-Algorithmus die Daten auch nach Auffälligkeiten untersucht, die mit den vorgetragenen Beschwerden der Patienten nicht direkt in Zusammenhang stehen.

Neben klassischen Expertensystemen zur Bildauswertung kommen inzwischen vermehrt Produkte auf den Markt, die anhand von tiefem Lernen optimierte Algorithmen verwenden. Und nicht nur Branchengrößen wie Siemens, GE oder Philips prägen diesen neuen Markt, sondern auch kleine Unternehmen und Start-ups. In der Praxis beschränkt sich die Anwendung jedoch national wie international noch vorwiegend auf klinische Erprobungen und die medizinische Forschung.

Elektronische Patientenakte: Der Patient in Bits und Bytes

Einige der am Beispiel der Radiologie beschriebenen KI-Anwendungen lassen sich ausschließlich in Kombination mit einer elektronischen Patientenakte (ePA) verwirklichen, beispielsweise der Vergleich neuer mit schon vorhandenen älteren radiologischen Aufnahmen. Dies beginnt mit einer Digitalisierung bisher papierbasierter Dokumente, die anschließend mittels Algorithmen zur Freitexterkennung ausgewertet und strukturiert aufbereitet werden. Somit können in einer ePA Informationen elektronisch gesucht und schnell gefunden werden. Zudem lassen sich beispielsweise gezielt und umfassend Arzneimittelreaktionen und Kontraindikationen bestimmen und erkennen. KI kann dazu beitragen, anhand der in einer ePA hinterlegten Daten die individuell beste Therapie zu ermitteln.

Neben den klassischen KI-Anwendungen wie Arzneimitteltherapiesicherheit und Diagnosecodierung werden maschinelles und tiefes Lernen bereits seit einiger Zeit bei der Bearbeitung von Patientenakten eingesetzt. Nicht nur Krankenhäuser nutzen diese KI-Methoden, sondern auch Versicherungen (H20.ai 2017). In Deutschland sind Anwendungen dieser KI-Techniken aufgrund der häufig dezentralisierten Speicherung von Patientendaten aktuell jedoch eine Ausnahme.

In den vergangenen Jahren haben die Entwicklungen rund um die von IBM entwickelte KI-Plattform Watson Health von sich reden gemacht. Laut Herstellerangaben setzten im Jahr 2017 sechs Länder Watson in der klinischen Versorgung ein (Bloomberg 2017). Mittlerweile sind Analysen zu zehn verschiedenen Arten von Krebs durchführbar. Und das auch online: Auf der Homepage einer indischen Klinikkette lässt sich nach dem Upload der eigenen Patientenakte von Watson eine Art Zweitmeinungsbericht zum optimalen Behandlungsregime einholen (Manipal Hospitals o. J.). In einem Modellprojekt wollte der Krankenhausbetreiber Rhön-Klinikum AG Watson auch in Deutschland für Text- und Dokumentenerkennung heranziehen, hat dieses Vorhaben jedoch 2017 abgebrochen, um es mit einem anderen Anbieter fortzuführen.

Welch verblüffende Ergebnisse sich mit einer ePA-KI-Auswertung erzielen lassen, geht zum Beispiel aus einer Studie von Murray et al. hervor. Die Experten nutzten die Daten, um Quellen für die Infektion mit dem Krankenhauskeim Clostridium difficile innerhalb einer Klinik zu lokalisieren. Mittels Zeit- und Wegmarken von mehr als 90.000 Patienten über drei Jahre hinweg konnte eine Karte von Patientenbewegungen erstellt und ein Kernspintomograph in der Notaufnahme als eine zentrale Quelle für Infektionen mit dem Bakterium identifiziert werden (Murray et al. 2017).

Früherkennung und Prävention: Vorbeugen ist besser als Heilen

Auf der Grundlage rasch fortschreitender Erkenntnisse zu den molekularen Mechanismen unterschiedlichster Krankheiten und deren Diagnose mithilfe von KI rückt die Vision näher, Krankheiten bereits in ihrer Entstehungsphase zu erkennen und zu behandeln. Bei vielen Indikationen könnte eine frühe Therapie die besten Chancen auf Heilung bieten oder sogar komplett und dauerhaft verhindern, dass die Krankheit ausbricht. Ein Beispiel dafür aus der heutigen Gesundheitsversorgung ist die Behandlung von Personen mit hohem Cholesterinspiegel, die keine Krankheitssymptome aufweisen. Mit Arzneimitteln der Gruppe der Statine lassen sich kardiovaskuläre Erkrankungen in vielen Fällen verhindern. Jedoch sind kardiovaskuläre Probleme von einer großen Anzahl an weiteren Einflussfaktoren abhängig, und damit ist nicht klar, welche der behandelten Personen wirklich von der Medikation profitieren, welchen die Medikation vielleicht sogar eher schadet und bei welchen wiederum zusätzliche Präventionsmaßnahmen dringend geboten sind. In einer Studie der Universität Nottingham wurden den bisher angewandten medizinischen Leitlinien vier verschiedene KI-Systeme gegenübergestellt, um aus einem großen klinischen Datensatz vorherzusagen, welche Personen in den kommenden zehn Jahren ein kardiovaskuläres Ereignis, wie beispielsweise einen Herzinfarkt, erleiden werden. Alle vier KI-Systeme waren den Leitlinien überlegen. Am besten schnitt der Algorithmus ab, der über neuronale Netze trainiert wurde. Er sagte nicht nur 7,6 Prozent mehr Krankheitsereignisse korrekt voraus, sondern löste auch 1,6 Prozent seltener falschen Alarm aus aufgrund unkorrekter Ergebnisse. In der Gesamtsumme von 83.000 untersuchten Patientenakten hätten somit weitere 355 Personen identifiziert werden können, bei denen eine präventive Behandlung bzw. Änderung des Lebensstils ein kardiovaskuläres Ereignis unter Umständen hätten verhindern können. KI könnte somit in diesem konkreten Anwendungsfall Leben retten (Wenig et al. 2017).

KI wäre möglicherweise sogar in Lage, auch andere komplexe Krankheiten mit multifaktoriellen Auslösern vorherzusagen, beispielsweise neurodegenerative Erkrankungen. Im Rahmen einer italienischen Studie konnte eine KI so trainiert werden, dass sie anhand von Gehirnscans mit großer Zuverlässigkeit erkannte, ob ein Patient innerhalb eines Jahrzehnts wahrscheinlich an Alzheimer erkrankt. Dabei wurden mit dem bildgebenden Verfahren der Magnetresonanztomographie kleinste Veränderungen in den Verbindungen zwischen verschiedenen Gehirnregionen detektiert. Zwar ist die Alzheimer-Demenz bisher nicht heilbar, eine Diagnose im symptomfreien

Frühstadium hätte dennoch einige Vorteile. Sie würde es den betroffenen Personen beispielsweise ermöglichen, ihren Lebensstil zu ändern, um bekannte Risikofaktoren für die Krankheit zu reduzieren. Zudem gibt es Hinweise darauf, dass eine Behandlung mit heute verfügbarer Medikation umso besser wirkt, je früher sie im Krankheitsverlauf angewendet wird. Weiterhin kann mittels der Diagnostik bei ersten unspezifischen Symptomen eine Abgrenzung der Alzheimer-Krankheit von anderen Formen der Demenz vorgenommen werden. Für den Test von künftig einmal vorhandenen präventiv wirkenden Medikamenten könnte die Diagnostik außerdem dabei helfen, geeignete Patienten in klinische Studien einzuschließen.

KI-Methoden könnten langfristig dazu beitragen, die Entstehung von Krankheiten zu verhindern, was einem Paradigmenwechsel von der jetzigen reaktiven Krankheitsversorgung zu einer präventiven Gesundheitsversorgung gleichkäme. Um KI für dieses Ziel zu trainieren, müssten idealerweise hervorragend strukturierte Daten sehr vieler Menschen über einen möglichst langen Zeitraum zur Verfügung stehen – wie es beispielsweise in der „All of US"-Kohortenstudie der US-amerikanischen NIH der Fall sein wird. Darin sollen eine Million oder mehr Menschen auf freiwilliger Basis über viele Jahre hinweg begleitet und ihr Gesundheitszustand, ihre Umwelt und ihr Lebensstil detailliert aufgezeichnet werden (National Institutes of Health 2018).

Der lange Weg zum Einsatz in der Praxis

Die Verbesserung der Leistungsfähigkeit von Computern sowie der Ausrichtung von Chip-Herstellern hin zu dedizierter KI-Hardware hat dazu beigetragen, dass sich Deep Learning und die Anwendung neuronaler Netze stark verbreiten konnten. Die Tür zu zahlreichen Anwendungen in der Medizin steht weit offen. Allerdings sind zum Training entsprechender Algorithmen große Mengen an Trainingsdaten notwendig. Das Beispiel des NIH-Thorax-Bilddatensatzes verdeutlicht allerdings, wie schnell Algorithmen entwickelt werden können, wenn adäquate Basisdaten vorliegen. Grundsätzlich lassen sich zwar auch mit kleineren Datensätzen gute Ergebnisse erzielen, die Genauigkeit nimmt jedoch mit größerer Fallzahl zu. Daher ist die Verfügbarkeit von, von Ärzten annotierten, strukturierten Datensätzen für zukünftige Entwicklungen insbesondere im radiologischen Bereich entscheidend. Dieses Nadelöhr haben auch die großen Technologie- und Gesundheitskonzerne erkannt und versuchen, sowohl durch Firmenzukäufe (siehe IBM: Übernahme von Merge Healthcare Inc.[52]; Dignan 2015 oder siehe Roche: Übernahme von Flatiron Health, Inc.[53]; F. Hoffmann La-Roche AG 2018) als auch durch

---

[52] *Ein Unternehmen aus dem Bereich medizinischer Bildgebung*

[53] *Technologie- und Dienstleistungsunternehmen im Gesundheitswesen insbesondere im Bereich Onkologie*

die kostenlose Bereitstellung ihrer KI- und Cloudplattformen den Zugriff auf große Datensätze zu erhalten (u. a. Google: TensorFlow, Microsoft: Azure, Apple: Core ML).

Die weltweit forcierte Sammlung von Daten unter der Überschrift Big Data wird auf dem Gebiet der Medizin erheblich dazu beitragen können, neue Erkenntnisse zu gewinnen. Zugleich ist es jedoch schwierig, all diese Daten, die aus verschiedenen Quellen stammen, gezielt auszuwerten. Hinderlich wirkt sich eine Vielzahl unterschiedlicher Systeme, Methoden, Standards und Formate aus, in denen die Daten erhoben und gespeichert werden, sodass sich eine „Silodatenhaltung" entwickelt hat. Erschwerend kommt hinzu, dass die schon erfassten Daten häufig ohne einheitliche Struktur vorliegen. Eine Standardisierung wäre sinnvoll, ist aufgrund der Vielzahl von Akteuren jedoch schwer umsetzbar. KI könnte dazu beitragen, dieses Dilemma zu überwinden, indem sie beispielsweise unstrukturierte Dokumente für Auswertungen nutzbar macht und eine Vielzahl verschiedener Quellen für Auswertungen integriert, ohne dass zuvor in großem Maßstab Datenaufbereitungen vorgenommen werden müssten.

Forschung und Entwicklungen der vergangenen Jahre haben gezeigt, dass KI die Diagnostik und Behandlung von Patienten beschleunigen und verbessern kann. Da entsprechende Algorithmen jedoch anhand von Patientendaten erstellt werden, besteht das Risiko, dass insbesondere Betroffene seltener Erkrankungen nicht im selben Maß profitieren können wie jene sogenannter Volkskrankheiten. Bei aller Euphorie und allen Hoffnungen, die in jüngster Zeit mit KI verbunden sind, bleibt jedoch festzuhalten, dass der Praxistest der vorgestellten Deep-Learning-Algorithmen vielfach noch aussteht. Der Abbruch von Projekten mit IBM Watson (Rhön Kliniken, MD Anderson Kliniken) verdeutlicht, dass die an die Technologie gerichteten hohen Erwartungen aktuell vielfach noch nicht erfüllt werden können.

Für die Hersteller ergeben sich zudem weitere Herausforderungen in Bezug auf die Zulassung entsprechender KI-Produkte: DL basiert auf der stetigen Weiterentwicklung des Algorithmus durch die Nutzung neuer Patientendaten. Es handelt sich somit um ein sich ständig veränderndes und sich weiterentwickelndes System. Zwar gibt es beispielsweise in der Radiologie mittlerweile erste Entwicklungen, die das Einspeisen neuer Untersuchungsalgorithmen in die Kliniksysteme mit vergleichsweise wenig Aufwand erlauben, die ständige Weiterentwicklung wirft jedoch auch Fragen der Haftung und insbesondere der Zulassung auf.

Dies gilt auch in Bezug darauf, wie DL-Algorithmen ihre Entscheidungen treffen. Für Entwickler ist aufgrund der hohen Komplexität der Systeme nicht immer nachvollziehbar, welche Datenmerkmale zu bestimmten Ergebnissen führen (Black-Box-Problem). Somit ist es schwierig, eventuelle Fehleinschätzungen der KI aufgrund zufälliger Korrelationen in den Trainingsdaten zu identifizieren. Dies kann ungewollte Folgen haben – schlimmstenfalls zum Schaden der Patienten (Bornstein 2016).

Ein Beispiel hierfür ist die Entwicklung eines Behandlungsalgorithmus für Pneumonie-Patienten am University of Pittsburgh Medical Center. Ziel war es, Patienten mit geringem Komplikationsrisiko zu identifizieren, um diese anstelle der stationären der ambulanten Versorgung zuzuführen. Dazu wurden verschiedene KI-Methoden zur Entwicklung eines entsprechenden Algorithmus genutzt. Neuronale Netze lieferten die besten Ergebnisse, allerdings fiel im Nachgang auf, dass der Algorithmus empfahl, Patienten, die zusätzlich unter Asthma litten, trotzdem ambulant zu behandeln, obwohl diese Gruppe eigentlich ein besonders hohes Komplikationsrisiko aufweist. Der Grund hierfür war, dass in den bisherigen Behandlungsrichtlinien des Krankenhauses vorgesehen war, Patienten dieser Gruppe auf der Intensivstation zu überwachen. Wegen der intensiven Behandlung dort hatten sie genau deshalb kaum schwere Komplikationen (Caruana et al. 2015).

Damit einher geht ein negativer psychologischer Aspekt, wenn sowohl für die Ärztin oder den Arzt sowie für Patientinnen und Patienten nicht deutlich wird, warum eine spezifische Diagnose oder Therapie gestellt bzw. ausgewählt wurde. An der Erhöhung der Transparenz von DL-Algorithmen wird jedoch bereits geforscht (Beuth 2017).

Herausfordernd für die KI-Nutzung in der Medizin ist schließlich auch die Ausgestaltung des Datenschutzrechts. So stellt der Deutsche Ethikrat in seinem Gutachten zu Big Data und Gesundheit fest: „Die traditionellen datenschutzrechtlichen Grundsätze des Personenbezugs, der Zweckbindung und Erforderlichkeit der Datenerhebung, der Datensparsamkeit, der Einwilligung und Transparenz stehen in ihrer gegenwärtigen Ausgestaltung der spezifischen Eigenlogik von Big Data entgegen." Um die Vorteile von Big Data umfänglich nutzen zu können, fordert der Rat daher alternative Gestaltungsoptionen und Regelungsmechanismen (Deutscher Ethikrat 2017).

Ein Baustein der Medizin der Zukunft

Big Data und KI entfachen in der Debatte um die Medizin der Zukunft viele Hoffnungen auf bessere Diagnostik und Behandlung. Eng verwoben mit diesen Technologien sind allerdings offene Fragen rund um Patientensouveränität und Datenschutz. Spätestens mit dem Gutachten des Deutschen Ethikrats (2017) wurde deutlich, wie wichtig es ist, KI-Anwendungen in der Medizin nicht den großen Internetfirmen zu überlassen. Ein Umdenken in Bezug auf die Ausgestaltung von Datenschutzaspekten ist notwendig, bei dem auch der Gesetzgeber gefordert sein wird.

Dass KI dazu beitragen kann, die Qualität und Effizienz der Behandlung von Patienten zu steigern, belegen seit vielen Jahren Assistenz- und Expertensysteme, die sich in der radiologischen Bildgebung fest etabliert haben. Zahlreiche Forschungsprojekte

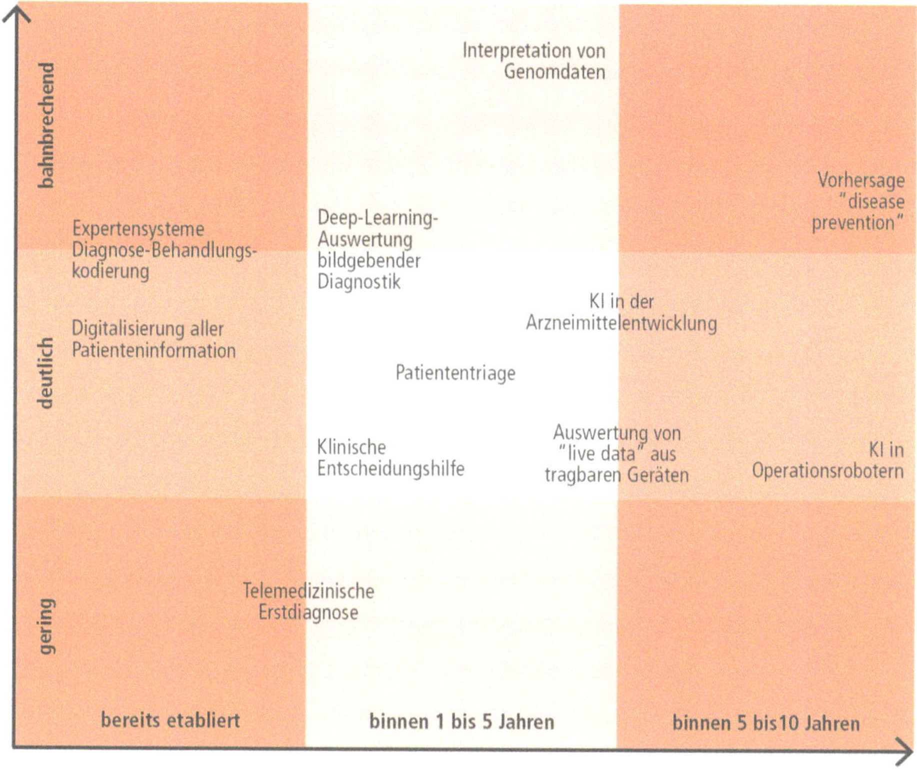

Abbildung 8.2: Wann gelangen KI-Anwendungen in die Patientenversorgung?

aus jüngster Zeit spiegeln die Dynamik der KI-Entwicklung und deren Innovationspotenzial in der Medizin. Vorstellbar sind Anwendungen über den gesamten Behandlungspfad von Patienten hinweg (siehe Abbildung 8.2) oder auch in der Entwicklung neuer Arzneimittel. Ein breiter Einsatz in der klinischen Praxis steht indes noch aus.

Trotz dieser hohen Entwicklungsdynamik ist jedoch nicht zu erwarten, dass die Technologie mittelfristig die Ärzteschaft ersetzen könnte. Zwar ist durch die Erhöhung der Produktivität, wie beim Beispiel einer Herzkammersegmentierung binnen 15 Sekunden statt bisher 30 Minuten, damit zu rechnen, dass in einzelnen Fachrichtungen unter Umständen weniger Personal benötigt wird. Dies könnte jedoch dazu beitragen, die Versorgung aufgrund des zunehmenden Fachkräftemangels zu sichern. KI wird also Ärzte nicht ersetzen, sondern unterstützen (Ärzteblatt 2017).

Auch aus ökonomischer Sicht sind KI-Technologien vorerst kein Allheilmittel gegen steigende Kosten in der Gesundheitsversorgung – im Gegenteil: Die Etablierung einer KI-Infrastruktur wäre zunächst an hohe Investitionen geknüpft, beispielsweise zum Aufbau der dafür notwendigen Datenbanken. Nicht zuletzt muss die verstärkte Nutzung von KI-Methoden dem Patienten als vorteilhafte Neuerung nahegebracht werden, damit er diese akzeptiert und wirklich von ihr profitieren kann. Bei aller Begeisterung um die neuen Möglichkeiten rund um die KI – die Patienten stehen in der Medizin im Mittelpunkt.

Literatur

Aikins, J. S., Kunz, J. C., Shortliffe, E. H.; Fallat, R. J. (1983): PUFF: an expert system for interpretation of pulmonary function data. *Computers and biomedical research, an international journal, 16* (3), 199–208.

Ärzteblatt. (2017): *Künstliche Intelligenz in der Medizin: Arztunterstützend, nicht arzterset-zend.* Online verfügbar unter https://www.aerzteblatt.de/nachrichten/83587/Kuenstliche-Intelligenz-in-der-Medizin-Arztunterstuetzend-nicht-arztersetzend, zuletzt geprüft am 22.06.2018.

Ärzte-Verlag, D. (1989): Ein Programm zur Diagnosehilfe (47), 104. Zugriff am 21.02.2018. Verfügbar unter https://www.aerzteblatt.de/pdf.asp?id=109936.

Banks, G. (1986): Artificial intelligence in medical diagnosis: the INTERNIST/CADUCEUS approach. *Critical reviews in medical informatics*, 1 (1), 23–54.

BearingPoint GmbH. (2017): Jetzt und in Zukunft. *Smarte Gesundheit in Deutschland startet (noch) nicht durch.* Online verfügbar unter https://www.bearingpoint.com/de-de/unsere-expertise/insights/smarte-gesundheit-2017/, zuletzt geprüft am 22.06.2018.

Beuth, P. (2017): *Künstliche Intelligenz: Die rätselhafte Gedankenwelt eines Computers.* Online verfügbar unter http://www.zeit.de/digital/internet/2017-03/kuenstliche-intelli-genz-black-box-transparenz-fraunhofer-hhi-darpa/komplettansicht, zuletzt geprüft am 22.06.2018.

Beyer, D. (2016): *Deep learning meets genome biology.* Online verfügbar unter https://www.oreilly.com/ideas/deep-learning-meets-genome-biology, zuletzt geprüft am 22.06.2018.

Bloomberg, J. (Forbes, Hrsg.) (2017): *Is IBM Watson A 'Joke'?* Zugriff am 08.02.2018. Online verfügbar unter https://www.forbes.com/sites/jasonbloomberg/2017/07/02/is-ibm-wat-son-a-joke/#1e171fb0da20, zuletzt geprüft am 22.06.2018.

Bornstein, A. M. (2016): *Is Artificial Intelligence Permanently Inscrutable?* Despite new biology-like tools, some insist interpretation is impossible. Zugriff am 01.03.2018. Online verfügbar unter http://nautil.us/issue/40/learning/is-artificial-intelligence-permanently-inscrutable, zuletzt geprüft am 22.06.2018.

Caruana, R., Lou, Y., Gehrke, J., Koch, P., Sturm, M.; Elhadad, N. (2015): Intelligible Models for HealthCare. In L. Cao, C. Zhang, T. Joachims, G. Webb, D. D. Margineantu & G. Williams (Hrsg.), *Proceedings of the 21st ACM SIGKDD International Conference on Knowledge Discovery and Data Mining, August 10 - 13, 2015, Sydney, Australia* (S. 1721–1730). New York, NY: ACM.

Castellino, R. A. (2005): Computer aided detection (CAD). An overview. *Cancer imaging : the official publication of the International Cancer Imaging Society,* 5, 17–19. https://doi.org/10.1102/1470-7330.2005.0018

Deutscher Ethikrat (2017): *Big Data und Gesundheit. Datensouveränität als informationelle Freiheitsgestaltung: Stellungnahme.* Berlin: Deutscher Ethikrat.

Dignan, L. (ZDNet, Hrsg.) (2015): *IBM buys Merge for $1 billion, gives Watson medical imaging heft.* Zugriff am 22.02.2018. Online verfügbar unter http://www.zdnet.com/article/ibm-buys-merge-for-1-billion-gives-watson-medical-imaging-heft/, zuletzt geprüft am 22.06.2018.

FDA (2016): PrecisionFDA Truth Challenge. *Engage and improve DNA test results with our community challenges.* Zugriff am 22.02.2018. Online verfügbar unter https://precision.fda.gov/challenges/truth/results, zuletzt geprüft am 22.06.2018.

F. Hoffmann La-Roche AG (2018): *Roche to acquire Flatiron Health to accelerate industry-wide development and delivery of breakthrough medicines for patients with cancer.* Zugriff am 21.06.2018. Online verfügbar unter https://www.roche.com/dam/jcr:a5ac62ff-d977-4c90-970f-072eb134d0e3/de/180215_IR_Flatiron.pdfH20.ai. (2017). Machine Learning to Save Lives. Case Study. Zugriff am 08.02.2018. Online verfügbar unter https://www.h2o.ai/wp-content/uploads/2017/03/Case-Studies_Kaiser.pdf, zuletzt geprüft am 22.06.2018.

Lee, C. H.; Yoon, H.-J. (2017): Medical big data. Promise and challenges. *Kidney research and clinical practice,* 36 (1), 3–11. https://doi.org/10.23876/j.krcp.2017.36.1.3

Manipal Hospitals (o. J.): Fight Cancer with a cost effective *Technology | Watson | Manipal Hospitals.* Zugriff am 08.02.2018. Online verfügbar unter https://watsononcology.manipalhospitals.com/pricing, zuletzt geprüft am 22.06.2018.

Murray, S. G., Yim, J. W. L., Croci, R., Rajkomar, A., Schmajuk, G., Khanna, R. et al. (2017): Using Spatial and Temporal Mapping to Identify Nosocomial Disease Transmission of Clostridium difficile. *JAMA internal medicine,* 177 (12), 1863–1865. https://doi.org/10.1001/jamainternmed.2017.5506.

National Institutes of Health (2018): *Program Overview - All of Us | National Institutes of Health.* Zugriff am 02.03.2018. Online verfügbar unter https://allofus.nih.gov/about/about-all-us-research-program, zuletzt geprüft am 22.06.2018.

Reinsel, D., Gantz, J.; Ryding, J. (IDC, Hrsg.) (2017): Data Age 2025. *The Evolution of Data to Life-Critical.* Don't Focus on Big Data; Focus on the Data That's Big. Zugriff am 08.02.2018.

Schlömer, L. (2016): *Spezialisten für Data Science händeringend gesucht.* Online verfügbar unter https://www.digitale-exzellenz.de/spezialisten-fur-data-science-handeringend-gesucht/, zuletzt geprüft am 22.06.2018.

Standford University (Standord University, Hrsg.) (2017): *Algorithm outperforms radiologists at diagnosing pneumonia | Stanford News.* Zugriff am 08.02.2018. Online verfügbar unter https://news.stanford.edu/2017/11/15/algorithm-outperforms-radiologists-diagnosing-pneumonia/, zuletzt geprüft am 22.06.2018.

Summers, R. M. (National Institutes of Health (NIH), Hrsg.) (2017): *NIH Clinical Center provides one of the largest publicly available chest x-ray datasets to scientific community.* Zugriff am 08.02.2018. Online verfügbar unter https://www.nih.gov/news-events/

news-releases/nih-clinical-center-provides-one-largest-publicly-available-chest-x-ray-data-sets-scientific-community, zuletzt geprüft am 22.06.2018.

Ware, M.; Mabe, M. (2015): *The STM Report. An overview of scientific and scholarly journal publishing.* Celebrating the 350th anniversary of journal publishing (4. Aufl.) (: International Association of Scientific, Technical and Medical Publishers, Hrsg.). The Hague. Zugriff am 05.01.2018. Online verfügbar unter https://digitalcommons.unl.edu/cgi/viewcontent.cgi?referer=https://www.google.de/&httpsredir=1&article=1008&context=scholcom, zuletzt geprüft am 22.06.2018.

Weng, S. F., Reps, J., Kai, J., Garibaldi, J. M.; Qureshi, N. (2017): Can machine-learning improve cardiovascular risk prediction using routine clinical data? *PloS one, 12* (4), e0174944. https://doi.org/10.1371/journal.pone.0174944.

9. Die Rolle der KI beim automatisierten Fahren

Marcel Kappel, Edgar Krune, Martin Waldburger, Benjamin Wilsch

Mobilität wird künftig von einer zunehmenden Elektrifizierung, Automatisierung und Vernetzung der Transportmittel geprägt sein. Während es sich bei der Elektrifizierung im Kern um die Ablösung einer bestehenden Antriebstechnologie handelt, erweitern Automatisierung und Vernetzung bestehende Mobilitätskonzepte und verursachen somit einen grundlegenden Wandel in der Mobilität. Für die automatisierte Steuerung von Transportfahrzeugen, insbesondere von Autos im Straßenverkehr, ist KI eine unersetzliche Schlüsseltechnologie und bietet im Zusammenspiel mit der Vernetzung zahlreiche Möglichkeiten verkehrsträgerübergreifender Koordination. Allerdings ist die Übergabe der Fahrverantwortung an die KI bedenklich für die Sicherheit, sodass sich für die Lernphase entsprechend hohe Anforderungen ergeben. Die Nutzung von KI-Methoden zur Gestaltung der Mobilität verspricht jedoch einen hohen Sicherheits-, Komfort- und Effizienzgewinn und bietet damit die Motivation für intensive Forschungs- und Entwicklungsaktivitäten.

Trotz der potenziellen Vorteile und der hohen Relevanz von KI in Bezug auf eine intelligente Mobilität sind die Effekte für Endnutzer heute noch nicht wahrnehmbar, da sich in diesem Bereich noch keine wirkliche Breitenwirkung entfalten konnte.[54] Jedoch wurden im Laufe des vergangenen Jahrzehnts insbesondere durch die Entwicklung leistungsfähiger und anwendungsorientierter Hardware die technischen Voraussetzungen für den KI-Einsatz im Fahrzeug geschaffen. Deren erfolgreicher Einsatz in der Praxis erfordert allerdings große Datenmengen (Big Data) als Grundlage.

Aufgrund der zunehmenden Vernetzung der Gesellschaft und der Infrastrukturen sind derzeit jedoch die Menge, Vielfalt und Verfügbarkeit dieser Daten gewachsen, und es wurden erste Forschungsentwicklungen initiiert, die sich aber vorrangig auf Leuchtturmprojekte für intelligente Mobilität konzentrierten. Zudem lassen sich zahlreiche innovative Forschungsarbeiten identifizieren, die auf europäischer, nationaler und regionaler Ebene über gezielte Fördermaßnahmen (z. B. Modernitätsfonds,

---

[54] *Tatsächlich gibt es aber durchaus technologische Bereiche, in denen KI mittlerweile eine Breitenwirkung erzeugt. Zu nennen ist hier beispielsweise die Analyse von Bild- und Videoinhalten mittels tiefem Lernen (Deep Learning, DL – z. B. „Google Photo" und „Microsoft Azure") und die Spracherkennung bei Assistenzsystemen.*

V. Wittpahl (Hrsg.), *Künstliche Intelligenz*
DOI 10.1007/978-3-662-58042-4_11, © Der/die Autor(en) 2019

Deutscher Mobilitätspreis etc.) Unterstützung erhalten. Auch sind erste KI-Bausteine in Anwendungen mit Mobilitätsbezug erkennbar, zum Beispiel digitale Assistenten oder eine dynamische, multimodale Navigationsunterstützung.

In der Summe spielt KI in heutigen Mobilitätsanwendungen jedoch noch keine wesentliche Rolle. Weder gibt es eine (wirkliche) „Smart City", in der Verkehrsflüsse intelligent und nachhaltig gesteuert und alle Verkehrsträger sowohl untereinander als auch mit der Infrastruktur vernetzt wären. Noch existiert eine überzeugende Sprachsteuerung, mit der es möglich wäre, ein komplexes Gespräch über längere Zeit zu führen, wie es für eine intuitiv nutzbare Fahrer-Fahrzeug-Kommunikation in beide Richtungen notwendig wäre.

Möglicherweise lässt sich der aktuell geringe KI-Einsatz in der Mobilität damit erklären, dass auf Daten basierende Lösungen von Mobilitätsproblemen besonders aufwendig sind, denn Mobilität und Verkehr sind ein überaus komplexes Handlungsfeld, das einen wachsamen Fahrer in schnell wechselnden Situationen erfordert. Die Herausforderung für KI besteht also in der Steuerung hoch dynamischer, komplexer Systeme mit hohem Heterogenitätsgrad. Bevor KI in diesem Umfeld sinnvoll eingesetzt werden kann, muss zunächst eine geeignete und ausreichende Datenlage geschaffen werden. Die datenmäßige Erfassung, Modellierung und intelligente Analyse solcher Systeme ist allerdings höchst anspruchsvoll; eine Digitalisierung der Infrastruktur von Städten sowie von Fahrzeugen und deren Vernetzung untereinander sind Vorbedingungen für den Erfolg von KI in der Mobilität. Zwar werden Digitalisierung und Vernetzung derzeit mit Hochdruck verfolgt – wenn auch für die Sensorausstattung der zu vernetzenden Infrastruktur ein großer Aufwand vonnöten ist –, allerdings ist bislang noch kein KI-Einsatz größeren Umfangs erkennbar. Ein Hemmnis ist sicherlich die mangelnde Datenverfügbarkeit, weil die datenerhebenden und datenhaltenden Akteure so unterschiedlich sind. Und da zumal personenbezogene Datensätze sowie Sensorrohdaten von hohem Wert sind, werden sie nicht ohne weiteres Dritten zur Verfügung gestellt.

Wenn diese Hürden aber genommen werden können, wenn also eine umfassende und geeignete Datenverfügbarkeit gewährleistet ist, ist die Grundlage dafür gelegt, dass sich das enorme Potenzial für den Einsatz von KI in zukünftigen Mobilitätsanwendungen entfalten kann. Dann wird die KI einen wesentlichen Beitrag bei der Optimierung von Verkehrsflüssen leisten. Dies gilt gleichermaßen für den Waren- und Personenverkehr. Beispielsweise können mittels multimodaler Verkettung Personenströme besser aufeinander abgestimmt werden und in der Konsequenz die vorhandene Verkehrsinfrastruktur entlasten. Auch können durch geschicktes Lenken der Personen- oder Warenverkehre bisher ungenutzte Freikapazitäten erschlossen werden. Beispielsweise lassen sich Grünphasen von Ampeln an das Verkehrsaufkommen anpassen. Von großer Bedeutung ist zudem das Potenzial von KI, die

Mobilität von morgen sicherer zu gestalten. So wird eine Projektion der möglichen Bewegungspfade von Verkehrsteilnehmern an einer Kreuzung die Risikoeinschätzung von Kollisionen oder sonstigen Gefahrensituation im Voraus ermöglichen – in Kombination mit einer Warnmöglichkeit ließen sich so Unfälle vermeiden. Aber auch auf dem Weg zu einer umweltfreundlicheren Mobilität kann der Einsatz von KI viel leisten. Einerseits lässt sich eine Reduktion von Emissionen mittels der bereits erwähnten Verkehrsflussoptimierungseffekte herbeiführen, andererseits können auch in weniger offensichtlichen Bereichen ressourcenschonende Lösungen gefunden werden, beispielsweise im Bereich der Elektromobilität, indem über eine intelligente Ladezyklussteuerung die Lebensdauer von Batterien bei gleichzeitig optimierter Reichweite erhöht werden kann. Schließlich birgt KI nicht nur das Potenzial zur Verbesserung bestehender Mobilitätsformen. Für neue Mobilitätsformen wie autonome Flugtaxis oder Logistik-Drohnen wird der Einsatz von KI eine entscheidende Rolle spielen.

Fokus der Forschung und Entwicklung liegt auf dem automatisierten Fahren

Die bisher erwähnten Anwendungsfelder verdeutlichen das weitreichende Potenzial von KI für die Mobilität der Zukunft. Trotz der vielfältigen Anwendungsmöglichkeiten lässt sich bereits heute erahnen, in welchen Bereichen das primäre Augenmerk der Forschung und Entwicklung liegen wird. Ein solcher Bereich ist das automatisierte Fahren, was im Folgenden im Sinne eines Beispiels von besonderer Bedeutung näher betrachtet wird. Angesichts eines schon bestehenden hohen Automatisierungsgrades im Flug- und Bahnverkehr, wird in Zukunft die größte – potenziell disruptive – Veränderung in der Mobilität das automatisierte Fahren sein. Hier schafft KI überhaupt erst die technologischen Voraussetzungen für die Automatisierung. Im Zukunftsbild einer multimodalen Mobilität, welche die Vorteile der Automatisierung, Elektrifizierung und Vernetzung sowie der geteilten Nutzung vereint, kann KI die Nutzung von Synergiepotenzialen sowie die verkehrsträgerübergreifende Optimierung der Reiserouten gewährleisten, wirklich interessant wird ihr Einsatz jedoch dort, wo sie Funktionen übernimmt, die bisher nur von Menschen ausgeübt werden konnten. Die technologischen Durchbrüche in einzelnen Bereichen lassen sich anhand des automatisierten Fahrens veranschaulichen und auf andere Segmente der Mobilität der Zukunft übertragen. Im Folgenden wird daher der Fokus auf die wesentlichen Anwendungen der KI für das automatisierte Fahren gelegt, die sich wie in Abbildung 9.1 dargestellt zusammenfassen lassen:

Abbildung 9.1: Überblick der Anwendungsbereiche der KI für das automatisierte Fahren.

Wenn der Fahrer mit den verschiedenen Automatisierungsstufen[55] immer weniger Aufgaben der Fahrzeugsteuerung übernimmt, erhält die KI ein weiteres Anwendungsfeld, die Fahrer-Fahrzeug-Interaktion. Und bei zunehmender Vernetzung der

---

[55] *Um die verschiedenen Abstufungen des assistierten Fahrens bis hin zum vollautomatisierten Fahren besser zu beschreiben und zusätzlich auch eine klare rechtliche Abgrenzung zu definieren, wurden die fünf Stufen (bzw. sechs bei Berücksichtigung einer nullten Stufe für die Fahrzeuge ohne jegliche Assistenzfunktion) des automatisierten Fahren eingeführt (National Highway Traffic Safety Administration). Hierbei gilt: Je höher die Stufe, desto höher der Automatisierungsgrad.*

Verkehrsmittel sowie der Infrastrukturen kann KI darüber hinaus den Verkehrsfluss optimieren.

Die genauere Betrachtung des automatisierten Fahrens zeigt, dass KI hierbei zunächst genutzt wird, um das Umfeld zu erkennen. In diesem Entwicklungsbereich wurde die Zuverlässigkeit der KI z. B. im Rahmen des ImageNet-Wettbewerbs kontinuierlich verbessert und übertraf zuletzt sogar menschliche Fähigkeiten (Wu et al. 2015). Auch an einer KI-gestützten Fahrzeugsteuerung wird derzeit intensiv geforscht. Prototypen zeigen immer bessere und auch schon zuverlässige Leistungen in komplexen Verkehrssituationen, wie z. B. in urbanen oder verschneiten Gebieten. Wichtiges Forschungsziel ist zum Beispiel das Erlernen einer intuitiven Fahrstrategie. Dass KI tatsächlich Intuition lernen kann, wurde bereits beispielsweise beim Go-Spielen deutlich (Silver et al. 2017). Bislang fokussierte sich die Forschung zum automatisierten Fahren allerdings darauf, prinzipielle Funktionsweisen aufzuzeigen und Leistungsgrenzen zu ermitteln. Für den Durchbruch des automatisierten Fahrens wären eine effiziente Verarbeitung der zahlreichen Sensordaten in Echtzeit und daher eine deutliche Optimierung der Hardware erforderlich. Dabei ist davon auszugehen, dass die innerhalb eines Fahrzeugs generierte Datenmenge ständig größer wird. In diesem Zusammenhang ist auch (speziell bei Elektrofahrzeugen) der zunehmende Stromverbrauch zu berücksichtigen[56] (IEEE Spectrum 2018). Er erhöht sich durch die aus Sicherheitsgründen erforderliche Redundanz der Systeme und damit deren Kontrolle um ein Vielfaches.

Der Bedarf an leistungsfähiger und effizienter Hardware für KI-Anwendungen ist die Ursache, dass Autohersteller, Zulieferer und IT-Unternehmen entsprechend kooperieren und die spezifischen Forschungs- und Entwicklungsarbeiten weiter zunehmen. Die Autohersteller haben erkannt, dass sie mit dem vorhandenen Know-how in den Unternehmen und dem Ausbildungsstand der Belegschaften die Herausforderungen einer KI-Entwicklung für das automatisierte Fahren nicht erfolgreich werden bewältigen können. Über Akquisitionen, Investitionen und/oder Kollaborationen verschaffen sie sich deshalb gegenwärtig Zugang zu den Kompetenzen von auf KI spezialisierten Unternehmen, z. B. VW und Hyundai mit Aurora, Ford mit Argo AI.

Auswirkungen des automatisierten Fahrens auf die Mobilität

Das automatisierte Fahren eröffnet Möglichkeiten, die Mobilität der Menschen sowie den urbanen Raum einschneidend zu verändern. Es lassen sich drei Visionen anfüh-

---

[56] *Mittlerweile ist die Verwendung von KI auch beim intelligenten Batteriemanagement durchaus interessant. Jedoch ist der Effekt nicht groß genug, um den signifikanten Mehrbedarf in der Zukunft zu kompensieren, der durch die Automatisierung entsteht.*

ren: Erstens soll die Leistungsfähigkeit des Menschen erweitert werden, da automatisierte Fahrzeuge die Mobilität für alle (Minderjährige, Senioren und Menschen mit Behinderungen) erhöhen oder überhaupt erst ermöglichen. Die zweite Vision ist eine deutliche Reduzierung der Verkehrsunfälle. Dies ist ein zentrales Argument für die Einführung des automatisierten Fahrens, da mehr als 90 Prozent der jährlich 1,25 Millionen Verkehrstoten weltweit auf menschliches Versagen zurückzuführen sind (Smith 2013). Dies, so die Hoffnung, ließe sich in einem vollautomatisierten und vollständig vernetzten Verkehrssystem vermeiden. Auf eine Optimierung der Verkehrsflüsse zielt eine dritte Vision, es geht um die Entlastung des urbanen Verkehrs. Dies könne z. B. durch eine größere Attraktivität von (neuen) Alternativen zum privaten und personenbezogenen Fahrzeug erreicht werden. Die drei Vorstellungen, Mobilität durch KI zu verbessern, visualisiert Abbildung 9.2.

Nutzerakzeptanz als Erfolgsfaktor für das automatisierte Fahren

Der Durchbruch neuer Technologien hat neben seinen technischen oft auch soziale Aspekte. Bis das automatisierte Fahren eine alltägliche und selbstverständliche Angelegenheit für uns alle sein wird, müssen die Entwickler noch einige Hürden auf jeder dieser Ebenen überwinden. Zum Beispiel können die notwendigen Lernphasen für die unterschiedlichen KI-Anwendungen, insbesondere wenn es um Sicherheit geht, nicht einfach im realen Verkehr stattfinden (siehe Einleitung zu Kapitel Technologie „Entwicklungswege zur KI"). Gleichwohl wird der KI-Algorithmus erst durch Lernvorgänge kontinuierlich besser und robuster. Sind hierfür ausreichend Vergleichsdaten in entsprechender Güte vorhanden, kann anhand dieser Datenbasis eine Phase der Anwendungsalgorithmen einsetzen, in der sie „angelernt" werden, z. B. kritische Situationen im Straßenverkehr zu erkennen und darauf zu reagieren. Oder sie lernen, mittels Spracherkennung intuitiv mit dem Fahrer zu interagieren, die Gefühlslage des Fahrers bzw. der Passagiere einzuschätzen, um aktiv darauf einzugehen.

Wenn auch eine KI-Anwendung im Laufe der Zeit immer zuverlässiger wird, ist in frühen Stadien mit einer hohen Fehlerquote zu rechnen. In den sicherheitsrelevanten Anwendungen der Mobilität ist dies jedoch inakzeptabel. Für das automatisierte Fahren können falsche Ergebnisse etwa beim Erkennen der Umgebung potenziell lebensbedrohlich sein und dürfen weder vom Hersteller noch vom Nutzer hingenommen werden.

Und das automatisierte Fahren wirft weitere Fragen auf, die derzeit ungeklärt sind, insbesondere ethischer Natur. Was soll geschehen, wenn das autonome Fahrzeug einen unausweichlichen Unfall detektiert und urteilen muss, ob Personen-, Tier-, oder Sachschäden vorzuziehen sind (Ethik-Kommission 2017)? Eine Implementierung derartiger Entscheidungen in einen Algorithmus möchte wohl kein Autohersteller und erst recht keine Ingenieurin und kein Ingenieur verantworten. Auch fehlt derzeit

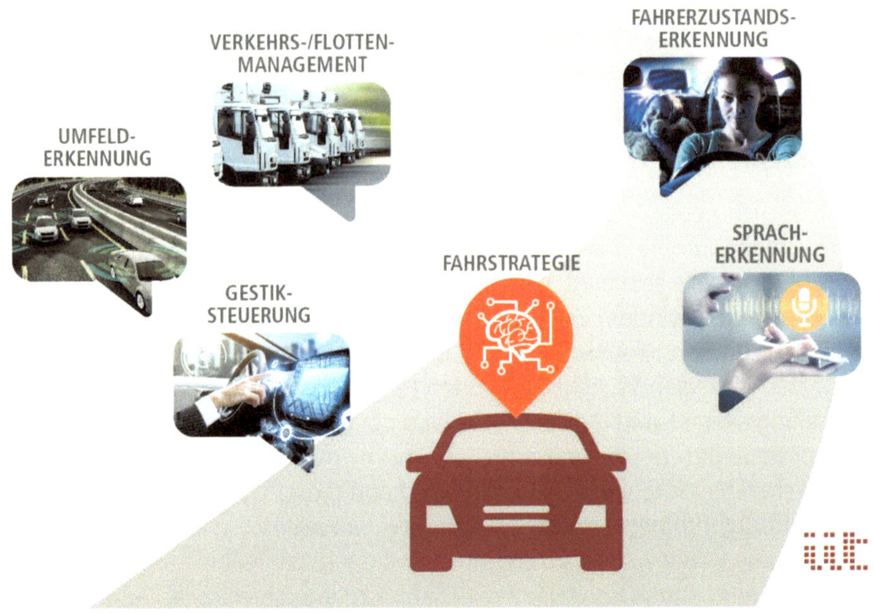

Abbildung 9.2: Überblick der Einsatzbereiche von KI im Fahrzeug sowie der gesellschaftlichen Potenziale, die ein hochautomatisiertes und in die Stadt der Zukunft integriertes Fahrzeug erschließen kann (eigene Darstellung[57]).

eine Rechtsgrundlage, um Unfälle mit KI-Beteiligung zu bewerten. Es besteht das grundsätzliche Problem einer derzeit nicht möglichen Plausibilisierung von KI-Entscheidungen.

---

[57] *Bildnachweise: Thinkstock/metamorworks (Gestiksteuerung und Spracherkennung), Adobe Stock/folienfeuer (Umfelderkennung), LVDESIGN (Verkehrs-/Flotten-Management), jackfrog (Fahrerzustandserkennung)*

Unterschiedliche Entwicklungspfade der Automatisierung durch KI

Trotz umfangreichen Trainings ist jede durch KI getroffene Entscheidung mit Unsicherheiten behaftet – besonders dann, wenn die KI auf Daten außerhalb der Trainingsmenge angewandt wird. Aber ab wann ist ein KI-Assistenzsystem gut genug für die praktische Anwendung im Feld? Und wie kann man trotz Lernphase diese Technik insbesondere bei Anwendungen, welche die Sicherheit tangieren, in vorhandene Systeme etablieren?

Um eine trainierte KI zu verwenden, müssen also zunächst neue Validierungsmethoden und Sicherheitsmechanismen geschaffen werden, mit denen sich fehlerhafte KI-Entscheidungen auffangen lassen. Hierbei haben sich zwei Vorgehensweisen etabliert: Ein Ansatz ist die Einbindung der KI über die Teilautomatisierung des Fahrzeugs (z. B. Tesla, Audi, Daimler), wobei einzelne Fahrfunktionen in das Fahrzeugsystem schrittweise integriert werden (z. B. Update-Möglichkeit bei Tesla). Ein weiterer Ansatz (z. B. von Apple und der Alphabet-Tochter Waymo) sieht vor, ohne Zwischenschritt direkt hoch- und vollautomatisierte Lösungen zu entwickeln.

Die Teilautomatisierung hat sich als besonders geeignet für etablierte Fahrzeughersteller herausgestellt, da hierbei auf bereits vorhandene Fahrassistenzsysteme aufgebaut werden kann und somit eine hoch- bis vollautomatisierte Lösung schrittweise über verschiedene Automatisierungsstufen angestrebt wird. Ist ein robustes Niveau der Fahrfunktion erreicht, kann der Fahrer das Assistenzsystem aktiv freischalten und nutzen. Da derzeit keine Validierungsmethoden zur Verfügung stehen, um die Sicherheit dieser Fahrfunktionen zu gewährleisten, kann bei diesem Entwicklungsansatz auf den Fahrer als Beobachter, der in brenzligen Situationen unmittelbar eingreift, nicht verzichtet werden. Diese Überwachungsfunktion des Fahrers kann allerdings schließlich auch Vertrauen in KI aufbauen.

Im Kontrast dazu entwickeln die neu hinzugekommenen, softwarespezialisierten Akteure in der Automobilindustrie direkt vollständig selbstfahrende Fahrzeuge – zum Teil bereits ohne Lenkrad. Sie begründen dieses Vorgehen mit Erkenntnissen aus Studien, in denen die wechselnde Übergabe der Steuerung zwischen Mensch und Maschine untersucht und als zusätzliches Risiko identifiziert wurde.

Keiner dieser beiden Ansätze hat sich bislang als Königsweg herauskristallisieren können. Für beide Wege kann angenommen werden, dass sich in der Entwicklungsphase, d. h. im Mischverkehr aus nicht-, teil- und vollautomatisierten Fahrzeugen, Unfälle mit Personenschäden nicht ausschließen lassen, und sie sind auch schon aufgetreten.

Aufbau von Vertrauen in automatisierte Fahrfunktionen

In der Diskussion um Nutzerakzeptanz gilt es, ungleich gelagerte Toleranzschwellen für menschliche und maschinelle Fehler zu berücksichtigen. Wie sensibel die Öffentlichkeit Sicherheit und deren Gewährleistung bzw. Nichtgewährleistung im Mischverkehr wahrnimmt, zeigt bereits der erste tödliche Unfall eines sich im automatisierten Modus befindlichen Fahrzeugs – eines Tesla Model S – im Jahr 2016 (The Guardian 2016). Dieser weltweit diskutierte Vorfall machte deutlich, dass an die Sicherheit automatisierter Fahrzeuge deutlich andere Maßstäbe angelegt werden. Dabei schneidet die Fahrleistung des im Unfallwagen verwendeten Autopiloten in einer rein statistischen Betrachtung durchschnittlich deutlich besser ab als ein menschlicher Fahrer. Es handelte sich um das erste bekannte Todesopfer bei etwas mehr als 208 Millionen gefahrenen Kilometern insgesamt, bei denen der Autopilot in einem Tesla Model S aktiviert worden war. Im Vergleich dazu: Unter allen Fahrzeugen in den USA gibt es etwa alle 136 Millionen Kilometer (National Highway Traffic Safety Administration 2017) einen Todesfall[58]. Dennoch ist festzuhalten, dass dieser Vorfall für erhebliche Kratzer am Image des automatisierten Fahrens gesorgt hat.

Da die Unfallzahlen der automatisierten Fahrzeuge zumindest in näherer Zukunft deutlich im Fokus einer öffentlichen Debatte stehen werden, geht man davon aus, dass diese gerade mit Hilfe von automatisierten und vernetzten Fahrzeugen um mindestens eine Größenordnung reduziert werden müssen. Nur dann wird die Bevölkerung diese Fahrzeuge als Assistenzsystem akzeptieren (Shashua 2017). Dass dies gelingen kann, zeigt sich daran, dass tatsächliche menschliche Eingriffe in bereits vorhandene automatisierte Fahrfunktionen sich stetig verringern.

Spezielle Hindernisse der Einführung automatisierten Fahrens

Für die künftige Entwicklung des automatisierten Fahrens insgesamt birgt die gesellschaftliche Wahrnehmung von Unfällen mit dem Fokus auf seltene Einzelfälle und einer fehlenden Relativierung das große Risiko einer nur geringen Akzeptanz von derart für die Sicherheit bedenklichen Anwendungen. Man stelle sich nur einmal die mediale Resonanz auf hypothetische Vorkommnisse vor, wie ein durch Hacking manipuliertes Fahrzeug oder gar eine manipulierte autonome Transportdrohne, die Täter zum Kidnapping oder als Waffe missbrauchen. Neben der Tragik des Einzelfalls würden die davon ausgehenden Schockwellen die Weiterentwicklung automatisier-

---

[58] *Die Aussagekraft des NHTSA-Berichts für den Vergleich der Fähigkeiten menschlicher Fahrer mit denen des Autopiloten wird zum Teil kritisch betrachtet, da der Detailgrad keine Unterscheidung des Anteils der mit aktiviertem Autopilot gefahrenen Kilometern ermöglicht.*

ter Fahrzeuge – die letztendlich ja der Reduzierung der Unfalltoten dienen sollen – erheblich zurückwerfen. Das hypothetische Szenario verdeutlicht, wie wichtig ein gut überlegtes Vorgehen bei der Einführung autonomer Fahrzeuge ist.

Der erfolgreiche Einsatz von KI bei weniger sicherheitsrelevanten Funktionen im Fahrzeug, wie der Fahrer-Fahrzeug-Interaktion (intuitive Sprachsteuerung, Gefühlserkennung, individuelle Fahrermodellierung etc.) hängt ebenfalls stark von der Akzeptanz der Anwender ab. Bei diesen Anwendungen ist mit erheblichen Vorbehalten der Nutzer zu rechnen, wenn die KI etwa zum wiederholten Male die Gefühlslage fehlinterpretiert und das System entsprechend unangemessen auf den Fahrer einwirkt. In Anbetracht der Vielfältigkeit unterschiedlicher Fahrerpersönlichkeiten wird es auch für technisch fortgeschrittene Algorithmen eine Herausforderung sein, adäquate und passende Fahrermodellierungen zu generieren. Gerade zu Beginn der Lernphase kann der Nutzen von KI entweder nur fehleranfällig oder wenig individuell sein. Der Verlauf der Lernphase, die Schnelligkeit, mit der eine adäquate Güte der Ergebnisse erzielt wird, und die Akzeptanz der Anwender sowie auch der anderen Verkehrsteilnehmer sind also essenziell, um KI in der Mobilität zu etablieren und letzten Endes das automatisierte Fahren als Ganzes erfolgreich umzusetzen.

KI-Trainingskilometer zur Erhöhung der Sicherheit

Eine Verbesserung der Zuverlässigkeit der KI in der Fahrzeugführung lässt sich vor allem durch eine größere Menge an Trainingsdaten erreichen. Dabei kommt es neben der Quantität auch auf die Diversität der Daten an, die alle möglichen Szenarien im Straßenverkehr in ausreichendem Maße widerspiegeln müssen. Die vorteilhaftesten Testbedingungen für autonome Fahrzeuge im öffentlichen Verkehrsraum finden sich derzeit in Kalifornien, sodass dort fast jedes Entwicklungsteam Tests durchführt (51 Unternehmen mit mehr als 300 Fahrzeugen und mehr als 1.000 Testfahrern). Aufgrund der Anforderungen der zuständigen Regulierungsbehörde sind diese Testfahrten sowie die Anzahl der darin von den Testfahrern vorgenommenen Deaktivierungen der KI-gestützten Steuerung gut dokumentiert.

Daraus lässt sich einerseits entnehmen, dass sich innerhalb der vergangenen dreieinhalb Jahre die Aktivitäten rapide gesteigert haben (siehe Abbildung 9.3). Andererseits wird deutlich, dass sich mit zunehmender Fahrleistung – insgesamt wurden in Kalifornien mehr als 2,5 Millionen Testkilometer absolviert – ein deutlicher Trend zur Reduktion solcher Fälle abzeichnet, in denen der Testfahrer eingreifen musste. Mehr als 90 Prozent der in Kalifornien gefahrenen Kilometer haben Waymo sowie GM Cruise absolviert. Auch nach der Zulassung für öffentliche Testfahrten in weiteren US-Bundesstaaten wie Arizona und Texas liegt Waymo mit einer Gesamtfahrleistung von knapp 11,3 Millionen Kilometern seit 2009 – allein die Hälfte davon zwischen Juni 2017 und Juni 2018 – vor den Konkurrenten.

Abschätzungen zeigen jedoch, dass eine Leistungssteigerung der KI durch eine derartige reine Imitation der menschlichen Fahrweise zu aufwendig und zu kostspielig ist, um Unfallquoten ausreichend zu reduzieren (Zhao und Peng 2017). Doch durch virtuelles Training lässt sich die Diversität sowie das Volumen der Trainingsdaten erhöhen. Beispielsweise ergänzt Waymo die bereits diskutierte Fahrleistung im Realverkehr mit 2,7 Milliarden Simulationskilometern in unterschiedlichen Szenarien. Dazu hat z. B. der Grafikprozessor-Hersteller Nvidia im Januar 2018 das Angebot für Entwickler um die Simulationsumgebung AutoSIM erweitert. Um die Zuverlässigkeit zu gewährleisten, wird derzeit eine begleitete Berechnung von Sicherheitszuständen im Straßenverkehr favorisiert (Shashua 2017), bei denen das Fahrzeug keinen Unfall verursachen kann. Analytische Berechnungen sollen somit eine sichere Fahrstrategie schaffen.

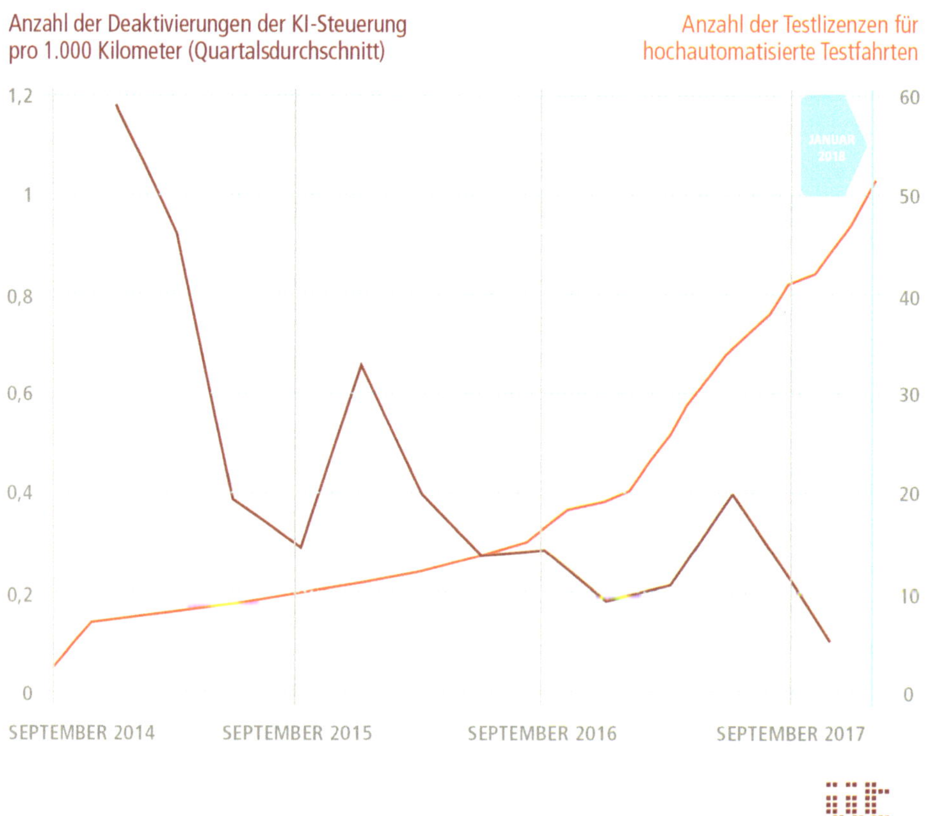

Abbildung 9.3: Anzahl der Deaktivierungen des KI-Steuersystems durch den erforderlichen Testfahrer pro 1.000 Kilometer (rote Linie) und Anzahl der erteilten Testlizenzen für autonomes Fahren im US-Bundesstaat Kalifornien (orangefarbene Linie).

Seltene, aber gefährliche Verkehrssituationen können anhand von synthetischen Daten in einem für das KI-Training ausreichenden Maße repräsentiert werden. Die virtuelle Umgebung basiert dabei auf Modellen der realen Welt, die allerdings die Frage aufwerfen, welcher Simulationsumfang ausreichend ist, um einen sicheren, der menschlichen Fahrfähigkeit überlegenen, Betrieb zu gewährleisten. Möglichkeiten zur Validierung und Zertifizierung KI-basierter Fahrfunktionen werden daher aktuell sowohl auf nationaler – z. B. beim Genesis-Projekt vom Deutschen Forschungszentrum für Künstliche Intelligenz (DFKI) und TÜV Süd – als auch auf europäischer Ebene – z. B. beim enableS3-Projekt – verfolgt.

Anwendungsbeispiel: Robo-Taxis

Ein weiteres Argument für die Einführung selbstfahrender Fahrzeuge ist ihr Potenzial, soziale Inklusion zu verbessern. Automatisierte Fahrzeuge können alle Menschen individuell und bedarfsgerecht nutzen. Auch heutige Preisschwellen sind nicht länger ein Hemmnis für die Mobilität des Einzelnen, denn man muss kein Auto mehr kaufen, sondern wie beim Fahrschein im öffentlichen Nahverkehr nur noch eine Mobilitätsdienstleistung bezahlen. Und da für automatisierte Fahrzeuge kein Fahrer erforderlich ist, werden die Kosten für sogenannte Robo-Taxis im Vergleich zu herkömmlichen Taxi- oder Fahrdienstangeboten geringer ausfallen sowie durch KI – geplante bessere Auslastung der Fahrzeuge sowie vorbeugende Wartung weiter sinken. Zusätzliche Ausgaben für die Software und Sensorik können somit kompensiert werden.

Solche Vorteile sprechen für einen Erfolg der Einführung solcher Angebote; einige davon befinden sich bereits im Probebetrieb – z. B. nuTonomy in Boston und Singapur – oder gehen gemäß derzeitiger Planungen bereits bis zum Jahr 2020 oder früher in den praktischen Betrieb über – wie Navya in Paris oder GM Cruise in den USA. Die Marktteilnehmer sind auch in diesem Anwendungsfall sehr heterogen. Neben reinen Mobilitätsdienstleistern wie Uber oder Lyft gesellen sich die Original Equipment Manufacturer (OEM) oder Erstausrüster der klassischen Automobilindustrie wie die Volkswagen AG mit dem Mobilitätsdienstleister MOIA und auch völlig neue Akteure im Straßenverkehr wie ioki von der Deutschen Bahn. Das umfangreichste Angebot stellt dabei derzeit das „Early Rider Program" von Waymo in der US-amerikanischen Stadt Phoenix dar, für das aus mehr als 20.000 Bewerbungen 400 Teilnehmende für eine Probephase ausgewählt wurden, die sich bereits heute jederzeit ein fahrerloses Fahrzeug bestellen und für Alltagsaktivitäten einsetzen können. Die Ambitionen von Waymo lassen sich darüber hinaus durch den Aufbau des Angebots in weiteren US-amerikanischen Städten, z. B. im texanischen Austin, sowie durch die Fahrzeugbestellungen bei Fiat Chrysler in Höhe von 62.000 elektrischen Minivans und bei Jaguar mit 20.000 I-Pace-Geländewagen belegen. Die Herausforderung besteht nach Angaben des Unternehmens in der Erweiterung in Gebiete mit komplexeren Wetter- und Straßenbedingungen.

Langfristig gesehen könnte diese Entwicklung die Geschäftsmodelle rund ums Auto grundlegend verändern. Einerseits wird sich der Anteil des Fahrzeugverkaufs am Umsatz verringern, andererseits werden die Einnahmen durch neue Mobilitätsdienstleistungen steigen („Mobility as a Service"). In einem autonomen Fahrzeug können den Passagieren auch weitere Dienste angeboten werden, da sie vollständig von Aufgaben der Fahrzeugführung entbunden sind. Da sich solche „Shared Mobility"-Angebote besonders für den Transport auf den ersten und letzten Kilometern einer Reise eignen, eröffnet sich hierdurch auch die Möglichkeit einer verkehrsträgerübergreifenden Echtzeit-Routenplanung von Haustür zu Haustür, z. B. Moovel von Mercedes oder die Transportation Mobility Cloud von Ford. Dies wiederum wird ein Anwendungsfeld der KI in Form des maschinellen Lernens sein.

Auswirkungen neuer Mobilitätsangebote

Die möglichen Auswirkungen der KI-gestützten Mobilitätsdienstleistungen sowie eines neuen persönlichen Mobilitätsverhaltens sind mannigfaltig und lassen sich im Einzelnen nicht präzise vorhersagen. Denkbar ist beispielsweise eine Reduzierung der Anzahl von Kurzstreckenflugreisen zu Gunsten von automatisierten Übernachtfahrten oder eine Gegenbewegung zur Urbanisierung dank der effizienteren Nutzung der Fahrzeit.

Zunächst wird interessant sein zu sehen, wie sich der Stadtverkehr entwickelt. Einerseits wird er durch einen besseren Verkehrsfluss entlastet, andererseits kommt jedoch zusätzlicher Verkehr auf – etwa aufgrund von Bevölkerungswachstum oder vermehrten Logistikfahrten, die bereits heute den Stadtverkehr aufgrund von Online-Bestellungen und anschließenden Einzelauslieferungen belasten. In einem voll- oder hochautomatisierten und mittels KI optimal koordinierten Verkehrssystem, in dem „Shared Mobility" verbreitet ist und Fahrzeuge im Privatbesitz eine Seltenheit sind, kann man jedoch insgesamt von einer deutlichen Steigerung der Fahrzeugauslastung ausgehen, die bei einem heutigen Stand von unter zehn Prozent (Barter 2013) deutlich verbesserungswürdig ist.

Auch kann aufgrund neuer Mobilitätsangebote der Bedarf an Parkplätzen in den Städten signifikant sinken. Dass sich dies in der Folge positiv auf den Verkehrsfluss auswirken würde, zeigt sich am Beispiel von Berlin, wo derzeit ein Drittel (Cookson und Pishue 2017) der durchschnittlichen Fahrzeit von 22,2 Minuten (Berliner Senatsverwaltung für Umwelt, Verkehr und Klimaschutz 2013) der Parkplatzsuche gilt. Dieses Verkehrsaufkommen würde sich bei einer besseren Fahrzeugauslastung naturgemäß verringern.

Eine umfassende Vernetzung des hochautomatisierten Transports und die Bereitstellung von Verkehrsinformationen durch die Infrastruktur kann von einer Cloud-basierten KI zur Verkehrsflussoptimierung und zum Flottenmanagement, z. B. der Robo-Taxis, genutzt werden. Die Vernetzung ermöglicht zudem eine optimale Verkehrskoordination, wobei Fahrzeiten sowie Staus minimiert werden. Dies gilt gleichermaßen für die Routenplanung von Lkw-Flotten, für die sich bei uneingeschränkten Betriebszeiten eine höhere Flexibilität ergibt. Auch können die hohen Datenmengen durch eine zentrale KI ausgewertet und für eine vorbeugende Wartung von Fahrzeugflotten verwendet werden.

Außerdem ist die Ausweitung hochautomatisierter Mobilität auch auf den Luftverkehr denkbar. Derzeit erforschen und entwickeln zahlreiche Teilnehmer dieses neuen Markts erste Prototypen (z. B. Airbus, Intel oder Uber) drohnenbasierter Transportmittel. Unabhängig von den zu lösenden technischen Fragen sind auch hier die rechtlichen und sicherheitstechnischen Aspekte sowie die Nutzerakzeptanz sehr hohe Hürden, die eine Einführung auch weit ausgereifter Technologie verhindern können. Denn jeder technische Fehler, der zu einem Absturz führt, kann katastrophale Folgen haben.

Neue Dienstleistungen

Ein zentrales Element der Dienstleistungen, die die Automobilindustrie den Fahrzeuginsassen selbstfahrender Fahrzeuge künftig anbieten könnte, wäre die Interaktion mit einem persönlichen virtuellen Fahrzeugassistenten, bei dem die KI für Spracherkennung und -verarbeitung sorgt. Da diese Technik in Smartphones und als Teil von Smart Homes schon weit verbreitet ist, würde der Einsatz in Fahrzeugen schlicht eine Erweiterung der Einflusssphären für diese Technik sein und in Gestalt von Smart Cars die Vernetzung vervollständigen. Analog zu den Entwicklungen in den Sektoren Smartphone und Smart Home startet jetzt auch in der Automobilindustrie ein Wettkampf um die Erschließung riesige Mengen personenbezogener Daten. Es sind dieselben Akteure, die sich gegenüberstehen: Die Entwickler der führenden Sprachassistenten Alexa – das sind Toyota, BMW und Ford – sowie von Google – das sind Honda, Hyundai und General Motors, durch den Einsatz in Android Auto, außerdem KIA – haben bereits begonnen, das Feld unter sich aufzuteilen. Sie treffen jedoch auch auf Konkurrenz, die Eigenlösungen anstrebt, dazu zählen Mercedes mit MBUX, Baidu Carlife und Apple mit Siri.

Aufbauend auf den bereits in Smartphones eingesetzten Funktionen kann ein Fahrzeugassistent zusätzlich die biometrische Identifizierung/Authentifizierung der Fahrzeuginsassen, die gestengestützte Anwendungssteuerung sowie eine Fahrer-/Passagierzustandserkennung übernehmen, woraus sich ein weiteres Anwendungsfeld der KI in der Mobilität ergibt. Den Gefühlszustand sowie die Fahrtüchtigkeit zu erfassen spielt beim teilautomatisierten Fahren eine wesentliche Rolle, um Fahrsicherheit zu gewährleisten. Beim vollautomatisierten Fahren bieten sie darüber hinaus Möglichkeiten an, Dienstleistungsangebote weiter zu personalisieren. Beispielsweise plant Toyota aufbauend auf den Assistenten Yui, welcher KI zur Erkennung von Mustern und Routinen verwendet, den Zustand des Menschen festzustellen und diese Information dann zu nutzen, um einen empathischen Assistenten zu schaffen. Denn um das Vertrauen der Fahrzeuginsassen zu gewinnen, muss ein Fahrzeugassistent die Anforderungen eines permanenten Touring-Tests erfüllen. Solche Fahrzeugassistenten könnten sich beispielsweise in Robo-Taxis schnell bezahlt machen, wenn der digitale Assistent auch dazu genutzt wird, das Verhalten der Passagiere zu überwachen, gegebenenfalls Schäden am Fahrzeug einer identifizierten Person zuschreiben und in Rechnung stellen zu können.

Für die Anwendung von KI in der Mobilität konnte innerhalb des zurückliegenden Jahrzehnts die Entwicklung von Hardware und Algorithmen die notwendigen Fortschritte machen. Besonders in den vergangenen Jahren kam es zu einem rasanten Anstieg der Forschungs- und Entwicklungsaktivitäten. Im Fokus steht zumindest in Deutschland das Automobil, da hier mit der Ablösung des Privatfahrzeugbesitzes ein fundamentaler Umbruch bevorsteht. Dieser Wandel bereitet völlig neuen Anwendungen den Weg, und damit einhergehend locken völlig neue Geschäftsmodelle auch neue, überwiegend KI-fokussierte Marktteilnehmer an. Ziel der Entwicklungen ist ein vollständig automatisiertes Verkehrssystem, welches ermöglicht, sowohl die Unfallrate zu reduzieren und die soziale Inklusion der Mobilität zu steigern als auch das Verkehrsmanagement in Verbindung mit einer besseren urbanen Raumplanung zu optimieren. Allerdings entsprechen der Stand der Vernetzung und Digitalisierung von Fahrzeugen und Infrastruktur sowie objektiv unverhältnismäßig hohe Anforderungen an das Sicherheitsniveau noch nicht den Anforderungen eines umfassenden, von der Gesellschaft akzeptierten Einsatzes. Da die Entwicklungsstrategien unterschiedlich und die möglichen Entwicklungspfade mannigfaltig sind, lässt sich zum heutigen Zeitpunkt nur schwer abschätzen, wann hochautomatisiertes Fahren selbstverständlicher Teil des Straßenverkehrs sein und sich das Mobilitätsverhalten aufgrund von individuell wirksamen KI-Anwendungen verändert haben wird.

Vor allem sind zusätzliche disruptive Veränderungen, z. B. die Einführung von Drohnen-Taxis, sowie Entwicklungssprünge im Bereich der KI-Hardware nicht auszuschließen. Für eine Prognose lassen sich jedoch als Referenz europäische Roadmaps heranziehen, die hochautomatisiertes Fahren im Jahr 2030 als etabliert betrachten (ERTRAC Arbeitsgruppe Connectivity and Automated Driving 2017). Auf internationaler Ebene kann die als Teil einer sektorübergreifenden KI-Initiative erteilte Vorgabe der chinesischen Regierung gelten, die eine Etablierung von autonomen Fahrzeugen für den Autobahnverkehr innerhalb von drei bis fünf Jahren und für den Stadtverkehr bis 2025 als Richtschnur festschreibt. Auch wenn China bereits über umfangreiche KI-

Kompetenzen verfügt (Baidu, Tencent usw.), ist diese Richtlinie in Anbetracht der diskutierten notwendigen Voraussetzungen allerdings als sehr ambitioniert einzustufen.

In Anbetracht einer deutlichen Zunahme von Testbetrieben im öffentlichen Verkehr darf man allerdings von einer deutlichen Intensivierung und Beschleunigung der Entwicklungstätigkeiten ausgehen. Zuletzt wurde im Februar 2018 mit der Zulassung von Waymo als Fahrdienstvermittlungsunternehmen im US-Bundesstaat Arizona der Grundstein für eine graduelle Einführung von Robo-Taxidiensten in den Städten gelegt. Nahezu gleichzeitig schuf Kalifornien die rechtliche Grundlage für den Betrieb autonomer Fahrzeuge im öffentlichen Verkehr ab April 2018. Voraussichtlich werden KI-gestützte Transportangebote bereits in naher Zukunft einen Teil der Alltagsmobilität ausmachen und das Mobilitätsverhalten langfristig grundlegend verändern.

Literatur

Barter, Paul (2013): „Cars are parked 95% of the time". Let's check! Hg. v. Reinventing Parking. Online verfügbar unter https://www.reinventingparking.org/2013/02/cars-are-parked-95-of-time-lets-check.html, zuletzt geprüft am 21.02.2018.

Berliner Senatsverwaltung für Umwelt, Verkehr und Klimaschutz (Hrsg.) (2013): Mobilität der Stad. Kenndaten zur Mobilität. Online verfügbar unter https://www.berlin.de/senuvk/verkehr/politik_planung/zahlen_fakten/download/Mobilitaet_dt_Kap-1-2.pdf, zuletzt geprüft am 21.02.2018.

Cookson, Graham; Pishue, Bob (2017): The Impact of Parking Pain in the US, UK and Germany. Hg. v. INRIX Research. Online verfügbar unter http://inrix.com/research/parking-pain/, zuletzt geprüft am 21.02.2018.

ERTRAC Arbeitsgruppe Connectivity and Automated Driving (2017): Automated Driving Roadmap.

Ethik-Kommission (2017): Automatisiertes und vernetztes Fahren. Eingesetzt durch den Bundesminister für Verkehr und digitale Infrastruktur.

IEEE Spectrum (2018): Exposing the Power Vampires in Self-Driving Cars. Unter Mitarbeit von Peter Fairley. Online verfügbar unter https://spectrum.ieee.org/cars-that-think/transportation/self-driving/exposing-the-power-vampires-in-self-driving-cars, zuletzt geprüft am 21.02.2018.

National Highway Traffic Safety Administration (NHTSA) (Hrsg.): Automated Vehicles for Safety. Online verfügbar unter https://www.nhtsa.gov/technology-innovation/automated-vehicles-safety, zuletzt geprüft am 21.02.2018.

National Highway Traffic Safety Administration (NHTSA) (2017): 2016 Fatal Motor Vehicle Crashes: Overview. Traffic Safety Facts - Research Note (DOT HS 812 456). Online verfügbar unter https://crashstats.nhtsa.dot.gov/Api/Public/Publication/812456, zuletzt geprüft am 27.02.2018.

Shashua, Amnon (2017): Autonomous Vehicles and Artificial Intelligence: on Achieving a Safe and Scalable Platform. World Knowledge Forum 2017. Seoul, 18.10.2017.

Silver, David; Schrittwieser, Julian; Simonyan, Karen; Antonoglou, Ioannis; Huang, Aja; Guez, Arthur et al. (2017): Mastering the game of Go without human knowledge. In: Nature 550 (7676), S. 354–359. DOI: 10.1038/nature24270.

Smith, Bryant Walker (2013): Human Error as a Cause of Vehicle Crashes. The Center for Internet and Society (CIS) at Stanford Law School. Online verfügbar unter http://cyberlaw.stanford.edu/blog/2013/12/human-error-cause-vehicle-crashes, zuletzt aktualisiert 2015, zuletzt geprüft am 21.02.2018.

The Guardian (Hrsg.) (2016): Tesla driver dies in first fatal crash while using autopilot mode. Unter Mitarbeit von Danny Yadron und Dan Tynan. San Francisco. Online verfügbar unter https://www.theguardian.com/technology/2016/jun/30/tesla-autopilot-death-self-driving-car-elon-musk, zuletzt geprüft am 21.02.2018.

Wu, Ren; Yan, Shengen; Shan, Yi; Dang, Qingqing; Sun, Gang (2015): Deep Image: Scaling up Image Recognition. Hg. v. arXiv. Online verfügbar unter https://arxiv.org/pdf/1501.02876v3.pdf, zuletzt geprüft am 21.02.2018.

Zhao, Ding; Peng, Huei (2017): From the Lab to the Street: Solving the Challenge of Accelerating Automated Vehicle Testing. Mcity - University of Michigan. Ann Arbor. Online verfügbar unter https://mcity.umich.edu/wp-content/uploads/2017/05/Mcity-White-Paper_Accelerated-AV-Testing.pdf, zuletzt geprüft am 14.02.2018.

10. Maschinelle Übersetzung

Antonia Schmalz

Das Internet ist dazu geeignet, Wissen zu demokratisieren und Informationen allen zugänglich zu machen sowie Zusammenarbeit zu fördern. Grundvoraussetzung dafür ist jedoch, dass man sich gegenseitig versteht. Ein automatisches Übersetzungssystem könnte helfen, Sprachbarrieren zu überwinden, doch die menschliche Sprache ist komplex und mehrdeutig. Übersetzungen können vom Kontext abhängen oder zusätzliches Wissen erfordern. Versuche der maschinellen Übersetzung lieferten daher bisher unzuverlässige und unnatürliche Ergebnisse. KI-Methoden könnten endlich Abhilfe schaffen: Künstliche neuronale Netze (KNN) sind in der Lage, selbstständig aus großen Datensätzen zusätzliches Wissen zu extrahieren, z. B. darüber, welche Wortkombinationen in einem bestimmten Kontext sinnvoll oder welche Formulierungen üblich sind. So kann es gelingen, der Vision, menschliche Sprache möglichst natürlich und korrekt wiederzugeben, tatsächlich einen Schritt näher zu kommen.

Laut Überlieferung der Bibel scheiterte bereits das Projektmanagement des Turmbaus zu Babel daran, dass die Strafe für dieses vermessene Vorhaben eine effiziente Kommunikation durch eine fehlende gemeinsame Sprache und damit die Errichtung des Turms selbst unmöglich machte. Zu den Menschheitsträumen zählt seither so etwas wie ein Universalübersetzungsgerät, allerdings gibt es das bislang nur in der Science-Fiction, etwa in Douglas Adams Buch „Per Anhalter durch die Galaxis". Darin tritt der Universalübersetzer durch einen „Babelfisch" in Erscheinung, dessen Namensgebung wieder auf die erste bekannte Problemsituation dieser Art verweist. Der Babelfisch ermöglicht demjenigen, der ihn im Ohr trägt, direkt in einer ihm fremden Sprachen zu kommunizieren.

Als nun in den vergangenen Jahrzehnten die Welt durch das aufkommende und explosionsartig wachsende Internet näher zusammenrücken konnte und Informationsaustausch und Zusammenarbeit globaler wurden, spürte man erneut schmerzlich das Fehlen eines funktionstüchtigen Übersetzungswerkzeugs. So wurde im Jahr 1997 auch der erste Babelfisch vermeintlich Realität. Der Online-Dienst Babel Fish der Suchmaschine AltaVista, später Yahoo, übersetzte Texte auf Knopfdruck zwischen 36 Sprachenpaaren aus 13 Sprachen. Die zugrundeliegende Software der Firma Systran nutzte ein regelbasiertes Übersetzungssystem, das manuell vordefi-

V. Wittpahl (Hrsg.), *Künstliche Intelligenz*,
DOI 10.1007/978-3-662-58042-4_12, © Der/die Autor(en) 2019

nierte Syntax- und Grammatikregeln sowie Wörterbücher der betrachteten Sprache beherrschte und Sätze Wort für Wort abarbeitete.

Schnell zeigten sich jedoch die engen Grenzen dieser maschinellen Übersetzung. Ohne jegliche Alltagserfahrung und ohne ein zumindest rudimentäres „Verständnis" für die Zusammenhänge im Satz oder gar im gesamten Text ist es dem Computer nicht möglich, Mehrdeutigkeiten aufzulösen. Handelt es sich nicht gerade um einen Horrorroman, ist jedem menschlichen Leser mit einer gewissen Lebenserfahrung ohne weiteren Zusammenhang klar, dass für die Aussage „Ich öffnete das Einmachglas mit meiner rechten Hand" kein Blut fließen musste. Zur zweifelsfreien Interpretation des Berichts „Ich traf den Sohn des Nachbarn mit einem blauen Ball" ist hingegen auch für den Menschen mehr Kontext nötig. Ein Computer ohne Lebenserfahrung, der nur einzelne oder wenige Wörter im Zusammenhang betrachtet, muss hier scheitern.

Die Babel-Fish-Webseite wurde daher weithin berühmt für die Kreation absurder Aussagen – im deutschen Sprachraum insbesondere für die maschinelle Übersetzung der Starr-Reporte zur Lewinsky-Affäre des damaligen US-Präsidenten Clinton, die AltaVista 1998 zuerst stolz direkt auf der Startseite verlinkte. Als die Internetreaktionen klarmachten, dass Übersetzungen wie „Im Verlauf des Flirtings mit ihm hob sie ihre Jacke in der Rückenseite und zeigte ihm die Brücken ihrer Zapfenunterwäsche." (z. B. Strassmann 1998) keine Werbung für den Babel Fish waren, wurde der Text wieder entfernt. Der Babel Fish konnte dennoch im Jahr 2001 ca. 1,3 Mio. Übersetzungen pro Tag verzeichnen (Yang 2003). Sein Nutzen war, den Lesenden schnell und unkompliziert die wesentliche Aussage zu vermitteln, sogenanntes „gisting" – nicht einen publizierbaren Text zu generieren.

Bis ins Jahr 2018 hat sich die Qualität der maschinellen Übersetzung durch den Übergang zu selbstlernenden Systemen (siehe Einleitung zu Kapitel Technologie „Entwicklungswege zur KI") zwar deutlich verbessert, die grundlegenden Probleme und Herausforderungen sind aber die gleichen geblieben. Die Tatsache, dass einem Computer die für die kontextsensitive Übersetzung nötige Alltagserfahrung fehlt, legt sogar die Vermutung nahe, dass eine zuverlässig fehlerfreie, maschinelle Übersetzung nie möglich sein wird (Winther Madsen 2009).

Abbildung 10.1 zeigt links eine maschinelle Übersetzung nach dem aktuellen Stand der Technik eines beliebig ausgewählten Textes aus der New York Times. Der Sinn des ersten Satzes ist nicht zu entnehmen, da die Doppeldeutigkeit des englischen Wortes „skate" (hier eigentlich „Rochen", nicht „Schlittschuh") falsch aufgelöst wurde und „land vertrebrates" (eigentlich Landwirbeltiere, nicht Landwirt) falsch übersetzt wurde. Die nachfolgenden Sätze sind jedoch gut verständlich.

ENGLISCH ▼

DEUTSCH ▼

You can trace the heritage of little skates and land vertebrates back to a common ancestor that lived about 420 million years ago.

This primitive fish gave rise to the vast majority of vertebrate species, including all fish with paired fins. Typically, these pectoral and pelvic fins — which correspond to forelimbs and hindlimbs in land vertebrates — are small and largely used for balance and steering. To really propel themselves, most fish wriggle their powerful tails.

Sie können das Erbe der kleinen Schlittschuhe und Landwirte auf einen gemeinsamen Vorfahren zurückverfolgen, der vor etwa 420 Millionen Jahren gelebt hat.

Aus diesem primitiven Fisch entstanden die meisten Wirbeltierarten, einschließlich aller Fische mit gepaarten Flossen. Typischerweise sind diese Brust- und Beckenflossen - die Vordergliedmaßen und Hintergliedmaßen in Landvertebraten entsprechen - klein und weitgehend für Gleichgewicht und Steuerung verwendet. Um sich selbst voranzutreiben, winden die meisten Fische ihre mächtigen Schwänze.

Abbildung 10.1: Textausschnitt aus einem zufällig ausgewählten Artikel der New York Times sowie das Ergebnis der maschinellen Übersetzung mit Google Translate (eigene Darstellung).

Der heilige Gral der maschinellen Übersetzung wird jedoch auch für die nahe Zukunft unerreicht bleiben, nämlich eine zuverlässig korrekte, aber vor allem auch eine natürlich klingende Übersetzung zu erzeugen.

Anwendungen

Was ein Übersetzungsprogramm wirklich leisten muss, hängt stark vom Zweck ab. Wird eine automatische Übersetzung im kommerziellen, politischen oder juristischen Umfeld genutzt, ist es für die Außendarstellung eines Unternehmens wünschenswert oder rechtlich sogar nötig, dass die Übersetzung vollständig korrekt ist. Beispiele hierfür sind die Pflege der Webseite eines internationalen Unternehmens oder Protokolle von internationalen, politischen Tagungen. Hier müssen menschliche Übersetzerinnen und Übersetzer den Text in jedem Fall nachbearbeiten, und das Übersetzungsprogramm dient im Wesentlichen der Zeitersparnis. Die Einsatzdomänen sind meist sehr spezifisch, a priori bekannt, und oftmals existieren schon individuell gepflegte Datenbanken mit verifizierten Übersetzungen von Phrasen, Sätzen und Textabschnitten, auf die ein Programm zurückgreifen kann und die wiederverwendet werden können (Übersetzungsspeicher). Die Übersetzungsprogramme können sehr speziell auf die jeweiligen Anwendungsdomänen ausgerichtet und für diese vorkonfiguriert werden. Eine Ausnahme sind zum Beispiel Filmuntertitel, die verschiedenste Bereiche berühren können. Anbieter von Übersetzungsprogrammen, die primär diesen Markt adressieren, sind z. B. Omniscien Technology, SDL, Yandex oder Systran. Im Angebot sind sowohl Serverlösungen, die der Kunde – z. B. aus Sicherheits- und Geheimhaltungsgründen – direkt bei sich betreiben kann, als auch Cloud-Services. Die maschinelle Übersetzung hat für diese Anwendungen eine überwiegend wirtschaftliche Bedeutung, in dem Sinn, dass primär Kosten und Zeit von sonst nötigen professionellen Übersetzern eingespart werden können.

Auf der anderen Seite gibt es Anbieter wie Google, Microsoft, DeepL oder auch Facebook und Amazon, die eine Generalübersetzung zur Verfügung stellen wollen – als Service für den Internetnutzer, den Social-Media-Nutzer, Reisende, die die Online-Bewertung von Hotels verstehen möchten, oder den Hausmann, der das leckere Bibimbap aus dem letzten Asienurlaub möglichst original nachkochen möchte. Solche Übersetzungsprogramme müssen alle möglichen Domänen abdecken können, es ist aber meistens ausreichend, wenn sie den Sinn des Ursprungstextes wiedergeben können. In diesem Anwendungsfeld ist neben einem wirtschaftlichen Nutzen vor allem auch ein gesellschaftlicher Vorteil zu sehen, da die Kommunikation über Sprachgrenzen erleichtert wird, und insbesondere auch mehr Menschen Zugang zu Wissen und Informationen bekommen, die etwa im Internet im Wesentlichen auf Englisch verfügbar sind (siehe auch Sprachenerweiterung und „Low-Resource Languages").

Nicht zu vernachlässigende Treiber der Entwicklung von Übersetzungsprogrammen sind auch Polizei und Militär. Im Rahmen der Terrorismusbekämpfung soll gegebenenfalls automatisiert fremdsprachige Kommunikation nach Hinweisen auf verdächtiges Verhalten durchsucht werden, die über einzelne Schlagwörter hinausgehen. Auch Soldaten in den Einsatzgebieten sollen in der Kommunikation mit der Bevölkerung vor Ort unterstützt werden.

Durch zunehmend international agierende Unternehmen und sprachübergreifende Social-Media-Anwendungen entsteht ein starker „Application Pull", auf den verstärkt und verstärkend wirkend ein „Technology Push" durch die drastische Weiterentwicklung von Deep-Learning-Algorithmen und neuronalen Netzwerken trifft.

Die Übersetzungsalgorithmen, die derzeit weiterentwickelt werden, sind selbstlernende Systeme ohne vorgegebene Sprachregeln, die bei der Übersetzung mehr als ein einzelnes Wort im Zusammenhang betrachten können. Hierfür werten sie eine möglichst große Datenbank von Texten aus, die parallel in den betrachteten Sprachen vorliegen (Prinzip des Rosettasteins). Üblicherweise ist ein zentraler Bestandteil dieser Datenbank das Archiv der Vereinten Nationen mit mehreren Milliarden Wörtern in zahlreichen Sprachen.

Statistische Maschinelle Übersetzung (SMT)

Im Jahr 2007 führte Google als einer der ersten Anbieter ein selbstlernendes Übersetzungssystem ein, das Datenbanken statistisch auswertete (Statistical Machine Translation, SMT) und so die wahrscheinlichsten Übersetzungen eruierte. Aktuell werden bei der statistischen Übersetzung jeweils eine Reihe von aufeinanderfolgenden Wörtern gleichzeitig betrachtet (Phrase-based Machine Translation, PBMT) und damit auch die Häufigkeit von Wortkombinationen evaluiert, wodurch implizit auch der Kontext zu einem geringen Grad berücksichtigt wird, wenn die sinnrelevanten Wörter eng genug beisammenstehen.

Probleme treten hier vor allem bei Sprachpaaren auf, bei denen sich die Wortreihenfolge und/oder die grammatikalische Struktur stark unterscheiden. Durch die Einbindung zusätzlicher Sprachmodelle, „Reordering"-(Umsortierungs-)Modellen und weiterer unterstützender Algorithmen wird diesen Defiziten entgegengewirkt. Durch den statistischen Ansatz entsteht außerdem eine starke Abhängigkeit vom Trainingsmaterial. Trainiert man etwa als Extrembeispiel einen Algorithmus ausschließlich mit Texten aus der Zoologie, wird in der anschließenden Übersetzung eines Berichts über ein Baseballspiel das englische Wort „bat" trotzdem immer als „Fledermaus", nicht aber als „Schläger" wiedergegeben werden. Im ersten Hype um das damals neue Verfahren zitiert die Zeitschrift Computerbild (Hülsbörner, 2007) Philipp Köhn, einen der Mitentwickler der SMT: „Technische und politische Texte können wir völlig problemlos übersetzen lassen – von Sportberichten und Kochrezepten lassen wir dagegen lieber die Finger". Ursache dieser Einschätzung war die thematische Beschränkung der Themen, die in den frei verfügbaren und zum Training nutzbaren Texten der Vereinten Nationen oder Europäischen Union existiert.

Neuronale Maschinelle Übersetzung (NMT)

Im November 2016 führte Google dann mit großer Medienresonanz das erste Übersetzungssystem ein, das sich eines neuronalen Netzes (Neural Maschine Translation, NMT) bediente und versprach, mit natürlicheren Sätzen die Lücke zwischen menschlicher und maschineller Übersetzung zu schließen („Bridging the Gap between Human and Machine Translation"; (Yonghui Wu et al., 2016)). Bis dato gab es zwar vielversprechende Arbeiten zur Nutzung neuronaler Netze, die NMT-Systeme schnitten aber im Praxistest schlechter ab als ausgereifte SMT-Übersetzer. Google konnte erstmals verschiedene Schwächen, wie etwa die langsamere Trainingsgeschwindigkeit, die ineffiziente Behandlung von seltenen Wörtern oder das Problem, dass manchmal nicht alle Wörter des Ursprungssatzes übersetzt wurden, erfolgreich ausgleichen.

Anders als bei der SMT wird bei der NMT immer ein vollständiger Satz gleichzeitig betrachtet. Mathematisch wird von einer linearen Abbildung zwischen Eingangs-

und Ausgangssprache in der SMT übergegangen zu einer nicht-linearen Abbildung in der NMT, basierend auf einer Vektordarstellung des Ein- und Ausgangssatzes über mehrere Zwischenstufen und mehrere Abstraktionsgrade. Dadurch kann jedes einzelne Wort jeweils in der Abhängigkeit von allen anderen Wörtern im Satz betrachtet werden. Zusätzliche Sprachmodelle sind hier nicht nötig. Durch die gleichzeitige Betrachtung eines vollständigen Satzes mit allen Abhängigkeiten können NMT-Algorithmen insbesondere besser mit sogenannten „long-distance dependencies" umgehen, d. h. getrennten Satzteilen, die grammatikalisch und/oder inhaltlich voneinander abhängen und die Aussage stark beeinflussen können. Besonders im Deutschen sind solche „long-distance dependecies" häufig: „Für die Geburtstagsfeier der dreijährigen Lise brachte der Vater ein Kaninchen mit einer blauen Schleife mit/um." Auch Sprachpaare, bei denen die Wortreihenfolge stark unterschiedlich ist, beherrscht NMT besser. Die starke Abhängigkeit von Umfang, Qualität und Ausrichtung des Trainingsmaterials besteht jedoch auch hier. Allgemein erzeugen NMT-Systeme deutlich natürlicher klingende, für den Menschen verständlichere Sätze als SMT-Systeme, die auch den Inhalt besser wiedergeben. Die Satzstruktur ist besser, es gibt weniger Syntaxfehler und weniger Fehler in der Wortreihenfolge.

Auf der Webseite des Übersetzungsprogramms Microsoft Translator (Microsoft) kann der interessierte Nutzer selbst vergleichende Tests durchführen und ein Gefühl für die jeweilige Übersetzungsqualität bekommen. Die beiden Beispiele in Abbildung 10.2 demonstrieren einerseits das bessere Niveau der NMT-Übersetzung, andererseits aber auch die immer noch vorhandene Unzulänglichkeit bei Übersetzungen, die ein Verständnis der Aussage erfordern.

Auch wenn nach Google im Verlauf des Jahres 2017 fast alle großen Anbieter von Übersetzungswerkzeugen, wie Microsoft/Bing, Yandex, Systran, SDL oder Omniscien Technologies, die NMT-Technologie in ihre Systeme integriert haben, wurde dadurch der SMT-Algorithmus nicht automatisch ersetzt. Oftmals werden hybride Verfahren angeboten, die die Vorteile beider Ansätze nutzen. So lassen sich bei SMT-Algorithmen etwa leichter problem- bzw. anwendungsspezifische Datenbanken einbinden, die eine bestimmte fachspezifische Terminologie oder regelmäßig wiederkehrende Sätze und Formulierungen mit verifizierter Übersetzung (Übersetzungsspeicher) enthalten. Anders als NMT kann dies dadurch auch sicherstellen, dass feste Bezeichnungen über einen Text hinweg konsistent übersetzt werden. Abhängig vom Anwendungszweck, der Anwendungsdomäne, dem verfügbaren Trainingsmaterial und auch dem betrachteten Sprachenpaar kann SMT auch die bessere Übersetzungsqualität liefern (siehe z. B. M. Farajian et al.).

Im August 2017 trat überraschend ein neuer Player auf den Markt. Das deutsche Unternehmen DeepL behauptet auf seiner Webseite (DeepL) unbescheiden, dass „im Blindtest […] DeepLs Resultate etwa drei Mal so häufig als beste Übersetzung gewählt

DEUTSCH ▼

Zum 15. Jahrestag von 9/11 erklärt Expertin Amanda Ripley, wieso manche Menschen im World Trade Center auf die Anschläge vorbereitet waren und sich retten konnten – und andere nicht.

ENGLISCH ▼

SMT

To the 15th anniversary of 9/11, an expert does not explain Amanda Ripley, why some people in the World Trade Center to the attacks were prepared and could – save yourself and others.others not)

NMT

On the 15th anniversary of 9/11, expert Amanda Ripley explains why some people in the World Trade Center were prepared for the attacks and saved themselves – and not others. (korrekt: - and others not)

DEUTSCH ▼

Zwei Tage später veränderte sich alles in seinem Leben, als er nach der Physiotherapie mit dem Auto zum Trainingszentrum fahren wollte – dieses aber nicht mehr erreichte.

ENGLISCH ▼

SMT

Two days later everything in his life changed but no longer reached when he wanted to – go after the physiotherapy training centre by car this.

NMT

Two days later, everything changed in his life when he wanted to drive to the training center by car after physiotherapy – but this was no longer achieved. (korrekt: reached)

Abbildung 10.2: Auf der Webseite des Microsoft Translators (Microsoft) können eigene Texte oder Beispielsätze aus einer Datenbank mit den beiden verfügbaren Algorithmen (SMT, NMT) übersetzt werden (eigene Darstellung der Übersetzungsergebnisse).

werden, wie die der anderen." Die zugrundeliegenden neuronalen Netze sind bei DeepL erstmals keine sogenannten rekurrenten neuronalen Netze, sondern „Convolutional Networks". Solche Architekturen sind für die Bilderkennung üblich, für die Übersetzung gab es bisher Forschungsarbeiten – auch z. B. von Google und Facebook –, aber keine kommerziellen Implementierungen. Der Vorteil von Convolutional Networks ist, dass alle Wörter parallel übersetzt werden können und bereits optimierte Bibliotheken für die Berechnung existieren (Merkert, 2017). Darüber hinaus profitiert die Qualität des DeepL-Systems von einem weiteren Faktor. DeepL bot vorher unter dem Firmennamen Linguee eine Suchmaschine für Übersetzungen an und konnte damit extrem umfangreiche, qualitativ sehr hochwertige Trainingsdaten sammeln.

Die zentrale Technologie der Zukunft wird sicherlich ein selbstlernendes System jenseits der rein statistischen Methoden sein. Das ist neben der reinen Qualitätsdebatte unter anderem auch begründet durch die Möglichkeit von Zero-Shot-Übersetzungen, das heißt direkte Übersetzungen zwischen Sprachenpaaren, für die keine parallelen Texte zum Training vorliegen (siehe auch Textfundus). Welche Ausprägung sich durchsetzt und welche Versprechen und Visionen damit tatsächlich erfüllt werden können, wird sich in den kommenden Jahren zeigen. Die technologischen Fortschritte überholen sich gerade, die Nachfrage aus möglichen Anwendungen ist enorm. Die Themen Machine Learning (ML) und Deep Learning (DL) standen 2017 in Gartners Hype Cycle (Columbus 2017) auf dem höchsten Punkt, der für aufgeblasene Erwartungen an diese Technologie steht. Der Antwort auf die Frage, wie nahe eine Übersetzung durch eine Künstliche Intelligenz der natürlichen Sprache kommen kann, werden uns die nächsten Jahre also zumindest etwas näher bringen.

Evaluation

Um eine definitive Aussage darüber treffen zu können, welcher Algorithmus die besseren Ergebnisse liefert, muss die Übersetzungsqualität objektiv gemessen werden. Das ist insbesondere wichtig, um die Parametereinstellungen vorhandener Algorithmen optimieren beziehungsweise weiterentwickeln zu können. Wird in anderem Kontext ein KI-System z. B. trainiert, Straßenschilder in Videoströmen zu finden, lässt sich leicht überprüfen, wie viele Schilder richtig als solche identifiziert und wie viele übersehen wurden. Die quantitative Bewertung der Qualität einer automatischen Sprachübersetzung ist jedoch selbst Gegenstand wissenschaftlicher Debatten. Wie die „beste" Übersetzung eines Satzes lautet, ist subjektiv, es gibt oft mehrere inhaltlich und grammatikalisch korrekte Versionen. Ein automatisierter, objektiver Vergleich mit einer subjektiven Referenzübersetzung wird nie eine absolute Aussagekraft haben.

Eine weit verbreitete Metrik ist das BLEU-System (Papineni et al. 2002). Grundidee hier ist zu vergleichen, wie viele Wörter aus der automatischen Übersetzung auch in einer humanen Referenzübersetzung nahe zusammen vorkommen. Grammatik und Syntax werden nicht evaluiert. Schwächen dieser Metrik lassen sich am einfachsten an einem Extrembeispiel demonstrieren. Den englischen Satz „The food in prison was horrible." übersetzt Google Translate korrekt mit „Das Essen im Gefängnis war schrecklich". Lautet der deutsche Referenzsatz, mit dem die Übersetzung für die Bewertung verglichen wird, aber „Die Nahrung in der Haftanstalt war fürchterlich.", wird der BLEU-Wert miserabel ausfallen, da einzig das Wort „war" identisch ist. Die Metrik kann wegen solcher Unzulänglichkeiten nicht zur Evaluierung eines einzelnen Satzes genutzt werden, sondern muss über längere Texte gemittelt werden.

Mit der Veröffentlichung des NMT-Systems gab Google an, für die Übersetzung eines häufig verwendeten Referenztexts (WMF'14) vom Englischen ins Französische einen

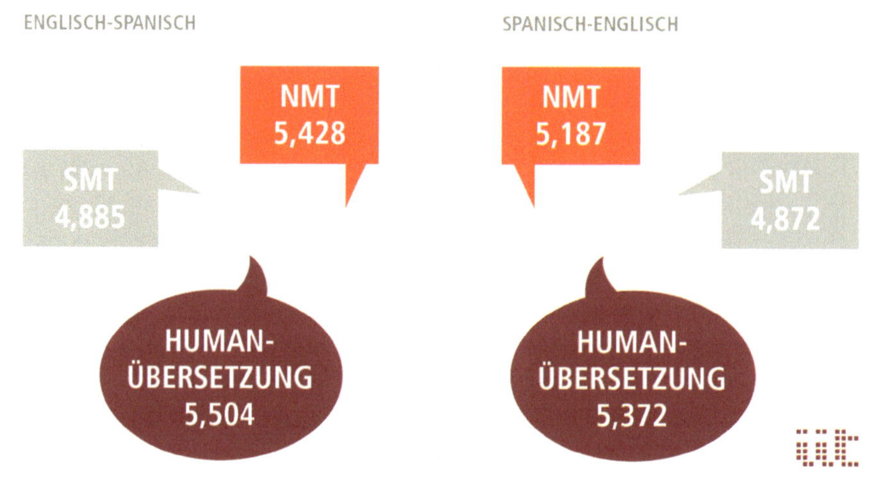

Abbildung 10.3: Die betrachtete SMT ist der phrasenbasierte Algorithmus „Google Translate" und die NMT der neuronale Algorithmus „Google Neural Machine Translation (GNMT)". Die Humanübersetzung wurde durch bilinguale Menschen erstellt. Die Zahlenwerte geben die Bewertung der jeweiligen Übersetzung durch menschliche Prüfer an (0 = schlecht, 6 = perfekt).

BLEU-Wert von 38.95 (aus 0 bis 100) zu erreichen und für die Übersetzung vom Englischen ins Deutsche 24,17 BLEU (Wu et al. 2016). DeepL gibt an, auf den gleichen Testdaten 44,7 für Englisch-Französisch und 31,1 BLEU für Englisch-Deutsch zu erreichen. Kritiker der BLEU-Metrik bemerken jedoch, dass durch die Schwächen des Messverfahrens Änderungen um wenige Punkte nicht aussagekräftig sind (Pan 2016).

Zusätzlich zur BLEU-Evaluierung ließ Google im Rahmen der gleichen Veröffentlichung menschliche Prüfer drei Versionen einer Übersetzung bewerten: SMT, NMT und Human. Die Prüfer vergaben 0 bis sechs Punkte für die Qualität der Übersetzung. Abbildung 10.3 zeigt das Ergebnis und die Verbesserung der Qualität durch das neuronale Netz. Doch allein die Tatsache, dass selbst die Humanübersetzung nicht die volle Punktzahl erreichte, zeigt, wie subjektiv eine Qualitätsbewertung ist.

Der Hersteller von Übersetzungssoftware Omniscien Technologies weist in einem White Paper außerdem darauf hin, dass die Qualität der Übersetzung sehr stark von verschiedenen Randbedingungen abhängt. Neben dem gewählten Algorithmus spielen auch die Trainingsdaten (Qualität, Umfang, spezifische Domänen), das konkrete Sprachenpaar und die Art des Textes (technisch, formal, umgangssprachlich) wie auch die Zieldomäne und konkrete Anwendung eine wichtige Rolle.

Textfundus und Zero Shot Translation

Ein kritischer Faktor für die Qualität einer Übersetzung ist der Textfundus, mit dem der selbstlernende Algorithmus trainiert wird. Traditionell wurden hier Dokumente aus dem Umfeld der UN oder der EU herangezogen, die professionelle Übersetzer in zahlreichen Sprachen parallel erstellen und die frei verfügbar sind. Bücher, die in mehrere Sprachen übersetzt wurden, sind typischerweise nicht im großen Umfang frei zugänglich. Der Anbieter DeepL gründet seinen Erfolg unter anderem darauf, dass er aus seiner Unternehmensvorgeschichte Zugriff auf Milliarden qualitativ hochwertiger Übersetzungen hat. Die großen Anbieter, die bestimmte kommerzielle Domänen adressieren, heben sich vor allem auch durch das jeweilige domänenspezifische Trainingsmaterial voneinander ab. Unter den Generalübersetzern hat z. B. Google durch seinen Zugriff auf riesige Datenmengen in verschiedenen Sprachen einen Vorteil gegenüber Wettbewerbern. Da diese Daten jedoch nicht zwingend verifiziert und von guter Qualität sind, kann ein geringerer Datenumfang die gleiche oder sogar bessere Übersetzungsqualität liefern, solange die Güte der Trainingsdaten zuverlässig hoch ist.

Einen von vielen interessanten, im Zusammenhang mit der Auswahl des Textfundus auftretenden Effekten beschrieb Nataly Kelly, Vice President bei Smartling: „Given that male pronouns have been over-represented throughout history in most languages and cultures, machine translation tends to reflect this historical gender bias." (Errens) (Übersetzung mit DeepL: „Da männliche Pronomen in der Geschichte in den meisten Sprachen und Kulturen überrepräsentiert waren, spiegelt die maschinelle Übersetzung diese historische geschlechtsspezifische Ausrichtung wider."). So kann es etwa passieren, dass das englische „engineer" unabhängig vom Kontext eher mit Ingenieur als mit Ingenieurin übersetzt wird.

Wenn nur beschränkt viel Textmaterial verfügbar ist, zeigt sich eine weitere Stärke der NMT. So können z. B. prinzipiell auch einsprachige Texte zum Lernfortschritt beitragen, da hieraus auch Sprachstruktur einer einzelnen Sprache und begünstigte Wortkombinationen entnommen werden können. Die Verbesserung der Lernprozesse, insbesondere unter Einbeziehung von monolingualem Trainingsmaterial ist derzeit denn auch ein zentraler Entwicklungspunkt. Das ist besonders für diejenigen Sprachenpaare relevant, für die keine oder nur wenige gemeinsame, bilinguale Texte vorliegen.

In genau diesen Fällen erweist sich die NMT der SMT durch ein weiteres Potenzial als überlegen: Sie bietet die Möglichkeit zur sogenannten Zero-Shot-Translation. Gibt es etwa für das Sprachenpaar Finnisch-Afrikaans nicht genügend zweisprachiges Trainingsmaterial, muss mit dem SMT-Verfahren eine Zwischensprache genutzt werden, mit der es jeweils bilinguale Texte gibt, die parallel statistisch ausgewertet werden können („Pivot-Translation"). So muss erst vom Finnischen z. B. ins Englische und im

Anschluss vom Englischen in Afrikaans übersetzt werden. In diesem Prozess akkumulieren sich Übersetzungsfehler drastisch und die Ausgabe in der Zielsprache ist zum Teil kaum mehr verständlich. Ein neuronales Netz hingegen kann prinzipiell gleichzeitig mit allen Trainingsdaten mehrerer Sprachen gefüttert werden (Johnson et al. 2017) und direkt Verbindungen über mehrere Sprachen hinweg aufbauen. Wenn keine direkte Verbindung zwischen zwei Sprachen besteht, kann über Logikketten eine Übersetzung von anderen Sprachenpaaren abgeleitet werden, die relevante Informationen beinhalten (Abbildung 10.4). In der Realität werden derzeit jedoch viele neuronale Systeme für konkrete Sprachenpaare konfiguriert und trainiert. Die Zero-Shot Translation steht erst am Anfang der Entwicklungen und wird zu weiteren Verbesserungen in der Übersetzungsqualität bei allen Sprachpaaren beitragen.

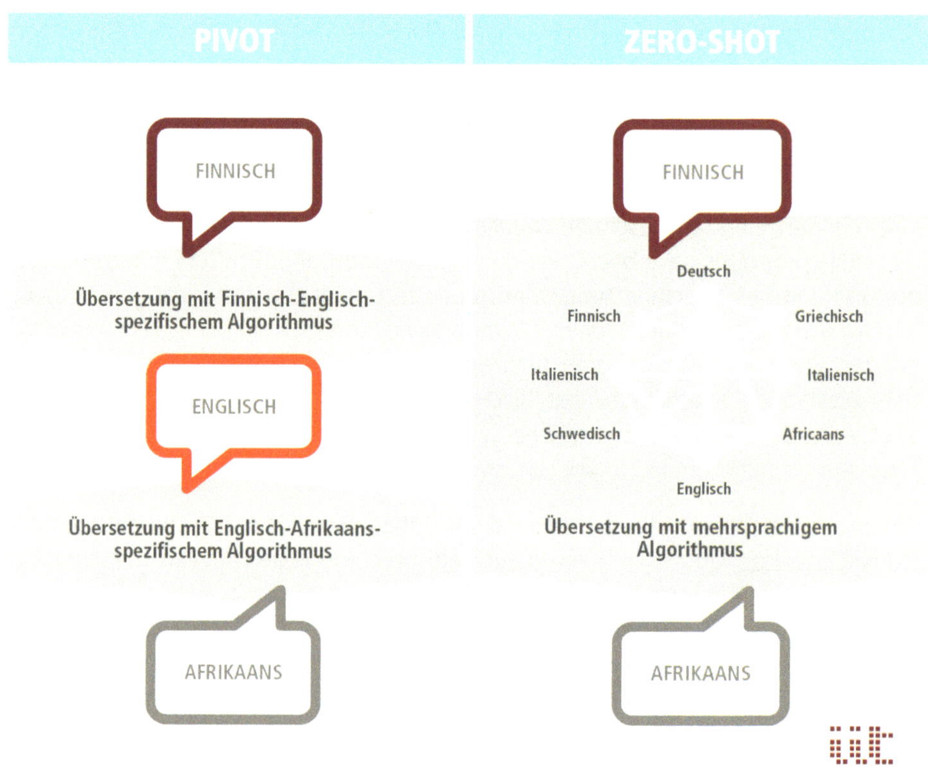

Abbildung 10.4: Bisher musste für Sprachpaare, die nicht über ausreichend viele gemeinsame Textquellen verfügen, eine sogenannte „Pivot-Translation" über eine gemeinsame Zwischensprache durchgeführt werden. Ein NMT-Algorithmus hingegen kann prinzipiell gleichzeitig mit allen Trainingsdaten mehrerer Sprachen gefüttert werden und direkt Verbindungen über mehrere Sprachen hinweg aufbauen – per „Zero-Shot-Translation" (eigene Darstellung angelehnt an Lommel 2017).

Insgesamt ist der Einfluss des Trainingsmaterials und des Trainingsprozesses auf die Übersetzungsqualität enorm. Die Verfügbarkeit von geeignetem, hochwertigem Trainingsmaterial wird zukünftig entscheidend sein, um die Vision einer natürlichen, zuverlässigen Sprachübersetzung zu erreichen.

Sprachenerweiterung und „Low-Resource languages"

Google bot im Februar 2018 die Möglichkeit, 103 Sprachen zu übersetzen, wobei noch nicht alle Sprachenpaare die NMT nutzen können, sondern mit dem SMT-Algorithmus auskommen müssen. DeepL unterstützte sieben Sprachen. Auf der Welt gibt es etwa 6.900 verschiedene Sprachen. Google deckt davon also weniger als 2 Prozent ab. Fast das gesamte Wissen liegt in ca. 1 Prozent der Sprachen vor (Carbonell 2016).

Um das volle Potenzial des Internets für einen gerechten, barrierefreien Zugang zu Wissen und Informationen ausschöpfen zu können, muss sichergestellt werden, dass auch die Sprachbarriere fällt. Und zwar nicht nur für die 77 Sprachen, die mehr als zehn Millionen Menschen jeweils sprechen, sondern auch und gerade für diejenigen Sprachen, in denen sich nur kleine Gruppen verständigen. Für diese Sprachen steht oft nur wenig Trainingsmaterial für die maschinelle Übersetzung zur Verfügung („Low-resource languages"). Allein in Indien gibt es bis zu 400 linguistisch unterschiedliche Sprachen und selbst dort, in der ehemaligen britischen Kolonie, die Englisch als eine offizielle Amtssprache besitzt, ist es bei weitem keine Selbstverständlichkeit, dass Englisch – die Sprache des Internets – verstanden wird. Auch Soldaten oder internationale Hilfsorganisationen in Krisengebieten treffen häufig auf Vertreter der „Low-resource-languages" und könnten von maschinellen Übersetzern profitieren. „Low-resource-languages" und das Auffinden von nutzbarem Textmaterial für diese Sprachen stehen daher auch regelmäßig im Fokus der Ideenschmiede des US-Verteidigungsministeriums DARPA.

Grundsätzlich übersetzen derzeit SMT-Algorithmen „Low-resource languages" besser, da diese mit weniger Trainingsmaterial bessere Ergebnisse liefern als datenhungrige neuronale Netze. Gleichzeitig sind gerade für diese Sprachen erst recht keine zweisprachigen Texte in beliebigen Zielsprachen vorhanden. Ein sprachenunspezifischer NMT-Algorithmus, der mit allen verfügbaren Sprachen gleichzeitig trainiert wird, Zero-Shot-Translation ermöglicht und gegebenenfalls durch einsprachiges Trainingsmaterial unterstützt werden kann, birgt hier großes Leistungspotenzial.

Integration

Die Vision, die Douglas Adams' Babelfisch verkörpert, geht deutlich über das reine Übersetzen von Texten hinaus. Nachdem der Reisende den Babelfisch ins Ohr gesteckt hat, kann er die Problematik „Sprache" komplett ausblenden und sich auf seine Handlungen konzentrieren. Als ein englischsprachiger Google-Manager und seine schwedische Kollegin sich im Herbst 2017 bei einer Presseveranstaltung Googles neue In-Ear-Kopfhörer ins Ohr steckten und begannen, sich miteinander in ihrer jeweiligen Sprache zu unterhalten, lag in den Medien der Vergleich mit dem Babelfisch nahe. Was tatsächlich passierte, war, dass die Bluetooth-Kopfhörer mit einem Smartphone verbunden waren, auf dem die App Google Translate lief. Die App übertrug über den Cloud-Service die gesprochene englische Sprache in englischen Text, übersetzte diesen ins Schwedische und verwandelte den schwedischen Text wieder in eine schwedische Sprachausgabe. Weil das drahtlose Netzwerk bei der Presskonferenz offensichtlich eine hohe Datenrate unterstützte, konnte das Ganze fast in Echtzeit geschehen.

Damit wir die Sprachbarriere tatsächlich ignorieren können, muss die Übersetzung vollständig in unsere Umgebung integriert werden. Im ausschließlich textlich digitalen Umfeld ist das bereits gut umgesetzt. Google Translate kann mittlerweile in jeder anderen App genutzt werden, Webseiten können aus der Suchergebnisliste direkt in der automatisch übersetzten Version aufgerufen werden, Facebook zeigt Neuigkeiten auf Wunsch direkt zusammen mit der Übersetzung an. Sprache-zu-Sprache-Übersetzungsdienste hingegen gibt es zwar – neben Google bietet dies zum Beispiel auch Microsoft im Skype Translator an – die derzeitige Qualität lässt jedoch zu wünschen übrig. Das maschinelle Verstehen von gesprochener Sprache ist eine immense Herausforderung und auch nur durch das exzessive Training einer Künstlichen Intelligenz mit einer riesigen Datenmenge zu erreichen. Ob individuelle Stimmlagen, Dialekte, Akzente, Sprachfehler, undeutliche Aussprache oder Hintergrundgeräusche: die vielfältigen akustischen Variationen machen das Training eines Spracherkennungsalgorithmus zu einer Herkulesaufgabe. In der Verkettung der Spracherkennung mit einem Übersetzungsprogramm, das mit unsauberen Formulierungen, unvollständigen Sätzen, Slang und Umgangsvokabular noch einmal besonders herausgefordert wird, addieren sich die Fehler.

Trotz dieser nachvollziehbaren Herausforderungen funktionieren die existierenden Apps in überschaubaren Alltagssituation überraschend gut und lassen gespannt auf die Entwicklungen der nächsten Jahre blicken. Allein das kontinuierliche Anwachsen der Datenbasis, z. B. von Google, trainiert die Künstliche Intelligenz ständig weiter, sodass sogar ohne sonstiges Zutun immer mehr Sprachnuancen unterschieden und erkannt werden können.

Im Jahr 2006 urteilte die britische Wochenzeitung Economist mit Recht: „Translation systems are of limited use if they cannot be used by people on the move" (Übersetzung mit DeepL: „Übersetzungssysteme sind nur begrenzt nutzbar, wenn sie von Personen, die unterwegs sind, nicht genutzt werden können."; The Economist 2006).

Dem sind wir mit Apps wie Google Translate, für die im Übrigen auch ein Offline-Modus zur Verfügung steht und mit denen auch Text aus Bildern übersetzt werden kann, schon deutlich näher gekommen, ein Babelfish ist es aber noch nicht.

Ausblick

Will man sich aktuell zum Thema maschinelle Übersetzung schlau machen, muss man penibel das Erstellungsdatum der Informationsquelle berücksichtigen. Aussagen, die vor weniger als zwei Jahren richtig waren, sind mit Einführung der NMT ab Ende 2016 bereits überholt, und die Entwicklungsgeschwindigkeit scheint nicht abzunehmen. Durch die massiven Investitionen großer Konzerne wie Google, Amazon, Microsoft in die Forschung zum Deep Learning und Maschinenlernen werden kontinuierlich Fortschritte erzielt (Columbus 2017). Bis zum Jahr 2016 war die gesamte Übersetzungsbranche zu einer 40-Milliarden-USD-Industrie angewachsen mit einem jährlichen Wachstum von 7 Prozent. Der Unterbereich der maschinellen Übersetzung ist hingegen sogar um 20 bis 25 Prozent gewachsen (Vogel 2016).

Parallel zu den Entwicklungen in der reinen Sprachübersetzung wachsen die Ausprägungen und Anwendungsfelder von KI stetig an. Die Abhängigkeit von Qualität und Umfang der Trainingsdaten, das mangelnde Verständnis für den Kontext und die fehlende Alltagserfahrung sind Probleme, die über die verschiedenen Anwendungen hinweg immer wieder auftauchen. Lösungen können sich gegenseitig befruchten, wie auch DeepL erfolgreich die Ansätze aus der Bilderkennung auf die Sprachübersetzung übertragen hat.

Für eine zuverlässig fehlerfreie Übersetzung benötigen Computer semantisches Wissen: Gebäude haben Dächer, Türen können sich öffnen und schließen, Autos können fahren, Flugzeuge fliegen in der Luft…. Das gleiche Wissen, das eine Übersetzung erleichtert und prinzipiell in Datenbanken vorgehalten werden kann, vermag auch einen Algorithmus bei der Bilderkennung oder beim Interpretieren gesprochener Sprache zu unterstützen. Für die richtige Interpretation einer Aussage und damit eine zweifelsfreie Übersetzung ist aber über solche einfachen Zusammenhänge hinaus noch zusätzliches empirisches Wissen nötig. In den folgenden beiden Beispielsätzen bezieht sich „sie" einmal auf die Stadtverwaltung und einmal auf die Demonstranten. Ohne ein komplexeres Hintergrundwissen über Stadtverwaltungen, Demonstratoren und Politik kann aber mit keinem Regelsatz dieser Zusammenhang hergestellt werden (angelehnt an Hobbs 1976).

Die Stadträte verweigerten den Demonstranten eine Erlaubnis, weil sie Gewalt fürchteten.

Die Stadträte verweigerten den Demonstranten eine Erlaubnis, weil sie Gewalt befürworteten.

Ob eine solche sprachliche Ambiguität in ferner Zukunft automatisiert aufgelöst werden kann, vielleicht durch einen immer größeren Datenschatz und die Kombination unterschiedlicher KI-Anwendungen, ist abzuwarten. Vielleicht kann das aber auch erst durch den aktiv agierenden und interagierenden Roboter geschehen, der dann wirklich direkt im Alltag lernen kann. Bis dahin werden die Entwicklungen aber einem Babelfisch zunehmend nahe kommen und Sprachbarrieren können weiter abnehmen.

Literatur

Carbonell, Jaime (2016): *Massively Multilingual Language Technologies.* Anniversary Symposium "Building Bridges, Breaking Barriers", Baden-Baden. Online verfügbar unter http://videolectures.net/interACT2016_carbonell_multilingual_technologies/, zuletzt geprüft am 22.06.2018.

Columbus, Louis (Forbes, Hrsg., 2017): *Gartner's Hype Cycle for Emerging Technologies, 2017 Adds 5G And Deep Learning For First Time.* Online verfügbar unter https://www.forbes.com/sites/louiscolumbus/2017/08/15/gartners-hype-cycle-for-emerging-technologies-2017-adds-5g-and-deep-learning-for-first-time/#3472122b5043, zuletzt geprüft am 22.06.2018.

DeepL. Online verfügbar unter https://www.deepl.com/press.html, zuletzt geprüft am 22.06.2018.

Errens, Julie: *The past, present and future of machine translation.* Online verfügbar unter http://www.monotype.com/resources/articles/the-past-present-and-future-of-machine-translation/, zuletzt geprüft am 22.06.2018.

Farajian, M. Amin et al.: Neural vs. Phrase-Based Machine Translation in a Multi-Domain Scenario. In Association for Computational Linguistics (Hrsg.), *Proceedings of the 15th Conference of the European Chapter of the Association for Computational Linguistics: Volume 2, Short Papers* (S. 280–284). Online verfügbar unter http://www.aclweb.org/anthology/E17-2045, zuletzt geprüft am 22.06.2018.

Hobbs, J.R. (1976): *Pronoun resolution.* Research Report, City University of New York. New York. Verfügbar unter http://www.isi.edu/~hobbs/PronounResolution.pdf., zuletzt geprüft am 22.06.2018.

Hülsbörner, Simon (Computerwoche, Hrsg., 2007, 27. April): *Elektronische Dolmetscher holen auf.* Online verfügbar unter https://www.computerwoche.de/a/elektronische-dolmetscher-holen-auf,591945, zuletzt geprüft am 22.06.2018.

Johnson, Melvin et al. (2017): Google's Multilingual Neural Machine Translation System: Enabling Zero-Shot Translation. *Transactions of the Association for Computational Linguistic* (5), 339–35. Online verfügbar unter http://aclweb.org/anthology/Q17-1024, zuletzt geprüft am 22.06.2018.

Lommel, Arle (Common Sense Advisory Blog, Hrsg.): *Zero-Shot Translation Is Both More and Less Important Than You Think.* Online verfügbar unter http://www.commonsenseadvisory.com/default.aspx?Contenttype=ArticleDetAD&tabID=63&Aid=37905&moduleId=390, zuletzt geprüft am 22.06.2018.

Merkert, Johannes (Heise online, Hrsg., 2017): *Maschinelle Übersetzer: DeepL macht Google Translate Konkurrenz.* Online verfügbar unter https://www.heise.de/newsticker/meldung/Maschinelle-Uebersetzer-DeepL-macht-Google-Translate-Konkurrenz-3813882.html, zuletzt geprüft am 22.06.2018.

Microsoft: *Microsoft Translator - Try & Compare.* Online verfügbar unter https://translator.microsoft.com/neural/, zuletzt geprüft am 22.06.2018.

Pan, Hazel Mae (2016): *How BLEU Measures Translation and Why It Matters.* Online verfügbar unter https://slator.com/technology/how-bleu-measures-translation-and-why-it-matters/, zuletzt geprüft am 22.06.2018.

Papineni, Kishor et al. (2002, Juli): BLEU: a Method for Automatic Evaluation of Machine Translation. In *Proceedings of the 40th Annual Meeting of the Association for Computational Linguistics (ACL)* (S. 311–318). Online verfügbar unter http://aclweb.org/anthology/P/P02/P02-1040.pdf, zuletzt geprüft am 22.06.2018.

Strassmann, Burkhard (1998, 17. September): Mundgeschlecht im ovalen Büro. OHNE MENSCHLICHEN EINGRIFF NUN AUCH AUF DEUTSCH: DER STERRBERICHT. *taz. die tageszeitung,* S. 20. Online verfügbar unter http://www.taz.de/!1324949/, zuletzt geprüft am 22.06.2018.

The Economist (10. Juni 2006): How to build a Babel fish. Technology Quarterly Section. Online verfügbar unter http://www.economist.com/node/7001819, zuletzt geprüft am 22.06.2018.

Vogel, Stephan (2016): *Machine Translation - Winds of Change.* Anniversary Symposium "Building Bridges, Breaking Barriers", Baden-Baden. Online verfügbar unter http://videolectures.net/interACT2016_vogel_machine_translation/, zuletzt geprüft am 22.06.2018.

Winther Madsen, Matthias (2009, 23. Dezember): *The Limits of Machine Translation.* Masterarbeit, Universität Kopenhagen: Kopenhagen.

Wu, Yonghui et al. (2016): *Google's Neural Machine Translation System: Bridging the Gap between Human and Machine Translation* (Computing Research Repository (CoRR), Hrsg.). Online verfügbar unter http://arxiv.org/abs/1609.08144, zuletzt geprüft am 22.06.2018.

Yang, Jin E. L. (2003): Going live on the Internet. In Harold Somers (Hrsg.), *Computers and Translation. A translator's guide* (S. 194). John Benjamins Publishing.

GESELLSCHAFT

Einleitung: „Intelligenz ist nicht
das Privileg von Auserwählten."

-

KI und Arbeit – Chance und
Risiko zugleich

-

Neue Intelligenz,
neue Ethik?

-

Kreative Algorithmen
für kreative Arbeit?

Einleitung: „Intelligenz ist nicht das Privileg von Auserwählten."

Marc Bovenschulte, Julian Stubbe

Im Jahr 1987 formulierte Victor Serebriakoff, britischer Autor und ehemaliger Präsident der Gesellschaft für Menschen mit hohem IQ „Mensa", bei seiner Reflexion über die biologische und die – zu diesem Zeitpunkt noch recht überschaubare – KI, dass Intelligenz stets ihre eigene Vervollkommnung anstrebe. Serebriakoff betrachtete den Menschen dabei nicht als eine Spezies von Auserwählten, der das Recht vorbehalten sei, intelligent zu sein gegenüber einer profanen, nicht-intelligenten Umwelt. Vielmehr verstand er Intelligenz als etwas Universelles, das sich über unterschiedliche Substrate hinweg infolge von neuen, sich stetig verändernden Informationen optimiert. So gesehen lässt sich die Evolution des Lebens auch als eine der Intelligenz verstehen. Sie strebt an, sich unabhängig vom Lebewesen oder vom materiellen Substrat weiterzuentwickeln. Nach Serebriakoff ist es nur logisch, dass die Intelligenz eine Erweiterung ihrer Fähigkeiten durch Erweiterung ihrer materiellen Basis sucht – also vom Neuron zum Chip. Die KI ist damit unter Umständen eine Erweiterung oder Fortsetzung der natürlichen Intelligenz, sie stellt keine Konkurrenz und damit auch nicht per se eine Bedrohung dar.

Serebriakoffs Perspektive lädt ein, das Verhältnis von KI und Gesellschaft neu zu überdenken. Sie lehnt es ab, Kategorien als Dichotomie zu behandeln, als zwei getrennte Sphären, die nur vereinzelt aufeinander treffen, also etwa „die Gesellschaft hier" und „die Technologie dort". Im Gegenteil: Nach seiner Auffassung sind Innovationen, Neuerungen oder Wandlungen als Kontinuum zu betrachten, sowohl zeitlich als auch im Hinblick auf aktuelle Zusammenhänge zwischen Gesellschaft, Politik, Wissenschaft und Technik. Alle diese Bereiche entwickeln sich sowohl auf Pfaden, die von einer gewissen Eigendynamik geprägt sind, als auch in stetiger Wechselbeziehung zueinander. Veränderungen und Disruptionen, also Zerrüttungen von gegebenen Strukturen, erscheinen aus dieser Sicht nicht als gleichsam kosmische Ereignisse, sondern sind vielmehr, wie in der biologischen Evolution, Ergebnisse kontinuierlicher Mutation und Selektion. Durch diese entsteht Neues, einzelne Innovationen setzen sich durch und werden als funktionierende Technik zur Grundlage für Folgeinnovationen.

Des Weiteren lehrt er uns etwas über die Beziehung des Menschen – in seiner Natur als reflexives Wesen – zur KI, und das insbesondere im Hinblick auf die Bedeutung

V. Wittpahl (Hrsg.), *Künstliche Intelligenz,*
DOI 10.1007/978-3-662-58042-4_13, © Der/die Autor(en) 2019

von „Intelligenz". In der Diskussion über lernende und selbstständig handelnde Maschinen wird Intelligenz oftmals als zutiefst menschliche Eigenschaft beschrieben. Der Einbruch technischer Artefakte in diese Domäne hat noch immer etwas Unerhörtes, das das menschliche Selbstverständnis in Frage stellt. Wenn der Mensch die Krone der Schöpfung ist, muss er selbstverständlich auch die Krone der Intelligenz sein. Dabei zeigt sich, dass es der Mensch aufgrund seiner Entstehungsgeschichte gewohnt ist, sich zu anderen intelligenten Wesen zu verhalten. So sind bestimmte Lebewesen dem Menschen in spezifischen neuronalen Aufgaben, z. B. der Verarbeitung visueller Reize, ebenbürtig oder sogar überlegen. Und jede dieser Formen der Intelligenz hat ihre Daseinsberechtigung und verschwindet nicht angesichts einer höheren Entwicklungsstufe. Es existiert ein kontinuierlicher Wandel, der von horizontaler und vertikaler Vielfalt und Ko-Existenz geprägt ist. Der Mensch schafft sich somit auch durch die „Entfesselung der KI" nicht selber ab, sondern verändert sich, wie er es bereits während seines gesamten Daseins im Wechselverhältnis mit seiner Umwelt getan hat. Die Intelligenz wandelt sich ebenfalls, sie wechselt das Substrat von *in vivo* zu *in silica*, von Analytik zur Kreativität und so weiter.

So inspirierend dieser Ansatz auch ist, so stößt er hinsichtlich der Analyse von KI und Gesellschaft auch an Grenzen. Soziale Fragestellungen, wie diejenigen nach Machtverhältnissen unter den unterschiedlichen Akteuren innerhalb des Innovationsgeschehens KI, fallen unter den Tisch. Für eine analytische Beschreibung der Beziehungen zwischen Mensch und KI reicht das Vokabular dieser von der Biologie und ihren Evolutionsprinzipien inspirierten Perspektive nicht. Zudem verleitet diese Sichtweise auch zu einem gewissen Fatalismus, der die Geschichte der KI sich selbst überlassen würde. Wann immer die Rolle der KI in der Gesellschaft, in der Arbeitswelt etc. thematisiert wird, ist ein Vergleich mit der Einzigartigkeit des Menschen nicht fern. Tatsächlich jedoch ist die meiste KI bei alltäglichen Aufgaben – ohne ihren Wert in irgendeiner Weise mindern zu wollen – viele Stufen darunter angesiedelt. Es handelt sich um kleine, beschränkte Aufgaben („tasks"), die keine Singularität, also ein technisches System mit Bewusstsein, benötigen und folglich auch gar nicht darauf abzielen, eine solche zu entwickeln. Es geht vielmehr um ein „Mitdenken" bei diesen Aufgaben – also darum, eine Aufgabenstellung zu erkennen, das Vorher und Nachher vorausschauend zu vergleichen, sowie Lösungsmöglichkeiten wie Werkzeuge und Material oder eigene Fähigkeiten, zu überprüfen. Der Anspruch, der universellen Intelligenz des Menschen zu gleichen, wird dabei mit hoher Wahrscheinlichkeit eher selten gefordert sein. Intelligente Maschinen müssen vielmehr Bauteile richtig auswählen und platzieren, Systemparameter in Abhängigkeit von internen und externen Einflussfaktoren einstellen und Situationen anhand von Indikatoren wie Verkehr oder Krankheiten erfassen können. Gegenwärtig besteht also weniger die Gefahr, dass uns die KI in den kommenden Jahren überfordert und überflügelt, sondern vielmehr darin, dass wir unerfüllbare Erwartungen an die technischen Systeme haben.

Die Beiträge in diesem Teil tragen der Vielseitigkeit des Innovationsphänomens KI Rechnung, weil ihre analytischen Ansätze ähnlich vielfältig sind. Gemeinsam ist ihnen der Fokus auf die Wechselbeziehungen zwischen Gesellschaft, Wirtschaft, Politik und Technologie. Sie richten den Blick auf die sozialen Arenen, in denen das Innovationspotenzial von KI ausgehandelt wird, darauf, wer an diesen Prozessen beteiligt ist und welche sozialen und technischen Pfadabhängigkeiten existieren. Sie entwerfen Szenarien, wie in der Gesellschaft KI gestaltet werden kann und unter welchen Bedingungen KI demokratisch akzeptabel ist.

In der Beschreibung der Mikro-Konstellationen sehen die Autoren der Beiträge genau wie Serebriakoff Mensch und Technik nicht als isolierte Sphären. In der Gesamtschau treten drei Muster hervor, die auf gesellschaftlicher Ebene die Beziehungen zwischen Menschen und KI charakterisieren. Diese Muster sind nicht trennscharf, sondern bauen aufeinander auf.

Erstes Muster: KI ist ein Bestandteil der Gesellschaft.

Diese Aussage ist eine grundsätzliche Diagnose und impliziert eine analytische Haltung: Gesellschaft und KI können nicht als zwei entkoppelte Sphären gedacht werden. KI ist keine Innovation, die in einem geschlossenen Labor entwickelt und nach Vollendung freigelassen wird, um dort auf die Gesellschaft zu treffen. Die Innovation „KI" folgt vielmehr der Logik eines „Realexperiments", in dem eine Technologie, ohne ausgereift zu sein und ohne ihre Implikationen vorab bestimmt zu haben, angewandt wird. Der Sinn und Zweck von KI ergibt sich erst durch ihren Gebrauch, wenn sie mit sozialen Praktiken, gesellschaftlichen Werten und Lebenswelten gekoppelt wird.

Wir sind in einem Stadium angelangt, in dem sich Gesellschaft und KI nicht mehr unabhängig voneinander entfalten. Neue soziale Muster entstehen durch die Verschränkung gesellschaftlicher und technologischer Entwicklungen. Die empirischen Beispiele der Beiträge dieses Teils zeigen, dass KI ein prägender Bestandteil der Gesellschaft ist. Sie gehört zu unserem Alltag und wirkt darauf ein, wie wir arbeiten und miteinander kommunizieren. Ein Beispiel ist der Einsatz von KI in sozialen Medien: Algorithmisch sortierte Informationen beeinflussen politische Wahlen, und gleichzeitig verschafft soziale Kommunikation im Internet der KI ein wesentliches Feld für Innovationen. Der Beitrag 13 legt dar, wie KI im Rahmen von kreativer Arbeit selbst zum Ko-Schöpfer neuer Gegenstände und Medien wird. Hier rückt KI vermeintlich stark in das Hoheitsgebiet des Menschen vor, relevant wird sie jedoch erst, indem sie die gesellschaftliche Wertschätzung von Neuheit und Ästhetik nährt. Es ist somit durchaus nicht trivial festzustellen, dass KI integraler Bestandteil von Gesellschaft ist.

Zweites Muster: KI ist eine Herausforderung für die Gesellschaft.

Wenn KI Bestandteil von Gesellschaft ist, kann diese mit ihr auch verändert werden, und zwar im Guten wie im Schlechten. Das macht KI zu einer großen gesellschaftlichen Aufgabe, denn sie kann demokratische Werte unterstützen, aber sie auch untergraben.

Die folgenden Beiträge geben Einblicke, wie sich diese Herausforderungen in einzelnen Bereichen zeigen und wie verschiedene Akteure über Chancen und Risiken verhandeln. Wenn es um Arbeit geht, werden die Möglichkeiten und Gefahren besonders stark und kontrovers diskutiert. Einerseits macht KI Arbeitsprozesse einfacher, flexibler und innovativer, andererseits drohen Arbeitsplatzverluste, die insbesondere die Mitte der Gesellschaft treffen würde. Die im Beitrag 11 angesprochene Polarisierungshypothese spitzt dies zu: KI wird das mittlere Qualifikationssegment automatisieren, während dies für Jobs am unteren Ende des Qualifikationsniveaus zu teuer ist und Tätigkeiten am oberen Ende weiterhin nicht technisch ersetzt werden können. Bei kreativer Arbeit entsteht eine ähnliche Ambivalenz, denn KI wird zum kreativen Impulsgeber, einer vormals exklusiv menschlichen Rolle.

Diese und weitere Beispiele zeigen, dass Menschen im Zusammenleben mit KI ihre Rollen oftmals erst finden müssen. Menschen verschwinden nicht einfach, das lehrt uns spätestens Serebriakoffs Bild der Evolution, aber die Gesellschaft steht vor der Aufgabe, Mutation und Selektion aktiv zu gestalten und durch einen entsprechenden Ausgleich dafür zu sorgen, dass sich kein naturgesetzliches „Survival oft he fittest" herausbildet.

Drittes Muster: KI ist ein Spiegel der Gesellschaft.

Die Einsicht, dass KI sowohl Bestandteil als auch Herausforderung von Gesellschaft ist, wirft oftmals mehr Fragen auf als Antworten bereitstehen. Einige davon gehen über den Sinn und Zweck spezifischer KI-Anwendungen hinaus und betreffen das menschliche Selbstverständnis: Wie viel KI wollen wir? Und wieso ist es für den Menschen überhaupt ein Problem, wenn es intelligentere Entitäten als ihn selbst gibt? Mit diesen Fragen wird KI zum Spiegel der Gesellschaft.

Die Autoren der Kapitel zur Ethik der KI diskutieren diese und weitere Fragen. Sie zeigen, dass mit der Einführung von KI oftmals Entscheidungsprobleme einhergehen, in denen Richtig und Falsch nicht einfach zu erkennen sind, sondern ethisch reflektiert werden sollten. Dies betrifft z. B. den Umgang mit persönlichen Daten. Diese ermöglichen erst den Einsatz von KI, aber das richtige Maß an Datenfreigabe ist nicht einfach festzustellen. Daraus ergibt sich die Frage, welche Persönlichkeitsmerkmale des Menschen durch den Prozess der Digitalisierung zu technischen Nennwerten werden. Ähnliches gilt für das Problem, wie viel Kontrolle an KI übertragen werden darf: Wer trägt die Verantwortung für Entscheidungen? Was ist überhaupt Verantwortung in einem komplexen soziotechnischen System? Dies betrifft das Individuum sowie die Gesellschaft als Ganzes. Im Umfeld von Arbeit ist es aufschlussreich zu wissen, wie sich individuelle Kontexte verändern, was überhaupt als „Wert" menschlicher Arbeit zählt und inwiefern KI die sogenannte Arbeitsgesellschaft zu einem überholten Modell macht. Wenn KI als Kampfansage an etablierte Berufsbilder wahrgenommen wird, kann man umgekehrt auch fragen, wieso Arbeitslosigkeit ein Problem und nicht einen Erfolg darstellt – und ob der Fehler eher darin besteht, Arbeit weiterhin als konstituierenden Wert unserer Gesellschaft zu sehen. Ein ähnlicher Spiegel wird der Gesellschaft auch im Zuge künstlicher Kreativität (KK) vorgehalten, wenngleich aus anderer Richtung: Wenn Maschinen kreativ werden, tritt dann der Mensch eines seiner letzten Hoheitsgebiete an die Technik ab? Wieso ist das überhaupt problematisch? Verbirgt sich dahinter nicht ein sehr anthropozentrisches Weltbild, mit dem Menschen als einzig schöpferischem Wesen?

Nicht jedes der in den Beiträgen dieses Teils vorgestellten Beispiele kann in dieser Weise zu Grundsatzdiskussionen führen. Es wird jedoch deutlich, dass KI in ihrem Verhältnis zur Gesellschaft eine besondere Technologie ist. Ihre technische Funktionalität, die von bildhaften Vorstellungen des Menschseins geprägt ist, sowie ihr Eindringen in verschiedenste Gesellschaftsbereiche konfrontieren die Allgemeinheit nur allzu oft mit sich selbst.

Dabei bleiben die Autorinnen und Autoren der Beiträge dieses Teils nicht bei der Analyse und Beschreibung der vielfältigen Beziehungen zwischen KI und Gesellschaft stehen. Vielmehr schauen sie voraus und leiten Möglichkeiten ab, wie Forschung, Entwicklung und Innovation sozial gestaltet werden können. Die Vorschläge sprechen sowohl die öffentliche Regelung von KI im Hinblick auf Forschung und Anwendung an als auch die Wirtschaft bis hin zur einzelnen Person.

Da die Digitalisierung auf dem Weg zu sein scheint, zu einer „Technoreligion" zu werden, und die KI in dieser der vorläufige heilige Gral ist, verspricht auch die KI gleichermaßen Verdammnis und Erlösung. Das Ganze erinnert ein wenig an jene Diskussion, die im Jahr 1996 mit dem Schaf „Dolly" ihren Anfang nahm. Auch mit Blick auf das reproduktive Klonen standen die Zeichen der Debatte alsbald auf Apokalypse. Heute, rund 20 Jahre nach „Dolly", haben sich die technischen Möglichkeiten und mit ihnen die Erfolgsraten des Klonens verbessert. Jedoch hat gleichzeitig ein breiter Diskurs darüber stattgefunden (und dauert an), welches Leben unter welchen Voraussetzungen geklont werden darf. Bisher hat der Mensch nicht dazugehört. Natürlich ist der Vergleich zwischen KI und Klonen nur bedingt tauglich, denn das Erstellen von Quellcode und Algorithmen für eine KI ist etwas anderes als das Manipulieren von Zellen mit dem Ziel, dass sich diese zu einem vollständigen Menschen ausdifferenzieren. Aber dennoch verbindet beides die Frage nach der Einzigartigkeit des Menschen: Beim Klonen in individueller Hinsicht, bei der KI mit Blick auf das eigene Selbstverständnis. Und da ein sich dynamisch optimierender Programmcode in vielerlei Hinsicht dem genetischen Code und seiner evolutiven Veränderung ähnelt, kommt abermals die von Serebriakoff ins Spiel gebrachte Weiterentwicklung von biologischer und künstlicher Intelligenz zum Tragen. Da der Mensch gleichermaßen Subjekt und Objekt in der Entwicklung der KI sein kann, stellt sich im Kern die Frage nach der gesellschaftlichen Verantwortung. Unabhängig vom Typ der handelnden Person – ob im öffentlichen oder wirtschaftlichen Raum, ob im Gesamtgefüge oder individuell – muss jeder im Rahmen des eigenen Gestaltungspielraums Verantwortung tragen. Und vielleicht wird künftig eine wie auch immer geartete KI einer der zu beteiligenden Akteure in diesem Aushandlungsprozess sein.

11. KI und Arbeit – Chance und Risiko zugleich

Wenke Apt, Kai Priesack

Zwei Sichtweisen dominieren die aktuelle Diskussion um die Auswirkungen von KI auf die Arbeit. Die einen gehen von massiven Verwerfungen auf dem Arbeitsmarkt durch weitreichende Verdrängung von Arbeitskräften durch den Einsatz von KI aus. Für die anderen bietet das Zusammenspiel zwischen Mensch und KI vielseitige Chancen, um die Arbeit aufzuwerten und damit die Arbeitsqualität zu verbessern. Die beiden Szenarien stehen dabei nicht unbedingt in unmittelbarem Gegensatz zueinander. So zeigt die Vergangenheit, dass der technologische Wandel auf verschiedene Gruppen von Beschäftigten sehr unterschiedliche Auswirkungen hatte – teils positive, teils negative. Mit Blick auf die Zukunft stehen wir deshalb vor der Herausforderung, eine digitale Spaltung (Digital Divide) zwischen tech-affinen Insidern und tech-ablehnenden Outsidern zu verhindern. Dabei stellt sich nicht nur die Frage, wo KI in Zukunft menschliche Tätigkeiten ersetzen kann, sondern gleichzeitig gilt es, die Fähigkeiten des Menschen zu fördern und seine Rolle in der Arbeitswelt der Zukunft neu zu definieren.

Während die Geburtsstunde der KI als eigenständige Forschungsdisziplin bereits Anfang der 1950er Jahre geschlagen haben soll, haben KI-Anwendungen erst im Laufe des letzten Jahrzehnts die Forschungslabore verlassen und Eingang in private Haushalte und die Arbeitswelt gefunden. Insbesondere durch das zuletzt stark verbesserte Sprach-, Text- und Bildverständnis können virtuelle (Sprach-)Assistenten bei der Beschaffung, Auswertung, Zusammenfassung und Übersetzung von Informationen helfen (Eberl 2018). Dabei ist egal, ob es sich um medizinische Diagnosen, Prozessinformationen aus den unterschiedlichen Geschäftsbereichen eines Unternehmens, Bewerbungen für einen bestimmten Arbeitsplatz oder Berichte aus Reparaturwerkstätten handelt. Computer verarbeiten große Datenmengen, um Muster zu erkennen und Vorhersagen zu treffen. Die Ergebnisse ähneln oft denen einer „Armee von Statistikern mit unbegrenzter Zeit und unbegrenzten Ressourcen", nur „schneller, günstiger und effizienter" (Suich Bass 2018, S. 3).

Die stetig wachsende Zahl an Bild-, Sprach-, Video- und Audiodateien dient Maschinen mit KI als wirksames Trainingsmaterial – mit jeder Aufgabenstellung lernen sie noch dazu (Eberl 2018). Im Gesundheitswesen herrscht beispielsweise die Hoffnung, dass sich KI-Systeme „durch Gen-Datenbanken, Patientenakten, wissenschaftliche Studien und epidemische Statistiken fräsen, um Vorsorge, Forschung, Diagnose und

V. Wittpahl (Hrsg.), *Künstliche Intelligenz*,
DOI 10.1007/978-3-662-58042-4_14, © Der/die Autor(en) 2019

Therapie auf eine neue Stufe zu heben" (Ramge 2018, S. 19). Dabei wird jedoch oft vergessen, dass insbesondere im Medizin- und Gesundheitsbereich die Hürden besonders hoch sind, um neuartige technische, datenbasierte Verfahren umzusetzen. Durch ihre Fähigkeit zu erfassen, zu begreifen, zu handeln und zu lernen, können KI-Systeme jedoch viele Arbeitsprozesse, die auf Routine beruhen, automatisieren, effizienter machen und das Leistungsvermögen von Menschen in ihrem spezifischen Arbeitskontext erweitern. Dabei ermöglichen sie eine neue Art der Zusammenarbeit zwischen Mensch und Maschine, und bisher eher starre Geschäftsprozesse haben durch KI die Möglichkeit, agiler und anpassungsfähiger zu werden. Durch diese neuartigen Mensch-Maschine-Teams wird auch die Arbeitsorganisation flexibler und durchlässiger (Daugherty und Wilson 2018).

Starke und schwache KI

Im Allgemeinen bezeichnet KI das Vorhaben, die Wahrnehmungen und das Handeln des Menschen durch Maschinen nachzubilden und somit menschenähnliche Intelligenz zu schaffen. Dabei unterscheidet die Fachwelt zwischen schwacher und starker KI (Nilsson 2010, siehe Einleitung Teil A „Entwicklungswege zur KI"). Bei der schwachen KI lösen Algorithmen einzelne Aufgaben des Menschen, eine Intelligenz wird jedoch nur simuliert. Die starke KI beschreibt hingegen einen Zustand, bei dem Maschinen vergleichbare intellektuelle Fertigkeiten wie der Mensch haben und letztendlich über ein Bewusstsein ähnlich dem menschlichen verfügen. Allerdings handelt es sich dabei vornehmlich um ein visionär philosophisches Konzept, dessen Realisierung auf absehbare Zeit vielfach angezweifelt wird. Naheliegende Potenziale der KI lassen sich vielmehr in der Ergänzung und Erweiterung menschlicher Fähigkeiten erschließen (Daugherty und Wilson 2018).

Mit Blick auf den aktuellen Stand der Technik fallen alle heute existierenden Ansätze in die Kategorie der „schwachen" KI. Mithilfe datengetriebener Technologien und Konzepte bieten die bisher entwickelten Algorithmen intelligente Entscheidungen zu konkreten Anwendungsproblemen, sind jedoch noch weit davon entfernt, die Komplexität und universelle Einsetzbarkeit des Menschen zu erreichen. So handelt es sich bei den derzeit vorherrschenden Konzepten der KI – wie künstliche neuronale Netze (KNN), maschinelles Lernen (Machine Learning, ML) oder tiefes Lernen (Deep Learning, DL) – um lernfähige Algorithmen, die essenziell von der Verfügbarkeit und Qualität der Daten abhängig sind und nur in Bereichen in Gebrauch sein können, die bereits umfassend von digitaler Datenverarbeitung durchdrungen sind.

Wozu selbstlernende Systeme jedoch (noch) nicht in der Lage sind, sind Vernunft, Emotionalität, Empathie und Kreativität. Sie haben kein Verständnis für Zusammenhänge und können nicht auf Hintergrundwissen zurückgreifen. Vielmehr sind sie „Meister im Vergleich von Mustern, nicht mehr" (Eberl 2018, S. 11). Ralf Herbrich,

Leiter der KI-Forschung bei Amazon, sieht die größte Schwäche von KI daher auch im fehlenden Bewusstsein: „Zu glauben, dass Künstliche Intelligenz eben intelligent ist, also über sich selbst nachdenken und Schlüsse ziehen, sich selber modifizieren und selbst Lernverfahren erfinden könnte – das ist heute nicht möglich und noch ein sehr offenes Forschungsgebiet" (Lehmann 2018). Für die Zukunft gilt daher als „Formel": Tätigkeiten, die vorausschauendes Denken und Kreativität erfordern, kaum repetitive Arbeitsschritte beinhalten und in einem sich stetig ändernden Arbeitsumfeld stattfinden, werden sich auch „in 20 Jahren" noch nicht mittels KI automatisieren lassen (Wenzel 2018). Dazu zählen Tätigkeiten mit hohen Anforderungen an die emotionale und soziale Intelligenz, wie auch Aufgaben, die einen integrierenden Blick für das „große Ganze" erfordern, oder einfache körperliche Handlungen (z. B. Türen öffnen, Bälle fangen, laufen und Hindernissen ausweichen), die smarte Maschinen bzw. Roboter nur schwer ausführen können. Genau betrachtet fällt KI-Systemen leicht, was dem Menschen schwerfällt – und umgekehrt.

Darum mehren sich bereits Stimmen, die vor einer Überschätzung von KI warnen und vor allem auf drei Defizite der KI auf dem aktuellen Stand der Technik hinweisen, die in absehbarer Zeit nicht zu kompensieren sind (Wenzel 2018). Dazu zählen: erstens geringes Abstraktionsvermögen, insbesondere bei der Übertragung von Erfahrungen und gelerntem Wissen auf andere Kontexte, zweitens hohe Anforderungen an die Vorstrukturierung von Daten, Informationen und Umgebungen, sowie drittens mangelhaftes Verstehen und Schlussfolgern im empathischen Sinne. Die Auswirkungen von KI auf Arbeit und Beschäftigung hängen weiterhin von technischen Fortschritten zur Verbesserung der Wahrnehmung und Feinmotorik, der kreativen Intelligenz und der sozialen Intelligenz ab (Dengler und Matthes 2015). Umfang und Geschwindigkeit der technologischen Entwicklung lassen sich dabei nur schwer abschätzen. Somit ist auch nicht absehbar, ob und wann diese technologischen Hindernisse bei der Übernahme manueller Nicht-Routine-Tätigkeiten überwunden werden.

Vor diesem Hintergrund geht Eberl (2018, S. 14) davon aus, dass „eine Superintelligenz, die uns Menschen auf allen Gebieten überflügelt, wohl eher in den Bereich der Science-Fiction als zu den realen Gefahren" gehört. Wenzel (2018) sieht vor allem im Mangel eines funktionierenden Modells der Welt und des menschlichen „In-der-Welt-seins" die Ursache, warum die großen Durchbrüche der KI wohl noch weiter auf sich warten lassen müssen. KI-Systemen fehle es einfach an Erfahrungen, implizitem Wissen, Urteilsfähigkeit, Empathie und Verbindlichkeit sowie sozialem Lernen und Emotionen, welche allesamt den Menschen und die menschliche Intelligenz auszeichnen. Aus diesem Grund sehen Daugherty und Wilson (2018) die größten Anwendungspotenziale von KI in der Symbiose von Mensch und Maschine.

Polarisierungsthese

Um die Auswirkungen von KI auf den Arbeitsmarkt näher zu beleuchten, hilft ein Blick in die Wissenschaft. Eine von führenden Ökonomen vielfach vertretene These lautet, dass der technologische Wandel und die Digitalisierung zu einer Polarisierung des Arbeitsmarktes führen (Autor 2015; Dustmann et al. 2009; Goos et al. 2009; Spitz-Oener 2006). Demnach ist die Beschäftigung für Arbeiter in Berufen mit mittlerem Qualifikationsniveau relativ zur Beschäftigung von Arbeitskräften in Berufen mit niedrigem oder hohem Qualifikationsniveau in den letzten Jahrzehnten zurückgegangen – eine Entwicklung, die sich auch mit Blick in die Zukunft fortsetzen soll. Begründet wird dieses Phänomen mit dem zunehmenden Einsatz digitaler Technologien, die vorwiegend kognitiv und manuell repetitive und regelbasierte Aufgaben automatisieren bzw. übernehmen. Da der Anteil an Routineaufgaben in Berufen des mittleren Qualifikationsniveaus besonders groß war, sank entsprechend die Nachfrage nach Arbeitskräften auf diesen Gebieten, während Beschäftigte der niedrigeren oder höheren Qualifikationsgruppen von einem steigenden Bedarf zur Erfüllung von nichtroutinemäßig ausführbaren manuellen und komplexen Aufgaben profitierten. Zuletzt haben Wissenschaftler der Organisation für wirtschaftliche Zusammenarbeit und Entwicklung (OECD) gezeigt, dass die Polarisierung des Arbeitsmarkts in allen beobachteten OECD-Staaten in den letzten zwei Jahrzehnten zugenommen hat (OECD 2016). Dabei ist zu beachten, dass mit der Polarisierungsthese qualifikationsbezogene Verschiebungen am Arbeitsmarkt beschrieben werden, sich daraus aber nicht zwangsläufig Arbeitsplatzverluste ergeben. So ist in Deutschland trotz der relativen Veränderung der Beschäftigung in Berufen mit unterschiedlichen Qualifikationsniveaus der Arbeitsmarkt insgesamt stabil geblieben; Arbeiter und Angestellte konnten also in anderen Professionen beschäftigt werden. Somit ergibt sich aus der Polarisierungshypothese die Frage, mit welchen Anpassungsprozessen Beschäftigte trotz einer zunehmenden Technisierung langfristig Anstellungen finden konnten. Das denkbare Spektrum ist breit und reicht von einer möglichen Dequalifizierung bis hin zum technologiegestütztem Upgrading (Hirsch-Kreinsen 2016).

Wendet man sich den spezifischen Auswirkungen von KI zu, so ist im Hinblick auf die Polarisierungsthese ein Paradigmenwechsel denkbar. Nach einer Phase der Automatisierung, bei der Maschinen vor allem manuelle physische Routineaufgaben übernahmen, konnten durch die anschließende Computerisierung auch kognitive Routinetätigkeiten ersetzt werden, wobei dafür in den letzten Jahren zunehmend KI-Anwendungen herangezogen wurden. Von einer Substitution waren somit Berufe mit mittlerem Qualifikationsniveau betroffen, während in Berufen mit hohem Qualifikationsniveau digitale Technologien komplementär zum Einsatz kamen. Dies könnte sich in Zukunft jedoch ändern. So geben derzeitige KI-Anwendungen einen Ausblick darauf, wie die Technologie mehr und mehr in analytische und interaktive Arbeitsbereiche drängt, bei denen es darauf ankommt, komplexe Sachverhalte zu erfassen und zu bewerten oder gar kreative Aufgaben zu lösen (Heinen et al. 2017; Dengler und Matthes 2018; Brynjolfsson und McAfee 2012). Mit KI könnte also langfristig der technologische Wandel eine „neue Stufe" erreichen, die sich mit Blick auf die Arbeit deutlich von der bisherigen Automatisierung und Digitalisierung unterscheidet. Doch auch dabei stellt sich die Frage, ob dieser Prozess tatsächlich einen substitutiven Charakter hat und somit in Arbeitsplatzverluste zur Folge hat oder ob sich durch KI-Anwendungen neue Chancen für einen komplementären Technologieeinsatz bei der menschlichen Arbeit auftun.

In Umfragen sind zumindest die US-Amerikaner weitgehend optimistisch über die Auswirkungen von KI: 76 Prozent der Befragten einer Gallup-Umfrage „stimmten zu" bzw. „stimmten voll und ganz zu", dass KI in den kommenden zehn Jahren einen grundlegenden Einfluss auf die Art und Weise haben wird, wie Menschen leben und arbeiten. Unter den Befragten, die diesen Wandel erwarten, haben wiederrum 77 Prozent eine „weitgehend positive" bzw. „sehr positive" Sicht auf die Veränderungen, die KI in beiden Bereichen auslösen wird (Gallup Inc. 2018). Allerdings erwartet mit 73 Prozent auch ein Großteil der Befragten einen Netto-Verlust von Arbeitsplätzen durch KI. Insbesondere Befragte aus Arbeiterberufen zeigten sich besorgt. Insgesamt erwarteten 82 Prozent von ihnen einen Netto-Stellenabbau – im Vergleich zu 71 Prozent der Angestellten (Gallup Inc. 2018). Unterdessen ist nur ein vergleichsweise kleiner Prozentsatz um den eigenen Posten besorgt: Lediglich 23 Prozent der Berufstätigen sind „etwas besorgt" oder „sehr besorgt", ihre Arbeit an neue Technologien zu verlieren. Die Angst vor einem Jobverlust ist dabei höher bei Befragten mit geringerem Bildungsstand (Gallup Inc. 2018).

Die Ursache dafür könnte jedoch in einer „irrationalen Verweigerung" neuer Technologien liegen, die Suesskind und Suesskind (2015, S. 44) als „dogmatische Ablehnung eines Systems" definieren, „mit dem der Skeptiker keine direkte persönliche Erfahrung hat." Dabei wird typischerweise die Transferfähigkeit der betreffenden Technologien auf den eigenen Beruf angezweifelt. Kombiniert mit einer „technologischen Kurzsichtigkeit" wird das Veränderungspotenzial zukünftiger Anwendungen unterschätzt, da als Referenz heutige Arbeitsweisen und aktuelle (Assistenz-) Technologien mit ihren entsprechenden Mängeln dienen. Dazu passt das „Gesetz" von Roy Amara („Amara's Law"), das besagt: „Wir neigen dazu, kurzfristig den Effekt einer Technologie zu überschätzen und den Effekt auf lange Sicht zu unterschätzen" (Brooks 2017).

Aktuelle Entwicklungen

In Anknüpfung an die beschriebene Polarisierungs-Literatur, die vor allem eine rückblickende Perspektive bietet, hat sich in den letzten Jahren ein weiterer Strang in der

Literatur etabliert, der den Blick in die Zukunft richtet und die Beschäftigungseffekte der fortschreitenden Digitalisierung prognostiziert (siehe Tabelle 11.1).

Tabelle 11.1: Literaturübersicht zu potenziellen Beschäftigungseffekten (Quelle: eigene Darstellung in Ergänzung zu Heinen et al. (2017)). Die Spalte Gesamteffekte zeigt an, ob die Schätzung gesamtwirtschaftliche Effekte berücksichtigt.

STUDIE	UNTERSUCHTE REGION	GESAMTEFFEKTE	ZEITHORIZONT
Frey und Osborne (2013)*	USA	Nein	
Bowles (2014)	EU	-	
Bonin et al. (2015)	Deutschland	Nein	
Brzeski und Burk (2015)	Deutschland	Nein	
Dengler und Matthes (2015)	Deutschland	Nein	
Wolter et al. (2015)	Deutschland	Ja	bis 2025
Arntz et al. (2016)	OECD	Nein	
Vogler-Ludwig et al. (2016)	Deutschland	Ja	bis 2030
The World Bank Group (2016)	41 Länder und OECD	Nein	
World Economic Forum (2016)	15 Länder/-gruppen	Ja	2015 – 2020
Berriman und Hawksworth (2017)	Deutschland, Japan, USA, UK	Nein	bis 2020
Manyika et al. (2017)	46 Länder	Nein	
Dengler und Matthes (2018)	Deutschland	Nein	
Nedelkoska und Quintini (2018)	OECD	Nein	
Arntz et al. (2018)	Deutschland	Ja	2016 – 2021
Zika et al. (2018)	Deutschland	Ja	bis 2035

Die wohl bekannteste Studie stammt von Frey und Osborne (Frey und Osborne 2017 2013). Mit ihrer Prognose, dass in den nächsten zwei Dekaden 47 Prozent der Beschäftigten in den USA einem hohen Substitutionsrisiko ausgesetzt sind, zeichne-

GEFÄHRDUNGSPOTENZIAL	Am stärksten gefährdete BESCHÄFTIGUNGSSEGMENTE
47% der Beschäftigung mit hohem Substitutionsrisiko in den USA (>70% Substitutionsrisiko)	Logistik; Bürokräfte; Produktion; Service; Verkauf; Bau
51% der Beschäftigung mit hohem Substitutionsrisiko in Deutschland nach Ansatz von Frey und Osborne	
42% der Beschäftigung mit hohem Substitutionsrisiko nach Ansatz von Frey und Osborne; 12% der Beschäftigung nach tätigkeitsbasiertem Ansatz	Bürofachkräfte; Montageberufe
59% der Arbeitsplätze bedroht	Bürofachkräfte; Montageberufe
15% der Beschäftigten mit sehr hohem Substituierbarkeitspotezial (>70% der Tätigkeiten heute schon ersetzbar)	Bürofachkräfte; Montageberufe
–60.000 Arbeitsplätze	
12% der Beschäftigung in Deutschland mit hohem Substitutionsrisiko (nach tätigkeitsbasiertem Ansatz);	
+250.000 Arbeitsplätze	Bürofachkräfte; Montageberufe
55–85% der Beschäftigung anfällig für Automatisierung in OECD-Ländern	
+2% Beschäftigung durch technologische Entwicklung weltweit, dabei –1,56% durch KI	
35% der Beschäftigten mit hohem Automatisierungsrisiko in Deutschland	Logistik
48% Automatisierungspotenzial durch verfügbare Technologien in Deutschland	Produktion
25% der Beschäftigten mit sehr hohem Substituierbarkeitspotenzial: (>70% der Tätigkeiten heute schon ersetzbar)	Fertigungsberufe; Fertigungstechnische Berufe
23% der Beschäftigung in Deutschland mit hohem Automatisierungsrisiko (>70% Automatisierungsrisiko)	
+1,8% Beschäftigungszuwachs	Landwirtschaft; Bergbau; Gastgewerbe
–60.000 Arbeitsplätze	Fahrzeugbau; Sonstiges verarbeitendes Gewerbe

ten die beiden Autoren ein dramatisches Zukunftsbild für die Arbeit und stießen in den Medien auf ein großes Echo. In den Folgejahren griffen zahlreiche weitere Studien das Thema erneut auf, indem sie entweder den Ansatz von Frey und Osborne auf andere Regionen übertrugen (Arntz et al. 2016; Bonin et al. 2015; Bowles 2014; Brzeski und Burk 2015) oder mit alternativen Methoden (z. B. tätigkeitsbasierter Ansatz) das Automatisierungspotenzial von Tätigkeiten abschätzten (Manyika et al. 2017; Berriman und Hawksworth 2017; Dengler und Matthes 2015, 2018; The World Bank Group 2016; Bonin et al. 2015; Arntz et al. 2016; World Economic Forum 2016).

Dabei reicht das Prognosespektrum für den Anteil der Beschäftigten mit „hohem" Substitutionspotenzial – definiert durch ein Substitutionsrisiko von über 70 Prozent – aufgrund methodischer Unterschiede für Deutschland von 12 Prozent bis hin zu fast 60 Prozent. Quantifiziert wird mit diesen, teils alarmierenden Zahlen jedoch lediglich das technische Automatisierungspotenzial, welches nicht mit einer Umsetzung der Automatisierung gleichzusetzen ist (Bonin et al. 2015). Unberücksichtigt bleiben in diesen Prognosen die technologischen und betriebswirtschaftlichen Hürden, die einer Ausschöpfung dieses theoretischen Potenzials entgegenstehen. Hierauf haben kürzlich auch Frey und Osborne in einem Online-Beitrag hingewiesen und ergänzend angemerkt, dass sie in ihrem Papier aus dem Jahr 2013 bewusst keinen Zeithorizont für die Automatisierung benannt haben (Frey und Osborne 2018). Zuletzt bleiben dabei auch gesamtwirtschaftliche Effekte unberücksichtigt. So kann der technologische Wandel auch neue Arbeitsplätze schaffen, z. B. bei der Herstellung der neuen Technologien (Vogler-Ludwig 2017; Bonin et al. 2015). Um diese Prognoselücke zu schließen, wurde mithilfe von komplexen Szenario-Rechnungen der Versuch unternommen, die zukünftigen Wirkungen auf die Gesamtbeschäftigung unter Berücksichtigung der wichtigsten ökonomischen Einflussgrößen zu schätzen. Für Deutschland ergibt sich auch dabei kein klares Bild, so reichen die Prognosen von leicht negativen bis hin zu deutlich positiven (Vogler-Ludwig et al. 2016; Wolter et al. 2015; Zika et al. 2018; Arntz et al. 2018). Darüber hinaus sind auch kritischen Stimmen zu nennen, die vielfach Methodik und Annahmen der Prognosen anzweifeln und die Aussagekraft der Studien grundsätzlich in Frage stellen (Helnen et al. 2017; Brooks 2017).

Wenngleich sich die zahlreichen Prognose-Studien vorwiegend auf den allgemeinen Einfluss des technologischen Wandels beziehen, so stellen bereits Frey und Osborne einen deutlichen Bezug zur KI her. Demnach sehen die beiden Autoren neben der Robotik im ML eine der wichtigsten technologischen Entwicklungen des 21. Jahrhunderts. Getrieben durch die Verfügbarkeit von Big Data kann durch ML-Anwendungen ein breites Spektrum kognitiver, nicht routinemäßig ausgeführter Tätigkeiten automatisiert werden, während Entwicklungen in der Robotik im wachsenden Umfang manuelle Aufgaben unterstützen können (Frey und Osborne 2017, 2013).

Ebenso zählen auch Dengler und Matthes (2018) mit Blick auf den Arbeitsmarkt lernende Computerprogramme neben der Robotik, virtueller Realität und 3D-Druck zu den aktuell bedeutendsten technologischen Entwicklungen.

Bereits heute nutzen viele Firmen KI-Anwendungen, um ihre Prozesse zu optimieren. Deren Einsatz ist dabei nicht nur auf Logistik, Produktion oder Marketing beschränkt. Vielmehr halten sie Einzug in alle primären und unterstützenden Aktivitäten von Unternehmen entlang der Wertschöpfungskette. Im Bereich der Logistik ermöglicht KI zunehmend intelligente und agile Lieferketten, die bei der Beschaffung von Bauteilen vielfältige Informationen über mögliche externe Störungen einbeziehen und auf diese Weise mögliche Zukunftsszenarien wie Überbestände oder Materialengpässe antizipieren können. Dazu zählen beispielsweise Qualitätsprobleme bei Lieferanten, politische Instabilitäten in einer Region, Streiks von Beschäftigten oder ungünstige Wetterereignisse (Daugherty und Wilson 2018). Vielerorts sind bereits KI-Anwendungen im Lager und bei der Optimierung der Bedarfsplanung etabliert. Demnach nutzen beispielsweise Amazon wie auch das Logistikunternehmen FedEx KI, um Roboter im Warenlager zu steuern, gefälschte Ware zu erkennen oder auch Verpackungen und Lieferungen für den Kunden zu optimieren (Suich Bass 2018; Metz 2018a). Walmart setzt in 50 Supermärkten mehr als 2.000 Roboter ein, um die Regale nach ausverkauften Artikeln, falschen Warenauszeichnungen und anderen Dinge zu durchsuchen, was normalerweise Aufgabe des Verkaufspersonals wäre. Unterdessen testet die Metro-Gruppe maschinelles Sehen im Kassenbereich: Die Warenkörbe der Kunden werden von Kameras aufgezeichnet und entsprechende Rechnungen ausgestellt. Nach Schätzungen können die unbemannten Kassen etwa 50 Kunden pro Stunde – und damit etwa doppelt so viel wie menschliche Kassierer – bedienen (Suich Bass 2018).

In komplexen Industrieprozessen wie der Fertigung übernehmen hochentwickelte KI-Systeme zunehmend kritische Funktionen wie die Wartung von Maschinen. Auf Basis von umfangreichen Statistiken über die Maschinennutzung und Umweltbedingungen können diese Maschinenausfälle vorhersagen, bevor sie überhaupt auftreten („predictive maintenance"). Damit müssen Wartungsarbeiter in der Fertigung sich weniger mit Routinekontrollen und Fehlerdiagnosen aufhalten. Sie können nach Daugherty und Wilson (2018, S. 30) mehr Zeit in „knifflige" Reparaturen stecken und daraus auch mehr Motivation und Zufriedenheit ziehen. Unterdessen erlangen die Produktionsingenieure ein besseres Verständnis der die Materialbeschaffenheit von Bauteilen und möglicher Ineffizienzen in den Produktionsprozessen. Insbesondere solche Unternehmen mit großen Vermögenswerten und kapitalintensiven Wertschöpfungsprozessen werden von der vorausschauenden Wartung profitieren. Dazu zählen beispielsweise Fluggesellschaften, Ölfirmen, Energieunternehmen und große produzierende Industrieunternehmen, in denen unerwartete Maschinenausfälle hohe Kosten verursachen (Suich Bass 2018).

Im Personalwesen nutzen große Unternehmen bereits KI, um Bewerbungen zu sortieren und die besten Kandidaten auszuwählen. Beispielsweise erhält das Konsumgüterunternehmen Johnson & Johnson etwa zwei Millionen Bewerbungen pro Jahr für insgesamt 25.000 Stellen (Suich Bass 2018). KI-fähige Systeme sind dabei zu einem objektiveren Abgleich der stellenbezogenen Anforderungen und bewerberspezifischen Charakteristika in der Lage. Demnach sind Algorithmen, wenn sie entsprechend programmiert sind, auch unparteiischer und fairer als der Mensch. Dies gilt für die Einstellung neuer Mitarbeitender wie auch für die Auswahl von Beschäftigten für Beförderungen oder Lohnerhöhungen (AI-spy 2018).

Das Personalwesen wie auch andere administrative Prozesse im Hintergrund (z. B. Rechnungswesen, Kundenbeziehungs- und Beschwerdemanagement) bestehen oft aus klar definierten, sich wiederholenden und wenig sichtbaren Aufgaben. Durch die Unterstützung von KI können sich die Beschäftigten hier wieder auf höherwertige, weniger standardisierte und unstrukturierte Aufgaben konzentrieren. Beispielsweise nutzt die Investmentbank Goldman Sachs KI, um aus einer sehr großen Anzahl von Marktdaten und -analysen die wichtigsten Einflussfaktoren auf Aktienkurse zu identifizieren. Die Huffington Post – wie auch andere Online-Medien – verwendet KI, um ihre menschlichen Moderatoren bei der Identifikation von unangemessenen Kommentaren, Spam oder anderweitigem Missbrauch zu unterstützen (Daugherty und Wilson 2018).

Bei standardisierten Inhalten wie in Börsenberichten, Sportmeldungen oder Wetternachrichten fassen KI-Anwendungen die wichtigsten Informationen bereits in leicht verständlicher Sprache zusammen. Die Agenturen Bloomberg und Associated Press lassen deshalb seit einigen Jahren kürzere Meldungen und Quartalsberichte von intelligenten Anwendungen wie „Wordsmith" verfassen (Jensen 2015). Das Vorgehen ist dabei sehr strukturiert: Der „Schreibroboter" hat Zugriff auf umfangreiche Datensätze aus unterschiedlichen Quellen. Diese untersucht er nach Informationen mit Neuigkeitswert. Kriterien zu Relevanz und Interessantheitsgrad legen Software-Programmierer in Abstimmung mit dem Kunden (hier: Associated Press) fest. Im Anschluss wählt der „Schreibroboter" für jede Information eine vordefinierte rhetorische Perspektive aus, sortiert die Informationen nach Wichtigkeit und macht Verknüpfungen zu weiteren relevanten Bezügen wie Orten, Zeitpunkten und historischen Ereignissen. Wie in anderen Branchen kommt es im Journalismus damit zu einer neuen Arbeitsteilung zwischen Mensch und Maschine (Jensen 2015).

Auch in der Medizin und im Gesundheitswesen werden große Anwendungsmöglichkeiten für KI gesehen. Mittels Mustererkennung in Bildern, Texten und anderen Informationsquellen können Alghorithmen beispielsweise Diagnoseverfahren unterstützen, Behandlungspläne vorschlagen oder neue Hypothesen für die medizinische Forschung generieren (Ramge 2018, S. 19; siehe Teil B, Beitrag 8 „Perspektiven der KI in der Medizin"). Die wissenschaftlich-empirische Vorgehensweise in abgegrenzten, zyklisch wiederholbaren Arbeitsschritten – von der Datenerfassung, über die Bildung von Hypothesen und Durchführung von Experimenten bis hin zur Ableitung generalisierbarer Theorien – eignet sich in idealer Weise zur Unterstützung durch KI. Angesichts einer stetig wachsende Zahl neuer wissenschaftlicher Arbeiten (etwa 2,5 Millionen pro Jahr) und digitaler Patientendaten kann KI die Informationen strukturieren, analysieren und Hinweise geben; und wo es für Mediziner und Wissenschaftler lohnenswert erscheint, kann KI weitere Nachforschungen anstellen (Daugherty und Wilson 2018, S. 69f.).

Ein unmittelbares Anwendungsfeld ist die Arzneimittelverordnung: Beispielsweise nutzt etwa die Hälfte der Ärzte in den USA die App „Epocrates", welche Hinweise auf schadhafte Wechselwirkungen von Arzneimitteln geben kann. Damit entfällt das zeitaufwendige, zum Teil ergebnislose Nachschlagen in einem 2.500-seitigen Arzneimittel-Referenzhandbuch. Mit dem von KI beförderten medizinischen Fortschritt könnte auch verlorengegangenes Vertrauen beim Patienten wiederhergestellt werden. Laut einer Umfrage des British Medical Journal waren 49 Prozent der Leser der Meinung, dass die heutige evidenzbasierte Forschung unzureichend und fehlerhaft sei. KI-basierte Analysen einer breiteren Datenbasis zur Ableitung von medizinischen Diagnosen, Prognosen und Therapien können neues Vertrauen schaffen (Suesskind und Suesskind 2015).

Durch den Einsatz von KI ergeben sich vor allem drei positive Auswirkungen auf die Qualität der Arbeit. Dazu zählen die Steigerung menschlicher Fähigkeiten, die Demokratisierung von Fachwissen aufgrund eines gleichberechtigten Informationszugangs und die „Re-Humanisierung" von Arbeit durch den Wegfall zeitaufwändiger Routineaufgaben. Dies wirkt sich wiederum positiv auf die Motivation der Beschäftigten und die Inklusionspotenziale von Arbeit aus.

Handlungsräume

Die beschriebenen Einsatzszenarien von KI verdeutlichen einerseits die zunehmende Anzahl von KI-Anwendungen auf der Arbeitsebene und zeigen andererseits, dass KI stets nur jene Tätigkeiten ausführen kann, die repetitiv, strukturierbar und datenbasiert sind. Auch skizzieren die Beispiele das Spannungsfeld, in dem sich die Diskussion um die Auswirkungen von KI auf die Arbeit bewegt. Während Pessimisten die Weiterentwicklung von KI mit massiven Beschäftigungsverlusten durch die Substitution von menschlicher Arbeit in immer neuen Arbeitsfeldern in Verbindung bringen, stellen Optimisten die Chancen in den Vordergrund, insbesondere die Verbesserung der Qualität der Arbeit sowohl aus Sicht der Arbeitgeber als auch der Beschäftigten durch KI zu erhöhen aber auch eine (Höher-)Qualifizierung von Migrantinnen und Migranten, Geringqualifizierten und Menschen mit Behinderung zu ermöglichen

(Zeumli und Thielicke 2017; Apt et al. 2018; Narloch 2018). Welche von beiden Erwartungen die zukünftige Arbeitswelt prägen wird, ist heute kaum absehbar. Im Umkehrschluss bedeutet diese Unsicherheit aber auch, dass der Transformationsprozess mitnichten deterministisch ist, sondern für Beschäftigte, Unternehmen und die Politik vielfältig gestaltbar ist. Die zentrale Herausforderung liegt wohl darin, einem „Digital Divide" auf dem Arbeitsmarkt entgegenzuwirken, bei dem einige von der technologischen Entwicklung weiter profitieren, während andere zunehmend abgehängt werden.

Arbeitnehmer müssen daher gezielt aus- und weitergebildet werden, um auch bei einer wachsenden Technisierung ihre Beschäftigungsfähigkeit zu erhalten. Der Mensch wird der Technik in den kommenden Jahrzehnten bei vielen Tätigkeiten überlegen bleiben, und es ist Aufgabe politischer Entscheidungsträger, der Unternehmen und der Wissenschaft, die notwendigen Kompetenzen zur Ausführung dieser Tätigkeiten zu identifzieren und durch Aus- und Weiterbildungsmaßnahmen zu fördern. Beispielweise bietet das World Economic Forum einen neuen, praxisnahen Ansatz, bei dem auf Grundlage von Arbeitsmarktdaten und Daten von Online-Stellenbörsen die Ähnlichkeit von fast tausend Berufen in den USA empirisch ermittelt wird, um anschließend unter Berücksichtigung von prognostizierten Berufsanforderungen Umschulungspfade für Beschäftigte aufzuzeigen (World Economic Forum 2018). Derartige Bestrebungen gilt es dahingehend weiterzuentwickeln, jedem Einzelnen Möglichkeiten für ein lebenslanges Lernen aufzuzeigen und somit seine Chancen auf Beschäftigung in der Arbeitswelt der Zukunft zu erhöhen.

Des Weiteren sollte man bei der Ausgestaltung von KI-Anwendungen stets bedenken, wie damit die menschlichen Fähigkeiten erweitert und die Zusammenarbeit zwischen Mensch und Maschine verbessert werden können (Bergstein 2017). Gleichzeitig müssen Unternehmen und Politik Aufklärungsarbeit leisten, um falschen Ängsten, aber auch überzogenenen Erwartungen entgegenzuwirken und damit einen transparenten und nutzenbringenden Einsatz von KI zu forcieren. Wichtige Bedingungen dafür, dass der Einsatz von KI gelingen kann, sind darum auch Transparenz der zugrundeliegenden Algorithmen, die Anonymität der erfassten Daten und Chancengleichheit.

Auch wenn die Technologien im Grunde „neutral" Daten über Arbeits- und Geschäftsprozesse erfassen, sind sie möglicherweise nicht frei von den Vorurteilen ihrer Programmierer, können unbeabsichtigte Konsequenzen haben und bestimmte Gruppen von Beschäftigten oder auch Bewerbern diskriminieren (AI-spy 2018). Bisher ist wenig reguliert, wie und welche Daten im Arbeitsprozess erfasst werden. Mit Unterzeichnung ihres Arbeitsvertrages stimmen die Beschäftigten einer Überwachung ihrer Arbeitstätigkeiten meistens unbewusst zu. Auch ist oft nicht geklärt, was mit den personenbezogenen Daten aus Arbeitsprozessen geschieht, wenn ein Mitarbeiter das Unternehmen verlässt. Eine Möglichkeit wäre, dass der scheidende Mitarbeiter „seine" Daten mitnimmt und etwa dazu nutzt, gegenüber neuen Arbeitgebern sein Können und seine Arbeitseffizienz zu belegen. Somit ist offensichtlich, dass der Einzug von KI in die Arbeitswelt neue Kompromisse zwischen der Privatsphäre der Beschäftigten und den Effizienzbestrebungen der Unternehmen erforderlich macht (AI-spy 2018).

Die seit dem Jahr 2018 in Deutschland greifende EU-Datenschutzgrundverordnung (DSGVO) bezieht sich explizit auf das Spannungsverhältnis von Datenschutz und KI: Gemäß Artikel 22 der DSGVO hat eine Person „das Recht, nicht einer ausschließlich auf einer automatisierten Verarbeitung – einschließlich Profiling – beruhenden Entscheidung unterworfen zu werden, die ihr gegenüber rechtliche Wirkung entfaltet oder sie in ähnlicher Weise erheblich beeinträchtigt". Auch sind in der DSGVO neue Grundsätze zum Transparenzgebot und Diskriminierungsverbot enthalten, was dem Einsatz von KI in Unternehmen enge Grenzen setzt. Wer KI-Systeme einsetzen wolle, müsse sich umfangreich bei seinen Beschäftigten absichern (Krempl 2018).

Doch nicht nur aufgrund der neuen Herausforderungen aus der DSGVO verzögert sich die Umsetzung von KI in den Unternehmen. Sie stockt auch, weil Fachkräfte in den Bereichen Software Engineering, Informatik und Robotik fehlen. In den USA saugen große Unternehmen mit datenbasierten Geschäftsmodellen den KI-Talentpool leer. Allein die Carnegie Mellon University verlor 40 KI-Forschende an Uber, als das Dienstleistungsunternehmen ein Labor in Pittsburgh eröffnete. Auch Facebook eröffnete neue KI-Forschungslabore in Seattle und Pittsburgh und erhöht damit den Druck auf die lokalen Universitäten, ihre Professoren und Forschungsangestellten zu halten. Oft können sie jedoch nicht mit den hohen Gehältern der Tech-Branche mithalten. Dan Weld, Informatik-Professor an der Universität von Washington, sagt: „Es ist besorgniserregend, dass sie unsere Saat verspeisen. Wenn wir alle unsere Lehrbeauftragten verlieren, wird es schwierig sein, die nächste Forschergeneration auszubilden." (Metz 2018b).

Gegenwärtig setzen vor allem die Tech-Industrie und große Unternehmen KI ein, wo sie Effizienzgewinne, individualisierte Dienstleistungen und neue Produkte befördern soll. Für Einrichtungen und Unternehmen aus anderen Branchen – wie etwa der Medizin, Fertigung und Energie – könnte es zwar einen ähnlichen Schub für Produktivität und Wertschöpfung geben, die KI-Systeme sind jedoch noch zu teuer und schwer zu implementieren. Es stellt sich deshalb die Frage, ob die inzwischen zahlreichen Prognosen zu Automatisierung und Beschäftigungseffekten nicht allesamt zu kurz greifen, da von den Autoren zumindest die mittelfristige Wirkung von KI auf die Arbeit überschätzt werden könnte. Nach Ramge (2018, S. 19) müssten KI-Systeme „hohe Hürden überwinden, bevor Menschen ihren Urteilen und Entscheidungen trauen". Zudem seien Laien kaum allein in der Lage „künstlich intelligenten Ratschlag" einzuholen. Für Wissensarbeiter hieße das wiederum, dass nicht KI sie in absehbarer Zukunft substituieren wird, sondern „tech-affine Verkäufer, Anwälte und Ärzte werden jene Kollegen ersetzen, die KI nicht als Entscheidungsassistenten intelligent zu nutzen wissen." (Ramge 2018, S. 20). Auch das World Economic Forum sieht die größten Zukunftschancen für jene, die komplementär mit algorithmenbasierten Technologien arbeiten können (World Economic Forum 2018).

Literatur

AI-spy. Workplace of the future (2018). The Economist 28.03.2018. Online verfügbar unter: https://www.economist.com/leaders/2018/03/28/the-workplace-of-the-future, zuletzt geprüft am 31.08.2018.

Arntz, M.; Gregory, T.; Lehmer, F.; Matthes, B.; Zierahn, U. (2016): Arbeitswelt 4.0 - Stand der Digitalisierung in Deutschland. Dienstleister haben die Nase vorn (22/2016). Nürnberg: Institut für Arbeitsmarkt- und Berufsforschung der Bundesagentur für Arbeit (IAB). Online verfügbar unter http://doku.iab.de/kurzber/2016/kb2216.pdf, zuletzt geprüft am 22.06.2018.

Arntz, M.; Gregory, T.; Zierahn, U. (2018): Digitalisierung und die Zukunft der Arbeit: Makroökonomische Auswirkungen auf Beschäftigung, Arbeitslosigkeit und Löhne von morgen. Mannheim: Zentrum für Europäische Wirtschaftsforschung GmbH (ZEW), Hg. Online verfügbar unter http://ftp.zew.de/pub/zew-docs/gutachten/Digitalisierungund ZukunftderArbeit2018.pdf, zuletzt geprüft am 19.04.2018.

Autor, D. H. (2015): Why Are There Still So Many Jobs? The History and Future of Workplace Automation. Journal of Economic Perspectives, 29 (3), 3–30.

Bergstein, B. (2017): The AI Issue – From the Editor. MIT Technology Review (120 (6)), 2.

Berriman, R.; Hawksworth, J. (2017): Will robots steal our jobs? The potential impact of automation on the UK and other major economies. Online verfügbar unter https://www. pwc.co.uk/economic-services/ukeo/pwcukeo-section-4-automation-march-2017-v2.pdf, zuletzt geprüft am 22.06.2018.

Bonin, H.; Gregory, T.; Zierahn, U. (2015): Übertragung der Studie von Frey/Osborne (2013) auf Deutschland. Kurzexpertise Nr. 57 im Auftrag des Bundesministeriums für Arbeit und Soziales. Mannheim: Zentrum für Europäische Wirtschaftsforschung GmbH (ZEW).

Bowles, J. (2014): Chart of the Week: 54% of EU jobs at risk of computerisation. Online verfügbar unter http://bruegel.org/2014/07/chart-of-the-week-54-of-eu-jobs-at-risk-of-computerisation/, zuletzt geprüft am 22.06.2018.

Brooks, R. (2017): Seven Deadly Sins of AI Predictions. Online verfügbar unter https://www. technologyreview.com/s/609048/the-seven-deadly-sins-of-ai-predictions/, zuletzt geprüft am 22.06.2018.

Brynjolfsson, E.; McAfee, A. (2012): Race Against the Machine: How the Digital Revolution is Accelerating Innovation, Driving Productivity, and Irreversibly Transforming Employment and the Economy: Digital Frontier Press.

Brzeski, C.; Burk, I. (2015): Die Roboter kommen. Folgen der Automatisierung für den deutschen Arbeitsmarkt (Nr. 4). Online verfügbar unter https://www.ing-diba.de/pdf/ ueber-uns/presse/publikationen/ing-diba-economic-research-die-roboter-kommen.pdf, zuletzt geprüft am 22.06.2018.

Daugherty, P.; Wilson, J. (2018): Human + Machine. Reimagining work in the age of AI. Boston, Mass.: Harvard Business Review Press.

Dengler, K.; Matthes, B. (2015): Folgen der Digitalisierung für die Arbeitswelt: Substituierbarkeitspotenziale von Berufen in Deutschland (IAB Forschungsbericht Nr. 11). Nürnberg: Institut für Arbeitsmarkt- und Berufsforschung der Bundesagentur für Arbeit (IAB).

Dengler, K.; Matthes, B. (2018): Substituierbarkeitspotenziale von Berufen: Wenige Berufsbilder halten mit der Digitalisierung Schritt. IAB Kurzbericht (4/2018).

Dustmann, C.; Ludsteck, J.; Schönberg, U. (2009): Revisiting the German Wage Structure. The Quarterly Journal of Economics (124 (2)), 843–881.

Eberl, U. (2018, 5. Februar): Was ist Künstliche Intelligenz – Was kann sie leisten? Aus Politik und Zeitgeschichte (APuZ), S. 8–14.

Frey, C. B.; Osborne, M. A. (2013): The future of employment. How susceptible are jobs to computerisation? (OMS working paper). Oxford: Oxford University. Online verfügbar unter http://www.oxfordmartin.ox.ac.uk/downloads/academic/The_Future_of_Employment.pdf, zuletzt geprüft am 22.06.2018.

Frey, C. B.; Osborne, M. A. (2017): The future of employment. How susceptible are jobs to computerisation? Technological Forecasting and Social Change (114). S. 254–280.

Frey, C. B.; Osborne, M. A. (Oxford Martin School, University of Oxford, Hrsg.). (April 2018): Automation and the future of work – understanding the numbers, Oxford Martin School, University of Oxford. Online verfügbar unter https://www.oxfordmartin.ox.ac.uk/opinion/view/404/, zuletzt geprüft am 22.06.2018.

Gallup Inc., Northeastern University (Mitarbeiter) (2018): Optismism and Anxiety. Views on the Impact of Artificial Intelligence and Higher Education's Response, Gallup Inc. Online verfügbar unter https://www.northeastern.edu/gallup/pdf/OptimismAnxietyNortheastern-Gallup.pdf, zuletzt geprüft am 22.06.2018.

Goos, M.; Manning, A.; Salomons, A. (2009): Job Polarization in Europe. The American Economic Review (99 (2)), 58–63.

Heinen, N.; Heuer, A.; Schautschick, P. (2017): Künstliche Intelligenz und der Faktor Arbeit. Wirtschaftsdienst, 97 (10). S. 714–720.

Hirsch-Kreinsen, H. (2016): Digitalisierung und Einfacharbeit (Friedrich-Ebert-Stiftung, Hrsg.).

Jensen, L. (2015): Die Schreib-Maschine. Brand Eins (7), 100–103.

Krempl, S. (2018): DSGVO und KI: Unverträglichkeiten beim Datenschutz. Heise online. Online verfügbar unter https://www.heise.de/newsticker/meldung/DSGVO-und-KI-Unvertraeglichkeiten-beim-Datenschutz-4049, zuletzt geprüft am 11.07.2018.

Lehmann, H. (2018, 29. April): Künstliche Intelligenz kann nicht über sich selbst nachdenken. Tagesspiegel. Online verfügbar unter https://www.tagesspiegel.de/themen/tagesspiegel-berliner/amazon-chefforscher-kuenstliche-intelligenz-kann-nicht-ueber-sich-selbst-nachdenken/21219060.html, zuletzt geprüft am 05.07.2018.

Manyika, J.; Chui, M.; Miremadi, M.; Bughin, J.; George, K.; Willmott, P. et al. (2017): A Future That Works. Automation, Employment, And Productivity (McKinsey & Company, Hrsg.).

Metz, C. (2018, 18. März): FedEx Follows Amazon Into the Robotic Future. The New York Times. Online verfügbar unter https://www.nytimes.com/2018/03/18/technology/fedex-robots.html, zuletzt geprüft am 22.06.2018.

Metz, C. (2018b, 4. Mai): Facebook Adds A.I. Labs in Seattle and Pittsburgh, Pressuring Local Universities. The New York Times. Online verfügbar unter https://www.nytimes.com/2018/05/04/technology/facebook-artificial-intelligence-researchers.html, zuletzt geprüft am 22.06.2018.

Narloch, S. (2018): Microsoft stellt 25 Millionen Dollar für Inklusion mit KI bereit. Funkschau. Online verfügbar unter https://www.funkschau.de/telekommunikation/artikel/153350/, zuletzt geprüft am 11.07.2018.

Nilsson, N. J. (2010): The Quest for Artificial Intelligence. A History of Ideas and Achievements. New York: Cambridge University Press.

OECD (2016): OECD Economic Outlook, Volume 2016 Issue 2. Online verfügbar unter https://www.oecd-ilibrary.org/economics/oecd-economic-outlook-volume-2016-issue-2_eco_outlook-v2016-2-en, zuletzt geprüft am 11.07.2018.

Ramge, T. (2018): Mensch fragt, Maschine antwortet. Wie Künstliche Intelligenz Wirtschaft, Arbeit und unser Leben verändert. Aus Politik und Zeitgeschichte (APuZ). S. 15–21.

Spitz-Oener, A. (2006): Technical Change, Job Tasks and Rising Educational Demands: Looking Outside the Wage Structure. Journal of Labor Economics (24 (2)), S. 235–270.

Suesskind, R.; Suesskind, D. (2015): The future of the professions: How technology will transform the work of human experts. New York: Oxford University Press.

Suich Bass, A. (2018, 31. März): GrAIt expectations. The Economist, Vol. 426, N° 9085, S. 3–12 (Special report 'AI in Business').

The World Bank Group (2016): Digital Dividends. World Development Report 2016. Online verfügbar unter https://openknowledge.worldbank.org/bitstream/handle/10986/23347/9781464806711.pdf, zuletzt geprüft am 22.06.2018.

Vogler-Ludwig, K. (2017): Beschäftigungseffekte der Digitalisierung – eine Klarstellung. Wirtschaftsdienst, 97 (12), S. 861–870.

Vogler-Ludwig, K.; Düll, N.; Kriechel, B. (2016): Arbeitsmarkt 2030 – Wirtschaft und Arbeitsmarkt im digitalen Zeitalter. Prognose 2016.

Wenzel, E. (2018): Kolumne_15: Taxi oder Hund – Hauptsache Künstliche Intelligenz, Institut für Trend- und Zukunftsforschung. Online verfügbar unter https://www.zukunftpassiert.de/kolumne_15-taxi-oder-hund-hauptsache-kuenstliche-intelligenz/, zuletzt geprüft am 22.06.2018.

Wolter, M. I.; Mönnig, A.; Hummel, M.; Schneemann, C.; Weber, E.; Zika, G. et al. (2015): Industrie 4.0 und die Folgen für Arbeitsmarkt und Wirtschaft. Szenariorechnungen im Rahmen der BIBB-IAB-Qualifikations- und Berufsfeldprojektionen. IAB-Forschungsbericht 8/2015.

World Economic Forum (01/2016): The Future of Jobs. Employment, Skills and Workforce Strategy for the Fourth Industrial Revolution. Online verfügbar unter http://www3.weforum.org/docs/WEF_Future_of_Jobs.pdf, zuletzt geprüft am 22.06.2018.

World Economic Forum (2018): Towards a Reskilling Revolution. A Future of Jobs for All (Insight Report). Online verfügbar unter http://www3.weforum.org/docs/WEF_FOW_Reskilling_Revolution.pdf, zuletzt geprüft am 22.01.2018.

Zeumli, F.; Thielicke, R. (2017): Gute Arbeit, schlechte Arbeit. Technology Review 12/2017, S. 52–61.

Zika, G.; Helmrich, R.; Maier, T.; Weber, E.; Wolter, M. I. (2018): Arbeitsmarkteffekte der Digitalisierung bis 2035. Regionale Branchenstruktur spielt eine wichtige Rolle. IAB-Kurzbericht (9/2018).

12. Neue Intelligenz, neue Ethik?

Julian Stubbe, Jan Wessels, Guido Zinke

Aus den vergangenen Jahren gibt es unzählige Beispiele für die beeindrucken-den Entwicklungen im Bereich der Künstlichen Intelligenz (KI). Voran getrieben werden sie durch die jetzt verfügbaren Datenmengen, Rechenleistungen und besonders durch die großen Fortschritte im maschinellen Lernen (Machine Learning, ML), insbesondere dem tiefen Lernen (Deep Learning, DL). Dies wird erhebliche Einwirkungen auf sämtliche sozialen, politischen und ökonomischen Systeme haben.

Nicht allein die Zeitschrift Economist sieht einen fundamentalen Wandel nahen, durch den künftig nicht mehr die Maschine vom Menschen lerne, sondern umgekehrt. Und die Maschine lerne viel schneller und eigne sich dank ihrer wachsenden Leistungsfähigkeit menschliche Eigenschaften wie Kreativität, Intuition, Iteration und Impulsivität an (The Economist 2016). Einige Autoren sehen in der KI eine existenzielle Herausforderung der Menschheit, u. a. der kürzlich verstorbene Stephen Hawking oder der Tech-Unternehmer Elon Musk. Sie leugnen nicht den Nutzen der KI, erwarten aber einen Wettlauf mit einer möglichen „Superintelligenz", den der Mensch u.a. deshalb verliere, weil er in evolutionären Prozessen nicht schritthalten könne (Handelsblatt 2014, FAZ 2017).

Vor diesem Hintergrund ist die Auseinandersetzung mit der ethischen Dimension von KI von einer rein akademisch-philosophischen zu einer gesellschaftlichen und innovationspolitischen Debatte gewachsen. Das zunehmende Interesse an der Ethik einer KI kommt nicht von ungefähr, schließlich greifen Algorithmen tief in gesellschaftliche Zusammenhänge ein und sind nicht auf spezifische Anwendungsdomains beschränkt. KI verändert Wertschöpfungsprozesse genauso wie die private Kommunikation und die Interaktion der Menschen. Und dieser Einfluss wird insbesondere dann deutlich wachsen, wenn der Schritt von der jetzigen schwachen KI (durch den Menschen vorgegebene bzw. programmierte Algorithmen) hin zu einer starken KI (die sich selbst gestaltet bzw. fortentwickelt, siehe Einleitung zu Teil A Technologie „Entwicklungswege zur KI") gegangen wird. Umso drängender sind Antworten auf jene Fragen zu finden, was diese Schlüsseltechnologie mit unserer Gesellschaft macht und wie sie die uns bekannten Lebens- und Arbeitswelten verändern wird. Populäre Technologiemagazine greifen das Thema vermehrt auf und bereiten es verständlich für eine breite Bevölkerungsgruppe auf. Öffentliche Institutionen reagieren parallel, z. B. durch den Deutschen Ethikrat oder in Frankreich durch die nationale Datenschutzbe-

V. Wittpahl (Hrsg.), *Künstliche Intelligenz*,
DOI 10.1007/978-3-662-58042-4_15, © Der/die Autor(en) 2019

hörde und eine breitangelegte gesellschaftliche Debatte. Ebenso wächst das private bzw. unternehmerische Engagement, wenn internationale Initiativen wie etwa OpenAI einen demokratischen und insbesondere weniger Eliten-zentrierten Zugriff auf KI zu ermöglichen und die Souveränität des Menschen im Umgang mit der Maschine sowie die Akzeptanz zu stärken suchen.

Solche Bestrebungen erfahren aktuell eine große Resonanz, auch ausgelöst durch eine wachsende KI-Skepsis in der Bevölkerung. Aktuelles Beispiel für ein neues Bewusstsein ist Facebook. Das Unternehmen geriet zunehmend unter öffentlichen Druck, seine gesellschaftliche Verantwortung wahrzunehmen und manipulative Praktiken zu unterbinden. Dies zeigt, wie der ausgeprägte Glaube an das enorme technologische Lösungspotenzial einer KI vielerorts zur Annahme führte, ihre Innovationen würden auf große Akzeptanz in der Gesellschaft stoßen. Ein solcher „technischer Imperativ" findet aber gleichwohl nicht unbedingt das erhoffte positive Echo in der Gesellschaft. Stattdessen antizipieren Anbieter von KI-Technologien mittlerweile selbst Missbrauch und Akzeptanzverlust und leiten entsprechende Maßnahmen in Richtung eines ethischen Imperativs einer KI ein.

In der aktuellen Debatte über die ethische Dimension von KI steht deshalb eine Frage im Mittelpunkt: Wirft KI neue, über den bestehenden Diskurs hinausgehende ethische Fragen auf, oder verstärkt sie bereits im Vorfeld existierende Spannungsfelder?

Autonomes Entscheiden

Der zentrale Nutzen von KI besteht in ihrer prinzipiellen Fähigkeit, ohne menschliche Einwirkung selbstständig – autonom – Entscheidungen zu treffen. Zur Diskussion steht dabei die Frage, inwieweit und wann Maschinen dies tun sollten und können und welche Konsequenzen dies hat. Ethisch relevant sind vor allem negative Folgen, wenn also Menschen zu Schaden kommen oder Dinge beschädigt werden. In diesem Fall ist zu fragen, wer die Verantwortung dafür trägt bzw. wer dafür haftet. Ein Algorithmus ist schließlich keine juristische Person. Um die Koexistenz von Mensch und Maschine zu organisieren, definiert die Ethik für autonome Entscheidungssysteme also vor allem den Aspekt der Verantwortung.

Sehr eingängig lässt sich dieses Dilemma am Beispiel des autonomen Fahrens nachzeichnen. Da die Maschine keine juristische Person ist, sollte im Schadensfall geklärt werden können, wer letztlich verantwortlich ist. Typischerweise hat der menschliche „Fahrer" im Moment der Schadensentstehung keinen Einfluss auf die Entscheidungsfindung gehabt, kann also nicht verantwortlich sein bzw. werden. Dies gilt auch für den Programmierer des autonomen Systems, der möglicherweise nur die Ausgangsversion einer Software geschrieben hat, die sich dann selbstlernend weiterentwickelte. Dennoch müssen Geschädigte eine Chance auf Entschädigung haben.

Deshalb stehen unter anderem auch ethische Aspekte auf der Tagesordnung der Politik. So wurden entsprechende Experten-Gremien etabliert oder parlamentarische Auseinandersetzungen initiiert. Für Deutschland besonders relevant ist die Einrichtung einer Ethikkommission zum autonomen Fahren durch das Bundesministerium für Verkehr und digitale Infrastruktur (BMVI) im Jahr 2016 (BMVI 2016) sowie die Entschließung des Europäischen Parlaments zu Robotik und Künstlicher Intelligenz Anfang 2017. Diese fordert, für das autonome Fahren eine Pflichtversicherung einzuführen sowie einen Zusatzfonds, der die nötigen Mittel für eine hinreichende Entschädigung gewährleisten soll (Europäisches Parlament 2017). Auch der Deutsche Ethikrat hat sich wiederholt mit dem Thema KI auseinandergesetzt, zuletzt auf seiner Jahrestagung im Juni 2017 (Deutscher Ethikrat 2017). Schließlich sieht der Koalitionsvertrag zwischen CDU, CSU und SPD aus dem Februar 2018 eine Ethikkommission zu digitalen Fragen vor, die auch den Aspekt KI behandeln soll (Bundesregierung 2018).

Der Diskurs um die Verantwortlichkeit klärt also in erster Linie, welche Rollenverständnisse sich zwischen Mensch und Maschine ausprägen. Ebenso ethisch relevant und damit intensiv diskutiert ist die Frage, nach welchen Kriterien autonome Entscheidungen überhaupt zustande kommen. Dies betrifft in erster Linie die Würde des Menschen. Denn hier existieren klassische Dilemmata, die vorab durchdacht und auf ihre Relevanz geprüft werden müssen. So kann ein Entscheider vor der Alternative stehen, zwischen zwei Optionen wählen zu müssen, die beide negative Auswirkungen haben. In der Literatur ist dies als Trolley-Problem bekannt (Heise 2017).

Dazu hat z. B. die Ethikkommission zum autonomen Fahren des BMVI in ihrem Abschlussbericht festgehalten, dass grundsätzlich Sachschaden einem Personenschaden vorzuziehen ist, also Menschen auf jeden Fall geschützt werden müssen. Eine Einteilung von Menschen in verschiedene Gruppen mit unterschiedlichem Schutzstatus darf es aus Sicht der Ethikkommission nicht geben. Alter, Geschlecht oder ähnliche Faktoren dürfen also bei Entscheidungen eines autonomen Systems keine Rolle spielen, junge Menschen dürfen z. B. keinen höheren Schutz genießen als Alte oder Kranke.

Daran knüpft sich ein weiterer wichtiger Aspekt, der zweifelsohne einen erheblichen Einfluss darauf hat, ob KI sich durchsetzt und Akzeptanz findet. Denn die Frage nach den Entscheidungskriterien verlangt, dass die Entscheidungsprozesse selbst und die ihnen zugrunde liegenden Annahmen transparent sind – und zwar auf Seiten des Menschen und der Maschine. Es muss nachvollziehbar sein, auf welcher Basis Entscheidungen getroffen wurden.

Transparenz ist auf der technischen Ebene allerdings keine leicht zu lösende Aufgabe, denn selbstlernende Systeme lassen eine Nachvollziehbarkeit nicht ohne Weiteres zu. Damit sind auch mögliche diskriminierende Kriterien nicht sichtbar. So hat sich bei der Nutzung von KI im amerikanischen Justizsystem gezeigt, dass Minderheiten benachteiligt werden und damit das Gleichheitsgebot verletzt wird. Eine wichtige Forderung der Kritiker von KI lautet deshalb, die Transparenz der Entscheidungsfindung wirklich sicherzustellen oder zumindest Kontrollsysteme zu entwickeln, die im Nachhinein die Entscheidungsfindung rekonstruieren können (reverse engineering). Wie sich so etwas gestalten kann, zeigt New York City. Dort gewährleistet künftig eine eigens geschaffene Verordnung, dass die vielfältig eingesetzten Algorithmen in der Stadtverwaltung eingesehen werden können und Bürger das Recht auf umfangreiche Information erhalten. Damit soll eine Diskriminierung aufgrund unzureichender oder fehlerhafter KI verhindert werden, und die Bürger haben gegebenenfalls eine realistische Möglichkeit, dagegen juristisch vorzugehen (Netzpolitik 2018).

Im ethischen Diskurs, ob, inwieweit und entlang welcher Kriterien Maschinen im Zusammenspiel mit dem Menschen autonom entscheiden, geht es also in erster Linie um das Ausmaß der Verantwortlichkeit, die der Mensch der Maschine in der Organisation einer künftigen Koexistenz überträgt. Im Kern drückt sich damit aus, ob der Einsatz oder Nicht-Einsatz künstlicher Intelligenz einen Unterschied macht – oder besser: bis zu welchem Grad autonomen Entscheidens der Einsatz von KI einen Unterschied macht. Die ethischen Anforderungen an autonome entscheidende Systeme und den Grad der Verantwortungsübertragung von Mensch auf Maschine ergeben sich also aus den antizipierenden Abwägungen, inwieweit die durchaus erheblichen Vorteile für viele Menschen in einem verträglichen Verhältnis zu den in spezifischen Situationen auftretenden Nachteilen für einzelne Betroffene stehen. Dies illustrieren die Festlegungen der Ethikkommission zum autonomen Fahren sehr gut: In Anbetracht der Erwartungen, dass der Einsatz von KI beim autonomen Fahren die Zahl der Verkehrstoten voraussichtlich drastisch verringern wird, ist ihr Einsatz selbst bereits ethisch geboten, um Menschenleben zu schützen. Dies gilt auch, wenn im Einzelfall Menschen durch fehlerhafte KI zu Schaden kommen.

Neues Zusammenleben und -arbeiten

Im Mittelpunkt des Diskurses um die ethischen Anforderungen an das Zusammenleben und -arbeiten von Mensch und KI stehen Fragen um die Übertragung der Leistungsfähigkeiten des Menschen auf die Maschine. Hierdurch erweitert sich der Diskurs zu den ethischen Anforderungen autonomer Verantwortung um Aspekte einer sukzessiven Übertragung von Aufgaben des Menschen an die Maschine. Dies mündet letztlich in der Frage der Rolle des Menschen in einer Koexistenz mit der Maschine. Allein in den vergangenen fünf Jahren ist KI sehr sicht- und spürbar in die Lebens-

und Arbeitswelten vorgedrungen. Im Krankenhaus assistieren OP-Roboter, im Büro und im Alltag unterstützen smarte Assistenten den Menschen und im Verkehr ermöglichen intelligente Sensoren autonomes Fahren. Kontinuierlich wachsen dadurch die Interaktionen mit intelligenten Systemen, aus dem „artificial" in AI, der englischen Abkürzung für KI, wird ein „augmented". KI wird allgegenwärtig. Dabei zeigen sich Nutzen, aber auch Risiken immer deutlicher. Etwa, wenn Algorithmen diskriminieren, weil sie aus den Informationen über die Handlungen der Menschen lernen (Süddeutsche 2017b), wenn autonome Systeme sich nicht mehr steuern lassen, wenn Chatbots öffentliche Diskussionen dominieren oder wenn KI-Algorithmen zu kriminellen Zwecken eingesetzt werden. Nicht zu reden von den Gefahren intelligenter Waffensysteme (Kleinberg et al. 2017).

Dass KI immer mehr Aufgaben übernimmt, wird hier mitunter zum Problem. Und es erweist sich, dass ein Zusammenleben mit KI nicht zwangsläufig ein besseres sein muss. Das Selbstverständnis des Menschen prägt sich dabei entlang der Entscheidung aus, ob er in eine existentielle Konkurrenz mit der KI eintritt, oder aber ob er die Oberhand behält, indem die Position einer „Superintelligenz" klar geregelt ist und KI ihm sehr kontrolliert assistiert und sukzessive Aufgaben abnimmt.

Dafür braucht es ethische und institutionelle Arrangements, die nicht die technologischen Möglichkeiten beschränken, wohl aber die Risiken benennen. Es geht dann nicht nur darum, wer Entscheider und wer verantwortlich ist, sondern auch darum, wer im Zusammenspiel Mensch-Maschine die Kontrolle behält und wie der Mensch einen eigenen Willen aufrechterhalten und schlussendlich auch durchsetzen kann. Die Beantwortung dieser Fragen ist aufgrund der enormen Komplexität von KI-Systemen, der Datenmenge und schieren Entwicklungsgeschwindigkeit alles andere als einfach. Inwieweit die Algorithmen fehlerfrei arbeiten und die Daten korrekt sind, kann der einzelne Nutzer kaum noch einschätzen. Und selbst Entwickler sind zum Teil überrascht von der sprunghaft steigenden Leistungsfähigkeit der KI. Der Aufbau von Transparenz und Überwachungsstrukturen, von Standards und Sanktionsmustern ist darum die Grundvoraussetzung für eine ethisch verantwortungsvolle Nutzung. Der kritische Umgang mit den KI-Systemen und ihren Ergebnissen schaffen schließlich erst einen zumindest gesellschaftlich verträglichen Durchsatz von KI. Dafür braucht es Vertrauen, basierend auf mehr menschlicher Souveränität und Kompetenz im Umgang mit KI.

Viele Akteure – nicht nur KI-Kritiker, sondern auch die Politik und nicht zuletzt starke Profiteure von KI wie Google oder IBM – sind in den vergangenen Jahren in dieser Frage aktiv geworden. So lassen die Vereinten Nationen die Potenziale von KI auch unter ethischen Gesichtspunkten prüfen (UN 2017). Initiativen wie AINOW oder OpenAI wollen globale Standards für KI etablieren, um sie zu demokratisieren und vor allem weniger auf Eliten zentriert zu gestalten. Alle sollen KI nutzen können und

KI soll allen Nutzen bringen (AINOW 2018, BBC 2015). Google, Apple, Facebook und Amazon (GAFA) stellen KI-Tools als Open Sources bereit, um KI-Souveränität zu fördern und selbst von der Nutzung im Sinne einer Schwarmintelligenz zu profitieren (Die Zeit 2016b). Im „Partnership on AI" liefern GAFA und andere KI-Lösungen für globale Probleme, u. a. um fehlerhafte KI-Systeme zu stoppen (MIT TechRev 2016a, MIT TechRev 2016b, CBR 2017). Für Europa denkt man an die Einrichtung einer spezialisierten Forschungseinrichtung für KI, an der die europäischen Kompetenzen wirkmächtig zur Untersuchung von KI-Algorithmen gebündelt werden. Ein solches „KI-CERN" soll aber nicht nur helfen, technologisch mit USA oder China mithalten, sondern auch sozio-ökonomische Implikationen besser abschätzen zu können (TechCrunch 2017). Der Europäische Wirtschafts- und Sozialausschuss fordert ein europäisches OpenAI (EESC 2017), während die EU-Kommission eine AI-on-Demand-Plattform für Europa prüft (AI Business 2017). In Deutschland diskutiert die Politik zentrale ethische Fragen ebenso wie die Wirtschaft, die sich u. a. ein System einer Corporate Digital Responsibility geben möchte (Süddeutsche 2018). Und in Frankreich findet eine breite öffentliche Debatte um die Gestaltung des Zusammenlebens und Zusammenarbeitens mit KI statt (CNIL 2018).

All diese Initiativen beziehen sich in erster Linie auf den Umgang mit der aktuellen „schwachen" KI, der Menschen die Muster vorgeben bzw. von vornherein einprogrammieren. Ethische Anforderungen richten sich hierbei zunächst konsequenterweise nicht an die Maschine, sondern an den Menschen. Anspruchsvoller wäre die Formulierung geeigneter ethischer Anforderungen für eine deutlich höher entwickelte „starke" KI. „Einfach den Stecker zu ziehen" (Die ZEIT 2017) würde hier nicht mehr gelingen, stattdessen bräuchte es eine echte Maschinenethik, eine artificial morality. Diese würde sich dann nicht mehr an den Menschen richten, sondern an die Maschine selbst.

Die einfachste, heute diskutierte Lösung ist, komplexere KI permanent zu überwachen, während ein menschlicher Benutzer die Aufgaben vorab definiert hat und immer noch sämtliche ethisch relevanten Entscheidungen trifft. Dies ist in einigen Fällen sicher auch künftig denkbar. Dort jedoch, wo KI extra deshalb eingesetzt wird, um menschliche Arbeit zu ersetzen, um schnelle Entscheidungen herbeizuführen, um Gefahren für den Menschen zu umgehen oder aber den Menschen selbst als Risikofaktor zu ersetzen, ist eine permanente Überwachung langfristig nicht realistisch (Ethik-Kommission AVF 2017). Denn es werden immer weniger Entscheidungssituationen vorhersehbar und damit Handlungsmuster programmierbar sein. Im Zusammenleben mit Menschen sollten Maschinen daher selbst ethisch handeln und ein solches Handeln aus dem Umgang mit ihnen erlernen (Arkin 2009).

Dafür müssen Maschinen grundsätzlich in die Lage versetzt werden, mit ihrer Umwelt zu interagieren, ihr Handeln an sich ändernde Bedingungen anzupassen und letztlich eigenständig zu agieren. Solche Verhaltensmuster können auch heute schon einige KI-Systeme leisten. Entwickelt KI zusätzlich die Fähigkeit, aus der Verarbeitung von Informationen Gründe für ihr Verhalten – dank Belief-Desire-Intention-Anwendungen – abzuleiten, wird sie grundsätzlich einem ethisch handelnden Akteur ähnlicher (Floridi und Sanders 2004, Dennett 1987). Noch erreicht die KI auf dieser Entwicklungsstufe keine ganzheitliche Handlungsfähigkeit, die den Menschen auszeichnet, sondern lediglich die Fähigkeit, Ethik einzuschätzen und zu erkennen. Und dies ist auch nur auf einen bestimmten Handlungskontext beschränkt. Um ganzheitlich ethisch handlungsfähig zu sein, müsste sie Willen selbst ausprägen und Bewusstsein entwickeln können. Beides würde auch bedeuten, Emotionen zu empfinden – auch solche, die irrationales Handeln verursachen können (Scheutz 2011).

In einem anthropozentrischen Weltbild wird eine freundliche, weil im Umgang mit dem Menschen ethisch korrekt agierende agierende KI benötigt. Noch besser: Sie sollte sogar korrekter als der Mensch handeln. Gerade hierin liegt auch ein großer Nutzen für die Koexistenz Mensch-Maschine: Jede Maschine agiert rational, weil ihr Handeln keiner emotional fundierten Willensbildung unterliegt und äußere Einflüsse die Rationalität kaum beeinträchtigen (Arkin 2009). Dies macht sie für das Zusammenleben berechenbarer, nachvollziehbarer und letztlich steuerbarer. Und: Die ethischen rationaleren Handlungsmuster werden in gewisser Weise zu Blaupausen für die Gesellschaft selbst. Eine so sich evolutionär ausprägende artificial morality ist dann jener Spiegel, den die KI den Menschen vorhält.

Veränderte Identitäten

Verändert die wachsende Ausprägung von KI bekannte Verantwortungsmuster und das Aufgabenverhältnis im Zusammenleben und -arbeiten, bleibt dies nicht folgenlos für das Rollen- und letztlich Selbstverständnis des Menschen. Mit dieser Frage dringt die KI-Ethik in die Bereiche individueller, menschlicher Identitätsbildung und Sozialisation vor.

Inwiefern KI Zugriff auf diese intimste, mithin wichtigste Ebene der Gesellschaft erlangen wird, hängt technisch gesehen davon ab, wie viele Daten wir über uns selbst erzeugen, wie wir mit diesen umgehen und in welchem Maß wir verstehen, wie KI diese Daten nutzt. Bei der Frage nach den Auswirkungen von KI auf unser Selbstverständnis verschmelzen somit die Diskurse um Verantwortung, Aufgaben und Rolle des Menschen in der Koexistenz mit KI. Die entstehenden Verantwortungsmuster in sich wandelnden Lebens- und Arbeitswelten münden also letztlich in neuen Sozialisationsformen, die auf neue Art identitätsstiftend bzw. verändernd wirken werden. Statt also KI als isolierten Faktor zu betrachten, gilt es vielmehr, ihre ethischen Implikationen in einem Netz verschiedener Veränderungen zu verstehen.

Welche Effekte KI auf die Bildung und Entfaltung von Identität hat, ist keine neue Frage. Bereits 1984 untersuchte Sherry Turkle aus mikro-soziologischer Perspektive die Wirkung der Auseinandersetzung mit KI auf die Persönlichkeitsentfaltung von Wissenschaftlern (Turkle 1984). Sie stellte fest, dass KI häufig zu einem „evozierenden Objekt" wird, anhand dessen Menschen sich selbst und ihr Wesen hinterfragen. Intelligenz künstlich zu produzieren bzw. zu simulieren knüpft sich unter diesen Annahmen an die Frage, was Intelligenz denn eigentlich ist und welche Aspekte davon uns zum Menschen machen.

Diese Auseinandersetzung ist nicht allein akademischer Natur, sondern ein häufiges Motiv in Literatur und Film für ein großes Publikum. Dass etwa die Unterscheidbarkeit von Mensch und Maschine zu einer gesellschaftlichen und exekutiven Herausforderung werden kann, war bereits im Jahr 1962 der Plot in Philip K. Dicks Roman „Träumen Androiden von elektrischen Schafen?", den der Regisseur Ridley Scott zuerst 1982 in „Blade Runner" und fortgesetzt 2017 in „Blade Runner 2049" sehr erfolgreich inszenierte. Es gelang, das enorme Spannungsfeld zwischen KI und Menschen eindrücklich darzustellen. Die Auswirkungen der emotionalen Bindung eines Menschen zu einer KI ist wiederum Thema im Film „Her". Und was passieren kann, wenn die Maschine vom Werkzeug zum Partner mit Intention und Persönlichkeitsmerkmalen wird, zeigt der Spielfilm „Ex Machina". Das dort dargestellte manipulative Wesen der Maschine ist jedoch nicht vorprogrammiert, sondern Resultat und Reflex auf Informationen, mit der die KI durch Online-Suchanfragen gefüttert wird.

Die ethische Diskussion über das Verhältnis von Mensch und KI ist also auch Teil populärer Kultur, die so auch Reflexion beinhaltet. Dennoch ist der ethische Gehalt der Science Fiction begrenzt, denn sie liefert wenig Orientierung für das praktische Handeln. Die praktische Relevanz der Reflexion wird jedoch in zwei Dimensionen der Identitätsbildung ersichtlich: einer materiellen und einer sozialen.

Die materielle Dimension der Identität betrifft die Art, wie Menschen durch den Umgang mit Dingen ihre Persönlichkeit finden und ausdrücken. Der Anthropologe Daniel Miller versteht Identität und Materialität als zwei zusammengehörige Elemente: Erst durch Interaktion mit der materiellen Welt finden Menschen heraus, wer sie sind, was sie gestalten können und wo ihre Grenzen liegen (Miller 2014). Aus dieser Perspektive entstehen kulturelle Typen, wie z. B. Sari tragende Frauen, erst im Zusammenspiel von sozialen Werten und materiellen Dingen, in diesem Fall einem leichten Stoff, der verhüllt und gleichzeitig sanft fällt. Dieses Prinzip führen Menschen online in sozialen Netzen fort, wenn sie sich mit Fotografien inszenieren. KI jedoch beginnt, Identität zu entmaterialisieren, indem sie repräsentierte Gegenstände auf ihren informatorischen Gehalt reduziert – Haptik, Ecken, Kanten und Gebrauchsspuren kennt die KI nicht. Jedoch sind es gerade diese materiellen Spuren und Eigenarten, die aus profanen Dingen persönliche Gegenstände machen und mehr Bedeutung für das Individuum haben als ein vorgegebener Zweck. Mit KI, so die Befürchtung, wird die körperlich-materielle Erfahrung der Welt und des eigenen Selbst von einer sterilen, austauschbaren und geglätteten Inszenierung eines „Quasi-Selbst" abgelöst. Damit geht auch das materielle Erbe eines Menschen verloren: Persönliche Gegenstände, die Geschichten erzählen, verschwinden zugunsten von Datenprofilen, die sich aus beliebigen Punkten zusammensetzen (Unlimited World 2017).

Identität zeigt eine soziale Seite insbesondere dort, wo sie durch Interaktionen mit anderen Menschen entsteht. KI ist bereits heute sowohl Interaktionspartner als auch -filter. Dienstleistungen wie Spotify, Facebook oder Amazon wissen bereits mehr über persönliche Präferenzen als die engsten Freunde. Algorithmen erhärten Kaufentscheidungen und Geschmacksnuancen. Sie determinieren so die Präferenzen ihrer Nutzer. Nach der Kritik hieran entstanden sogenannte encoding-Algorithmen, die alternative Vorschläge machen sollen, um die Souveränität des Nutzers zu stärken. Nur lösen sie das Problem nicht, eher im Gegenteil: Sie wirken noch manipulativer, weil sie eine scheinbar objektivierte Präferenzfindung suggerieren. Das Ergebnis ist aber das Gleiche: Die Souveränität der Nutzer wird gewollt – oder auch nicht – drastisch reduziert. Ähnlich wirken Siri und Alexa, die sehr gefügig und wenig kontrovers einen emotionslosen Austausch simulieren. Kommunikation verliert hier ihre Ambivalenz, mit der wir durch soziale Erfahrungen umzugehen wissen und durch die wir herausfinden, wie wir auf andere wirken und wer wir für die andere Person sind. Aus ethischer Perspektive ist diese Art der Kommunikation mit KI, die eine vermeintlich partnerschaftliche soziale Interaktion simuliert, hintergründig aber strategische Zwecke verfolgt, hochgradig bedenklich.

Ein sehr eindrückliches Beispiel ist hierfür die „Hello-Barbie-Puppe" von Mattel (NYT 2015). Diese sprechende Puppe verwickelt Kinder mit Hilfe von Spracherkennung und KI in ein Gespräch, das dem einer realen Freundschaft nachempfunden ist. Wenn Kinder der Puppe eigene Gefühle anvertrauen und eine enge Bindung eingehen, verlieren sie ihre Intimsphäre, da die Puppe diese Informationen an Dritte weitergibt, etwa die Eltern. Das Spielzeug war deshalb Gegenstand einer kontroversen Diskussion in amerikanischen Medien. Jedoch ist das Prinzip das gleiche wie auch bei Online-Kaufvorschlägen: Die soziale Identitätsbildung wird durch KI für strategische Interessen ausgenutzt. Dies betrifft auch vermeintlich positive Anwendungen von KI, wenn z. B. Algorithmen genutzt werden, um über WhatsApp-Chatverläufe depressive Züge von Kindern und Jugendlichen zu diagnostizieren (RP Online 2017). Während KI hier eine gesunde Identitätsbildung unterstützen soll und gleichzeitig dem gesellschaftlichen Wert – nämlich dem Schutz von Minderjährigen – Rechnung trägt, wird auch der Zweifel genährt, wie weit Schutz gehen darf und wann Persönlichkeitsrechte verletzt werden.

Die Debatte um den manipulativen Charakter von KI ist jedoch kein Urteil über die Technologie als solche. Vielmehr wirft KI Fragen nach Persönlichkeitsrechten und informationeller Selbstbestimmung auf. Sie setzt keine Normen um, die nicht sowieso bereits in unserer Gesellschaft existieren. Jedoch ist ihr verstärkender Charakter ein relevanter Anlass, um persönliche Identität und wie sie in unserer Gesellschaft durch Technologie entsteht und sich entfaltet neu zu diskutieren.

Fazit und Ausblick

KI besitzt wie keine eine andere Technologie zuvor höchst vielfältige gesellschaftliche und ethische Bezüge. Diese ergeben sich vor allem aus der Präsenz in den uns bekannten Teilsystemen – von Wertschöpfung über politische Meinungsbildung bis hinein in die Freizeit. In all diesen Bereichen bleibt KI nicht neutral und hinterlässt Spuren.

Wirft KI daher neue ethische Fragen auf? Nein. Die wesentlichen Themen der Debatte sind nicht grundsätzlich neue ethische Themen. Mit den Fragen nach Verantwortung, dem sozialen Miteinander oder der individuellen Persönlichkeitsentfaltung setzt sich der Kerndiskurs der Ethik fort. Das bedeutet jedoch nicht, dass KI die Natur dieser Themen und den Umgang mit ihnen nicht auch verändert, nämlich durch zwei Faktoren:

Erstens erzeugt KI zwar keine grundsätzlich neuen ethischen Fragen, sie verleiht ihnen jedoch neues Gewicht und trägt sie in neue Bereiche hinein. So wurden z. B. Autonomie und Kontrolle bislang nicht im Kontext von Verkehr und Mobilität diskutiert, ebenso wenig führte der Abschluss eines Abonnements bislang zu der Frage, ob sich damit die materielle Identität des Menschen verflüchtigt. Alte ethische Fragen werden durch die KI also mit völlig neuen An- und Herausforderungen verknüpft.

Zweitens und vor allen Dingen potenziert KI ethische Fragestellungen. Das verdeutlicht schon die schiere Menge an ethischen Kommentaren sowohl in wissenschaftlichen und institutionellen als auch populären Medien. In diesem Prozess eilt die ethische Debatte der technischen Realität oftmals voraus, und so können ethische Implikationen von KI zum Gegenstand aktiver politischer und gesellschaftlicher Gestaltung werden.

Die Debatte zur Ethik einer KI ist also bei Weitem noch nicht erschöpft – nicht in qualitativer und erst recht nicht in quantitativer Hinsicht. KI wird den Menschen künftig immer wieder mit seinen nur allzu oft als selbstverständlich erachteten Wertestrukturen konfrontieren und ihn veranlassen, sie zu hinterfragen. Dabei geht es eben nicht darum, die technologischen Potenziale der KI zu beschränken, sondern ihre potenziellen negativen Auswirkungen auf den Menschen zu reflektieren. Das aktuell häufig genannte Argument, KI könne sehr viele, wenn nicht sogar alle Probleme irgendwie lösen, kann sich mit Blick auf die möglichen negativen Aus- und Einwirkungen auf den Menschen folglich langfristig nicht halten.

Stattdessen bedarf es einer auf dem ethischen Diskurs aufbauenden proaktiven Gestaltung der ethischen und gesellschaftlichen Implikationen von KI, die den aktuellen technischen in den langfristig erforderlichen ethischen Imperativ einer KI überführt. Gerade mit Blick auf eine innovationspolitisch orientierte Gestaltung gilt es dabei folgende Elemente einzubeziehen:

Antizipation

KI ist eine Schlüsseltechnologie, die technische Innovationen potenziert, und das in unterschiedlichen Gesellschaftsbereichen. Durch strategische und methodisch angeleitete Antizipation (Foresight) kann eine entsprechende Governance technischen Realitäten vorgreifen und ethische und soziale Faktoren proaktiv berücksichtigen.

Reflexion

KI hat relevante Auswirkungen auf die Gesellschaft – und diese reflektiert dies immer kritischer. Sie hält sich den Spiegel vor, indem etwa Medien die Frage aufwerfen, ob KI mit bestehenden Werten und Normen vereinbar ist. Ähnlich sollte sich auch die Governance der KI-Forschung den Spiegel vorhalten und regelmäßig fragen, welche ethischen und gesellschaftlichen Folgen KI-Förderung impliziert und wie ihre Governance gestaltet werden sollte. Ziel sollte es sein, eine gleiche Ausprägung relevanter Normen und Werte zu wahren.

Transparenz

Die Mechanismen der KI bleiben für zu viele Außenstehende allzu oft verdeckt. Daher brauchen Nutzer mehr Souveränität, die es ihnen ermöglicht, die Funktionsweise der KI zu verstehen und Handlungsmuster nachzuvollziehen. Dies betrifft auch den Umgang mit und die Nutzung von Daten. Und Gleiches sollte auch für die Governance auf systemischer Ebene gelten. Hier ist mehr Kontroverse und Partizipation im Vorfeld notwendig als die bloße Konfrontation mit den neuen technologischen Möglichkeiten und eine anschließende Behebung der Probleme. Zudem können so die Akzeptanz gestärkt und ein möglicher Durchsatz von KI letztlich ebenfalls gesichert werden.

Adaptabilität

KI findet nur dann breite Verwendung und gesellschaftliche Akzeptanz, wenn sie anpassungsfähig gegenüber dem Menschen ist. Den Menschen einfach mit den vorgegebenen technologischen Anforderungen der Systeme zu konfrontieren, reicht nicht aus. Dass Deutschland sich so schwer tut bei der Digitalisierung macht nur allzu deutlich, dass es eben nicht genügt, entsprechende Kompetenzen nur auszubilden. Es gilt: „structure follows user" – und nicht umgekehrt. Was schon vielerorts in der Digitalisierung nicht zum Ziele führte, sollte bei einem wachsenden Einsatz von KI erst recht vermieden werden. Ein intelligentes System sollte eben gerade durch seine Intelligenz in der Lage sein, sich selbstständig auf Situationen oder Menschen einzustellen und entsprechend zu interagieren. Wie der Mensch Adaptabilität entfalten kann, sollte es ein KI-System auch leisten müssen. Insofern muss es sich stetig weiterentwickeln.

Literatur

AI Business (2017): Europe is Looking Into Developing an AI-on-Demand Platform. Online verfügbar unter https://aibusiness.com/europe-is-looking-into-developing-an-ai-on-demand-platform/, zuletzt geprüft am 22.06.2018.

AINOW-Institut (2018): about us. Online verfügbar unter https://ainowinstitute.org/, zuletzt geprüft am 22.06.2018.

Arkin, R. (2009): Governing Lethal Behavior in Autonomous Robots, Chapman and Hall/CRC

BBC (2015): Tech giants pledge $1bn for 'altruistic AI' venture, OpenAI. Online verfügbar unter http://www.bbc.com/news/technology-35082344, zuletzt geprüft am 22.06.2018.

Bundesregierung (2018): Koalitionsvertrag vom 14. März 2018. Online verfügbar unter https://www.bundesregierung.de/Content/DE/StatischeSeiten/Breg/koalitionsvertrag-inhaltsverzeichnis.html, zuletzt geprüft am 22.06.2018.

Commission nationale Informatique & Libertes [CNIL] (2018): Comment Permettre à L'homme de garder la main? Les enjeux éthiques des algorithmes et de l'intelligence artificielle. Online verfügbar unter https://www.cnil.fr/sites/default/files/atoms/files/cnil_rapport_garder_la_main_web.pdf, zuletzt geprüft am 22.06.2018.

Computer Business Review BR] (2017): OpenAI and Google DeepMind develop machine learning algorithm for a safer AI. Online verfügbar unter https://www.cbronline.com/news/internet-of-things/cognitive-computing/openai-and-google-deepmind-develop-machine-learning-algorithm-for-a-safer-ai/, zuletzt geprüft am 22.06.2018.

Dennett, D. C. (1987): The Intentional Stance, Cambridge MA.

Deutscher Ethikrat (2017): Autonome Systeme: Wie intelligente Maschinen uns verändern, Jahrestagung am 21. Juni 2017. Online verfügbar unter http://www.ethikrat.org/veranstaltungen/jahrestagungen/autonome-systeme, zuletzt geprüft am 22.06.2018.

Die Zeit (2016a): Ich kann nicht mehr erkennen, wer Mensch und wer Maschine ist, Interview mit Christoph Gerlach. Online verfügbar unter http://www.zeit.de/sport/2016-03/go-alphago-lee-sedol-google-kuenstliche-intelligenz, zuletzt geprüft am 22.06.2018.

Die Zeit (2016b): Selbst ist die Maschine. Online verfügbar unter http://www.zeit.de/digital/internet/2016-05/kuenstliche-intelligenz-open-source-amazon-google-facebook, zuletzt geprüft am 22.06.2018.

Die Zeit (2017): Der Todesalgorithmus. Online verfügbar unter http://www.zeit.de/kultur/2017-09/kuenstliche-intelligenz-algorithmus-spam-autonomes-fahren/komplettansicht, zuletzt geprüft am 22.06.2018.

Ethik-Kommission Automatisiertes und vernetztes Fahren des BMVI [BMVI] (2016): Bericht. Juni 2016. Online verfügbar unter https://www.bmvi.de/SharedDocs/DE/Publikationen/G/bericht-der-ethik-kommission.pdf?__blob=publicationFile, zuletzt geprüft am 22.06.2018.

Ethik-Kommission Automatisiertes und Vernetztes Fahren (2017): Bericht Juni 2017. Online verfügbar unter https://www.bmvi.de/SharedDocs/DE/Publikationen/G/bericht-der-ethik-kommission.html, zuletzt geprüft am 22.06.2018.

Europäisches Parlament (2017): Robotik und künstliche Intelligenz: Abgeordnete für EU-weite Haftungsregelungen. Online verfügbar unter http://www.europarl.europa.eu/news/de/press-room/20170210IPR61808/robotik-und-kunstliche-intelligenz-abgeordnete-fur-eu-weite-haftungsregelungen, zuletzt geprüft am 22.06.2018.

European Economic and Social Committee [EESC] (2017): Artificial intelligence. Online verfügbar unter http://www.eesc.europa.eu/our-work/opinions-information-reports/opinions/artificial-intelligence, zuletzt geprüft am 22.06.2018.

Floridi, L; Sanders, (2004): On the Morality of Artificial Agents. In: Minds and Machines 14/2004. S. 349–379.

Frankfurter Allgemeine Zeitung [FAZ] (2017): Elon Musk warnt vor 3. Weltkrieg durch Künstliche Intelligenz. Online verfügbar unter http://www.faz.net/aktuell/wirtschaft/kuenstliche-intelligenz/elon-musk-tesla-chef-warnt-vor-kuenstlicher-intelligenz-15182958.html, zuletzt geprüft am 22.06.2018.

Handelsblatt (2014): Physiker warnt vor künstlicher Intelligenz. Online verfügbar unter http://www.handelsblatt.com/technik/forschung-innovation/stephen-hawking-physiker-warnt-vor-kuenstlicher-intelligenz/11067072.html?ticket=ST-1923859-cYaBmAaqjzKgfbUY5tFE-ap1, zuletzt geprüft am 22.06.2018.

Heise (2017): Ethik bei autonomen Autos und das Trolley-Problem: Was tut der Weichensteller? Online verfügbar unter https://www.heise.de/newsticker/meldung/Ethik-bei-autonomen-Autos-und-das-Trolley-Problem-Was-tut-der-Weichensteller-3766885.html, zuletzt geprüft am 08.03.2018.

Kleinberg, J.; Lakkaraju, H.; Leskovec, J.; Ludwig, J.; Mullainathan, S. (2017): Human Decisions and Machine Predictions, NBER Working Paper No. 23180 Issued in February 2017. Online verfügbar unter http://nber.org/papers/w23180, zuletzt geprüft am 22.06.2018.

MIT Technology Review (2016a): Facebook's New Map of World Population Could Help Get Billions Online. Online verfügbar unter https://www.technologyreview.com/s/600852/facebooks-new-map-of-world-population-could-help-get-billions-online/, zuletzt geprüft am 22.06.2018.

MIT Technology Review (2016b): Can Machine Learning Help Lift China's Smog? Online verfügbar unter https://www.technologyreview.com/s/600993/can-machine-learning-help-lift-chinas-smog/, zuletzt geprüft am 22.06.2018.

Netzpolitik (2018): New York City plant Arbeitsgruppe zur Überprüfung von städtischen Algorithmen. Online verfügbar unter https://netzpolitik.org/2018/new-york-city-plant-arbeitsgruppe-zur-ueberpruefung-von-staedtischen-algorithmen/, zuletzt geprüft am 22.06.2018.

New York Times [NYT] (2018): Barbie Wants to Get to Know Your Child. Online verfügbar unter https://www.nytimes.com/2015/09/20/magazine/barbie-wants-to-get-to-know-your-child.html, zuletzt geprüft am 22.6.2018.

OpenAI (2017): About OpenAI. Online verfügbar unter https://openai.com/about/, zuletzt geprüft am 22.06.2018.

Partnership on AI (2017): Goals. Online verfügbar unter https://www.partnershiponai.org/#s-goals, zuletzt geprüft am 22.06.2018.

RP Online (2017): Forscher wollen Depressionen bei Whatsapp erkennen. Online verfügbar unter http://www.rp-online.de/panorama/wissen/forscher-wollen-depressionen-bei-whatsapp-erkennen-aid-1.7263186, zuletzt geprüft am 22.06.2018.

Scheutz, M. (2011): Architectural Roles of Affect and How to Evaluate Them in Artificial Agents, in: International Journal of Synthetic Emotions 2/2011, S. 48–65.

Silver, D.; Schrittwieser, J.; Simonyan, K.; Antonoglou, Ioannis; Huang, A.; Guez, A.; Hubert, Th.; Baker, L.; Lai, M.; Bolton, A.; Chen, Y.; Lillicrap, T.; Hui, F.; Sifre, L.; van den Driessche, G.; Graepel, Th.; Hassabis, D. (2017): Mastering the Game of Go without Human Knowledge. Online verfügbar unter https://www.nature.com/articles/nature24270.epdf?author_access_token=VJXbVjaSHxFoctQQ4p2k4tRgN0jAjWel9jnR3ZoTv0PVW4gB-86EEpGqTRDtplz-2rmo8-KG06gqVobU5NSCFeHILHcVFUeMsbvwS-lxjqQGg98faovwjxe-TUgZAUMnRQ, zuletzt geprüft am 22.06.2018.

Süddeutsche Zeitung (2018): Mehr Schutz vor Algorithmen. Online verfügbar unter http://www.sueddeutsche.de/wirtschaft/kuenstliche-intelligenz-mehr-schutz-vor-algorithmen-1.3856354, zuletzt geprüft am 22.06.2018.

Süddeutsche Zeitung (2017a): Computer spielt Go gegen sich selbst - und wird unschlagbar. Online verfügbar unter http://www.sueddeutsche.de/digital/kuenstliche-intelligenz-champion-aus-dem-nichts-1.3713570, zuletzt geprüft am 22.06.2018.

Süddeutsche Zeitung (2017b): Mit Daten werden Maschinen intelligent – und rassistisch. Online verfügbar unter http://www.sueddeutsche.de/digital/kuenstliche-intelligenz-mit-vorurteilen-daten-machen-maschinen-intelligent-und-rassistisch-1.3494546, zuletzt geprüft am 22.06.2018.

TechCrunch (2017): Discussing the limits of artificial intelligence. Online verfügbar unter https://techcrunch.com/2017/04/01/discussing-the-limits-of-artificial-intelligence/, zuletzt geprüft am 22.06.2018.

The Economist (2016): Artificial intelligence and Go - A game-changing result. Online verfügbar unter https://www.economist.com/news/science-and-technology/21694883-alphagos-masters-taught-it-game-electrifying-match-shows-what, zuletzt geprüft am 22.06.2018.

Turkle, Sherry (1984): The Second Self: Computers and the Human Spirit. MIT University Press Group Ltd: Cambridge, Massachusetts.

United Nations [Un] (2017): UN artificial intelligence summit aims to tackle poverty, humanity's 'grand challenges', UN News. Online verfügbar unter https://news.un.org/en/

story/2017/06/558962-un-artificial-intelligence-summit-aims-tackle-poverty-humanitys-grand#.WUpXHdKJG70, zuletzt geprüft am 22.06.2018.

Unlimited World (2017): Digital legacy: Identity multiplied, The Evolution of The Self. Online verfügbar unter https://www.unlimited.world/ubs/digital-legacy-identity-multiplied, zuletzt geprüft am 22.06.2018.

13. Kreative Algorithmen für kreative Arbeit?

Julian Stubbe , Maxie Lutze, Jan-Peter Ferdinand

Heute gelten Emotionen und Kreativität als menschliche Königsdisziplinen – fragt sich nur, wie lange noch. Während das Programmieren von Emotionen bereits in den 1990er-Jahren Gegenstand der KI-Forschung wurde, hat die Frage nach künstlicher Kreativität erst in jüngster Zeit durch neue Lernalgorithmen an Bedeutung gewonnen: Mittlerweile hat ein Algorithmus sogar schon einen neuen Rembrandt gemalt! Menschliche Kreativität und mit ihr die kulturellen ästhetischen Dinge, die sie hervorbringt, werden zur einer weiteren Messlatte der KI und eröffnen im gleichen Atemzug ein gänzlich neues Feld möglicher Anwendungen – Anwendungen, bei denen sich der Mensch bislang sicher sein konnte, im Vorteil zu sein.

Es gibt viele Gründe, das Innovationsphänomen „künstliche Kreativität" (KK) zu erfassen und hinsichtlich seiner Struktur und seines Anwendungspotenzials zu diskutieren. Zum einen geht es darum zu verstehen, wie maschinelle Prozesse Ergebnisse hervorbringen können, die als „kreativ" gelten, und zum anderen, in welchen Settings künstliche Kreativität entstehen und angewandt werden kann. Wie kommt künstliche Kreativität zustande und wie kann sie genutzt werden? Komplementär zur aktuellen akademischen Diskussion, in der diese Frage oftmals untergeht, soll die folgende Argumentation das Phänomen der KK in die Arbeitswelt übertragen. Mit diesem Schritt wird künstliche Kreativität aus dem akademischen Wetteifern – die nächste Stufe menschlicher Alleinstellungsmerkmale mittels Algorithmen zu knacken – entkoppelt und hinsichtlich der Anwendungspotenziale in moderner Wissens- und Kreativarbeit in den Blick genommen.

Drei Bedeutungen von Kreativität: anthropologisch, gesellschaftlich, wirtschaftlich

Mit dem Fokus auf Arbeit und Gesellschaft gilt es zunächst einmal zu klären, was Kreativität eigentlich ist und welche Bedeutung sie hat. Nicht zufällig wirft der Begriff KK oder „Computational Creativity", wie es im Englischen präziser formuliert wird, Assoziationen auf, die nicht rein technischer Natur sind (Stubbe 2017). Drei Bedeutungszusammenhänge des Begriffs Kreativität sind dabei von besonderer Relevanz: ein anthropologischer, ein gesellschaftlicher und ein wirtschaftlicher.

V. Wittpahl (Hrsg.), *Künstliche Intelligenz*,
DOI 10.1007/978-3-662-58042-4_16, © Der/die Autor(en) 2019

Aus anthropologischer Perspektive ist Kreativität als eine Eigenschaft menschlichen Handelns zu verstehen. Sie ist die Fähigkeit zu gestalten, Neues zu kreieren sowie Probleme zu lösen und Verbindungen zu knüpfen. Der Soziologe Hans Joas sah in ihr einen Typ sozialer Aktivität, der sich vom rationalen und normorientierten Tun abgrenzte, indem Ziele und Sinn des Handelns erst in einer Situation, im praktischen Machen, entstehen, anstatt a priori gesetzt zu sein (Joas 1996). Ähnliches findet sich auch beim Anthropologen Claude Lévi-Strauss, der im „wilden Denken" eine Art sah, wie Menschen durch kreatives Handeln Sinn herstellen. Seine Figur des „Bastlers" ist kreativ, indem er nimmt, was er in seiner Umwelt findet, und damit Instrumente, Technologien oder Kunst schafft (Lévi-Strauss 1973). Aus anthropologischer Perspektive erschöpft sich Kreativität nicht in der ästhetischen Qualität künstlerischer Werke, sondern wird über den Charakter einer Handlung definiert, die sowohl aus situationsgebundener Pragmatik als auch ästhetischem Ausdruck besteht.

In der gesellschaftlichen Betrachtungsweise prägt der Wert kreativer Produkte den Begriff Kreativität. Andreas Reckwitz erkannte, dass in spätmodernen Gesellschaften Kreativität sowohl zum subjektiven Begehren als auch zur sozialen Erwartung wird – be creative! Die Kunst spiele hierfür eine zentrale Rolle, so Reckwitz. Sie kultiviere die Orientierung an Neuheit und Ästhetik und etabliere die Figur des Künstlers als „Genie", dem Schöpfer des Neuen. Kunstwerke werden der individuellen und nicht alltäglichen Leistung eines Individuums zugeschrieben, das sich durch seine psychischen Kapazitäten von der profanen Masse abgrenzt (Reckwitz 2014). Der gesellschaftliche Wert von Kreativität, der insbesondere seit den 1960er-Jahren an Bedeutung gewinnt, zeigt sich vor allem an der zunehmenden Orientierung am ästhetisch Neuen in der Produktion industrieller Güter. Entscheidend für wirtschaftlichen Erfolg wird weniger die Stabilität und Langlebigkeit eines Produkts als vielmehr die Fähigkeit, neue Reize zu setzen, sich kontinuierlich neu zu erfinden.

Aus wirtschaftlicher Perspektive geraten die „creative industries" in den Blick. Sie sind maßgeblich an der gesteigerten kulturellen Wertschätzung von Originalität, Neuheit und Ästhetik beteiligt. Ihre Relevanz für Wertschöpfung und Innovationskapazität projizierte Richard Florida prominent mit dem Begriff der „kreativen Klasse" auf eine besondere Gruppe kreativer Menschen (Florida 2003). Ihre Arbeit ist wissensintensiv, richtet sich stark an Design, Ästhetik und Neuheit aus. Insbesondere für Städte sind diese Menschen von großer Bedeutung, denn sie steigern kulturelles Kapital und fördern ein erlebnisorientiertes Konsumverhalten. Allerdings, so die Kehrseite, verdrängen diese Prozesse auch vorhandene Milieus und Arbeitsstrukturen.

Während Florida den Begriff von kreativer Arbeit relativ umfassend anlegt, indem er z. B. auch Naturwissenschaftler dort ansiedelt, ist die Bezeichnung Kreativwirtschaft enger gefasst. Sie bezeichnet Branchen wie die Musik-, Buch-, Film-, Design- und

Werbewirtschaft sowie die Architektur und die Software- und Games-Industrie. Der wirtschaftlich verbindende Kern dieser Branchen ist der sogenannte „schöpferische Akt". Darunter versteht man alle Aktivitäten, die den Ausgangspunkt der Herstellung von Werken, Produkten oder Dienstleistungen bilden (Söndermann et al. 2009).

Künstliche Kreativität

KK ist ein Teilaspekt der KI, der im Schnittbereich von Informatik, Psychologie und Kognitionswissenschaften, Philosophie und Kunst seit Ende des 20. Jahrhunderts einen eigenen wissenschaftlichen Diskurs angeregt hat. Die grundsätzlichen Fragen nach den Potenzialen von KI spitzen sich mit Blick auf KK weiter zu, da Kreativität noch stärker als Intelligenz mit der menschlichen Fähigkeit verbunden wird, sich neue und überraschende Konzepte und Ideen auszudenken und ästhetisch, kulturell oder intellektuell wertvolle Artefakte zu erschaffen (Boden 1992).

In der Auseinandersetzung mit der Frage, in welcher Form und in welchem Ausmaß Algorithmen dazu befähigt werden können, eigenständig Ideen und Artefakte zu erzeugen, hat sich das konzeptionelle Verständnis von Kreativität ausdifferenziert. So stellt Boden (1998) fest, dass Algorithmen zwar durchaus in der Lage sein können, Neuheit zu erzeugen, indem sie existierende Informationen kombinieren oder bestehende Wissensbestände austesten. Da kreative Ideen und Artefakte immer auch eine positive Selektion erfordern, also beispielsweise als „interessant" oder „wertvoll" bewertet werden müssen, Algorithmen ihren eigenen Output jedoch nur schwer evaluieren können, stößt künstliche Kreativität hier an Grenzen.

Zunächst führten die beteiligten Wissenschaftsdisziplinen diese Debatte sehr theoretisch und grundlagenorientiert (Wiggins 2006). Im Zuge der neuesten Fortschritte wird Kreativität jedoch zunehmend als praktische Herausforderung begriffen, an der sich unterschiedliche Technologien und Ansätze ausprobieren und ihre Potenziale unter Beweis stellen können. So werden Domänen wie musikalische Komposition, Design, Lyrik und Prosa, aber auch wissenschaftliche Konzeptbildung und ähnliche Bereiche, die eine kreative Herangehensweise erfordern, zum Forschungs- und Entwicklungsgegenstand von KK. Insbesondere konzeptuelle Verbindungen zum maschinellen Lernen sorgten dabei für Innovationsimpulse. Über Lernalgorithmen ist es möglich, große Datenmengen hinsichtlich wiederkehrender Muster zu analysieren, um darüber algorithmisch neue, noch nicht abgebildete Entitäten abzuleiten. Damit ist für die KK, wie auch für die KI im Allgemeinen, die Menge und Güte verfügbarer Daten sehr wichtig bei der Generierung des Outputs.

Vor diesem Hintergrund bietet sich an, die Rolle des Computers als Kreateur zu betrachten und damit, analog zur menschlichen Kreativität, den schöpferischen Akt in den Mittelpunkt des Interesses zu stellen. Das Wissenschaftsnetzwerks „PRO-

SECCO" definiert KK als „[…] Feld, das Computer nicht auf ihre funktionalen Eigenschaften reduziert, sondern sie in ihrer Rolle als autonome Kreateure und Ko-Kreateure erforscht und nutzt. In einem System künstlicher Kreativität entsteht der kreative Impuls durch die Maschine, nicht den Nutzer."

Der schöpferische Akt von Mensch und Technik

In dieser Definition künstlicher Kreativität bildet der „kreative Impuls" den Kern und die technische Autonomie die Voraussetzung des Phänomens. Damit ähnelt sie der menschlichen kreativen Arbeit, dem „schöpferischen Akt". Wie aber lässt sich die neue Beziehung von kreativen Menschen und kreativen Algorithmen differenziert beschreiben?

Eine Möglichkeit ist, beiden, Mensch und KK, die prinzipielle Möglichkeit einzuräumen, Neues zu schaffen. Auf diese Weise kann eine symmetrische Analyse erfolgen, wobei die Frage „Wer ist kreativ, Mensch oder Technik?" empirisch beantwortet wird.

Um zu erkennen, wie tiefgreifend eine Neuheit ist, sind folgende drei Stufen des schöpferischen Aktes von Menschen wie auch von Computern zu unterscheiden:[59]

Neue Anordnung: Es werden mediale Ausschnitte, Farben oder Klänge strukturiert. Kreativität ist die neue Kombination bestehender Inhalte, und es entsteht ein Möglichkeitsraum für grundlegendere Neuheit.

Neue Gestalt: Das Alte wird in eine neue Form oder Gestalt versetzt. Die Oberfläche erscheint neu, während materielle und technische Eigenschaften erhalten bleiben – Dinge werden ästhetisch anders dargestellt.

Systemische Neuerung: Auf dieser Stufe entstehen grundsätzlich neue Dinge: Eigenschaften verändern sich, es entstehen Anwendungen sowie Designs, die neue Maßstäbe setzen und Folgeinnovationen auslösen – Systemische Neuerungen sind die „Game Changer".

In allen drei Fällen beruht die Zuordnung einer Tätigkeit zu einer Stufe weniger auf der Struktur innerer kognitiver bzw. algorithmischer Prozesse sondern auf einer Bewertung der Produkte. Im Spannungsfeld menschlicher und künstlicher kreativer Arbeit assistieren sich Mensch und Technik oder übernehmen leitende Rollen.

---

[59] *Wir danken Jan Korsanke für seinen Vortrag „AI in Design", der die Ableitung dieser Stufen mit inspirierte. Der Vortrag ist abrufbar unter https://de.slideshare.net/JanKorsanke/ the-rise-of-ai-in-design-are-we-losing-creative-control-ixds-prework-talk-berlin, zuletzt geprüft am 22. Juni 2018.*

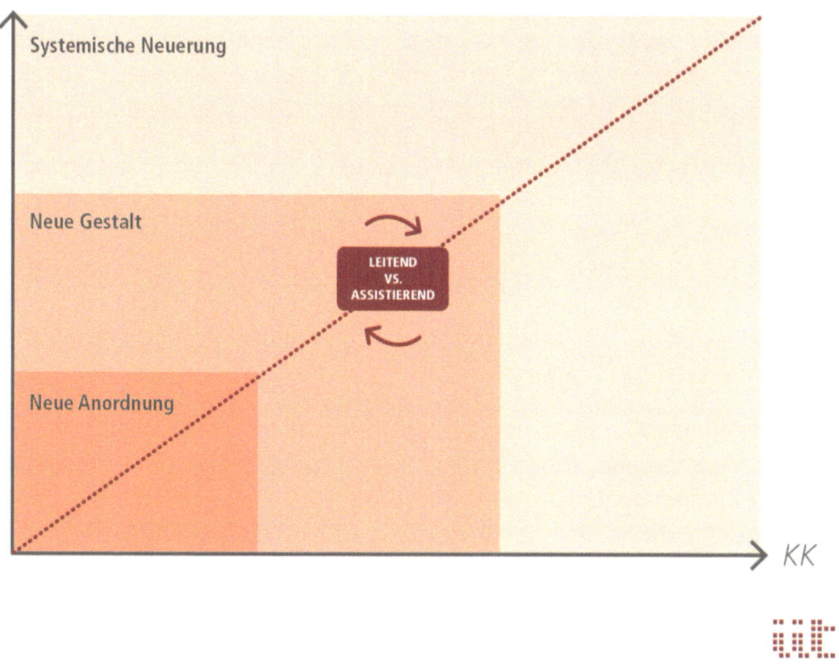

Abbildung 13.1: Stufen menschlicher und Künstlicher Kreativität (KK) und sich daraus ergebende Beziehungen. Leitet der Mensch die Beziehung, liegt der kreative Impuls bei ihm, leitet sie die Maschine, liegt der kreative Impuls bei ihr.

„Spielfelder" künstlicher Kreativität

Das Thema KK ist zwar nicht mehr jung, aber noch dominiert keine Technologie das Innovationsgeschehen und keine Anwendungsgebiete ebnen den weiteren Entwicklungspfad. Vielmehr lassen sich spezifische „Spielfelder" identifizieren, in denen Algorithmen Kreativität entwickeln können: Sprache, Musik, visuelle Medien und Produktgestaltung.

Sprache

Das Spielfeld umfasst schriftlichen Text (Analyse und Generierung) ebenso wie gesprochene Sprache (Analyse, Interpretation, Synthese), die in einem kreativen Akt generiert und gestaltet werden.

Die Software „WHIM – What happens if machines" erzeugt fiktive Handlungsstränge oder Mini-Erzählungen auf der Basis einer Datenbank von Fakten aus dem Internet.

Verarbeitungstechniken für natürliche Sprache invertieren oder verdrehen die Fakten und generieren „Was wäre wenn"-Sätze. Die häufig widersprüchlichen Ergebnisse wie „Was wäre, wenn es eine Frau gäbe, die wie eine Katze in einer Gasse aufwachte, aber trotzdem Fahrrad fahren konnte?" bewerten Menschen kontinuierlich anhand der erzählerischen Güte. Das System lernt so und verbessert die Qualität.[60]

Ein ähnliches Beispiel ist „MetaphorIsMyBusiness", ein Twitterbot, der Metaphern als Tweet hervorbringen und als Webservice in „nüchtern" kommunizierende Chatbots eingebunden werden kann. Dabei wird eine große Wissensbasis stereotyper Normen mit realen Nutzungsdaten kombiniert. Die Qualität der Bot-Ausgaben ist laut der Forschungsgruppe „ermutigend". Weitere Ziele sind, dem Bot eine erkennbare Ästhetik zu verleihen. Die metaphorischen Vergleiche sollen zum Beispiel mit affektivem Denken verknüpft werden.[61]

Diese könnten auch für das computerbasierte Verfassen von Gedichten zum Einsatz kommen. Verschiedene anerkannte KI-Verfahren werden dafür genutzt (Gervas, 2013). Die Kombination mehrerer KI-Techniken, um Poesie zu erzeugen, zielt darauf ab, menschliche Intuitionen beim Dichten und existierende kognitive Modelle der Schreibaufgabe nachzubilden. Dies geschieht, indem intelligente Experten wie automatisierte Dichter, Evaluatoren und Überarbeiter gekoppelt werden. Das Programm „PoeTryMe" nutzt als Basis Twitter-Tweets, Song- und Prosatexte (Oliveira und Alves, 2016[62]).

Ein weiteres, sehr komplexes Werk ist der Science-Fiction-Kurzfilm „Sunspring" von dem Regisseur Oscar Sharp. Die KI mit dem Namen „Benjamin", programmiert von Ross Goodwin (New York University), hat das Drehbuch inklusive der Regieanweisungen geschrieben. Trainiert mit einem Dutzend Science-Fiction-Skripten zerlegt Benjamin diese in einzelne Buchstaben und lernt vorauszusagen, welche Buchstaben dazu neigen, aufeinander zu folgen, sowie welche Wörter und Phrasen zusammen auftreten. Abgesehen von Eigennamen kann sie die Drehbuch-Struktur vollständig imitieren. Trotz einer verworrenen Handlung und teilweise nicht umsetzbaren Regieanweisungen erhielt der Film auf dem Sci-Fi London Film Festival große Aufmerksamkeit.[63]

Interessant ist außerdem die Entwicklung der beiden Bots „Alice" und „Bob" aus Facebooks Forschungslabor für Künstliche Intelligenz (FAIR), die bei dem Versuch,

---

[60] http://cordis.europa.eu/result/rcn/167018_en.html, zuletzt geprüft am 22.06.2018

[61] http://prosecco-network.eu/webservices zuletzt geprüft am 22.06.2018, zuletzt geprüft am 22.06.2018

[62] www.computationalcreativity.net/iccc2016/wp-content/uploads/2016/01/Poetry-from-Concept-Maps.pdf), zuletzt geprüft am 22.06.2018

[63] https://youtu.be/LY7x2lhqjmc, zuletzt geprüft am 22.06.2018

mittels Sprache um Gegenstände zu verhandeln, eine eigene Sprache entwickelt haben. Obwohl hier ein schöpferischer Impuls zum Ausdruck kommt, ist der Wert der neuen Sprache zunächst unbedeutend, weil die Forschenden diese nicht verstehen können. Gewichtig ist allerdings, dass die beiden Systeme gelernt haben, strategisch zu lügen, um zu bekommen, was sie wollen. Die Bots können vorgeben, sich für ein Objekt zu interessieren, um es später dem anderen zu überlassen. Mit dieser „Lügentechnik" können sie folglich den eigentlich begehrten Gegenstand ergattern.[64]

Musik

Ein Blick in die Harmonielehre zeigt einen grundlegenden Zusammenhang zwischen Musik, Mathematik und Harmonie. Im Spielfeld „Musik" greift KI auf Datenbanken mit unterschiedlichen Titeln sowie Informationen über Noten, Klangfarben und Rhythmus zurück.

Die Software „Jukedeck" komponiert und wandelt die Partituren anschließend in Klänge um. Auf einer Webplattform können Genre, Stimmung und Instrumente sowie die Geschwindigkeit und Liedlänge definiert werden. Kurze Zeit später steht der Titel zum Download bereit und kann entsprechend der Lizenzregelung verbreitet oder gekauft werden.[65]

Das Projekt „Flow Machines" des SONYCSL Research Laboratory hat die beiden Songs „Daddy's Car", im Beatles-Stil, und „Mr Shadow" hervorgebracht. Die KI „FlowComposer" kann eine Musikpartitur erstellen, Harmonien in einem bestimmten Stil oder Variationen einer Melodie erzeugen. Daraus entsteht das erste KI-Album des Künstlers – SKYGGE mit dem Titel „Hello World" als Reminiszenz an das erste Computer-Programm, das Anfänger beim Erlernen einer neuen Programmiersprache schreiben.[66]

Ein weiteres Beispiel ist das Programm „Deepjazz" von Kim Ji-Sung, das auf einem Hackathon in nur 48 Stunden geschrieben wurde. Die KI verwendet zwei Deep Learning Bibliotheken, um Jazzmusik zu generieren. Mittels MIDI-Datei (Musical Instru-

---

[64] *https://motherboard.vice.com/de/article/qv84p7/ausser-kontrolle-geraten-warum-facebook-seine-kunstliche-intelligenz-wirklich-abschalten-musste, zuletzt geprüft am 22.06.2018*

[65] *www.jukedeck.com, zuletzt geprüft am 22.06.2018*

[66] *www.flow-machines.com/flowcomposer-composing-with-ai/ und www.helloworldalbum.net/about-hello-world/, zuletzt geprüft am 22.06.2018*

ment Digital Interface) kann ein neuronales Netzwerk trainiert und so eine neue Jazzkomposition geschaffen werden.[67]

Ob „Deepjazz" oder „Flow Machines", die neu entstandenen Musiktitel sind nicht ohne Weiteres von handproduzierten Werken zu unterscheiden. Teilweise klingen sie etwas seltsam, und plötzliche Brüche trüben das Hörerlebnis. Einen gewissen Ohrwurmfaktor haben sie dennoch. Etwas Neues entsteht dadurch, dass die Algorithmen nicht nur nach vorgegebenen Mustern eine Melodie erzeugen, was Computer schon seit Jahrzehnten können, sondern dass sie lernen, eigenständig neue Kombinationen und Melodien zu erschaffen – wie ein Musiker, der in einem Studio jammt.

Visuelle Medien

Dieses Spielfeld enthält Artefakte, die physisch oder digital festgehalten durch das menschliche Auge wahrgenommen werden.

Wolfgang Beltracchis Fähigkeit, einen neuen Rembrandt zu malen, brachte ihm eine Freiheitsstrafe ein. Das Gemälde, das die KI „Next Rembrandt" erzeugte, tourt dagegen seit 2016 durch die Welt. Pinselstrich, Farbauftrag, Lichtdarstellung und auch die Rembrandt spezifische Chiaroscuro-Technik, also starke Licht-und Dunkelkontraste, die die abgebildete Person bei gleichzeitiger Bildtiefe in den Vordergrund holt, und vieles mehr finden Kenner in dieser „Fälschung" wieder. Auf der Basis der Analyse von 15 Terabyte Bildmaterial (3 D-Scans und Röntgenaufnahmen) wurden dreizehn Farblagen mittels 3 D-Drucker übereinander aufgetragen.[68]

Mit dem Roboter „e-David" gingen Wissenschaftler der Universität Konstanz und die Künstlerin Liat Grayver der Frage nach, ob eine Maschine künstlerisches Arbeiten erlernen und nicht nur imitieren, also eigene kreative Techniken entwickeln könne. Tatsächlich verwandelte „e-David" den Pinselstrich in einen Punkte-Stil, vermutlich als Nachahmung von Pixeln. Eigene künstlerische Leistungen sind allerdings noch nicht erkennbar.[69]

Ein Beispiel der Videokunst stammt von der britischen Band Muse. Per KI wurden Hunderte Stunden Videomaterial nach Wortvorkommen aus dem Text des Songs „Dig Down" durchsucht und eine Bibliothek von Videoclips produziert. Die Clips werden dann unter Verwendung zeitgesteuerter Informationen aus dem ursprünglichen Lied zusammengesetzt. Mit diesem Vorgehen entsteht nicht nur ein einzelnes

---

[67] *https://soundcloud.com/deepjazz-ai/sets, zuletzt geprüft am 22.06.2018*

[68] *https://www.nextrembrandt.com, zuletzt geprüft am 22.06.2018*

[69] *http://graphics.uni-konstanz.de/eDavid/, zuletzt geprüft am 22.06.2018*

Abbildung 13.2: Next Rembrandt (ING and J. Walter Thompson Amsterdam)

Abbildung 13.3: Von e-David erzeugtes Bild (e-David Selbstportrait Liat Grayver und Oliver Deussen, Universität Konstanz, www.e-david.org)

Video. Der Vorgang wird jeden Tag wiederholt, sodass derselbe Titel täglich mit einem neuen passenden Video zu sehen ist.[70]

Ein neues Werk ist der Film-Trailer des Horror-Thrillers „Morgan", den IBMs Watson herstellte. Gewissermaßen als Werkzeug hilft Watson, die Visuals anzuordnen. Es braucht dabei immer noch die menschlichen Eingaben – den Film. Das Originelle ergibt sich hier wieder durch die Neu-Komposition vorhandener Inhalte.[71]

Vielfach sind kreative Menschen symbiotische Beziehungen mit neuen Technologien eingegangen. Es entstanden künstlerische Ausdrucksformen wie beispielsweise das VJing. Der Berliner Künstler Roman Lipinski arbeitet mit der KI „Roman" (Artificial Intelligence Roman, AIR), die Merkmale wie Komposition, Farben und Formen seiner Werke analysiert und davon abgeleitet Neu-Kompositionen kreiert. Von diesen lässt sich der Künstler wiederum inspirieren. So wird die KK zur Muse.[72]

In einer Welt kreativer Maschinen, die Kunst schaffen, ist auch die Kuration von Bedeutung. Der elektronische „Kurator-Computer" verfolgt das Ziel, Kunst nicht nur

---

[70] http://ai.muse.mul, zuletzt geprüft am 22.06.2018

[71] www.ibm.com/watson/advantage-reports/future-of-artificial-intelligence/ai-creativity.html, zuletzt geprüft am 22.06.2018

[72] https://lisa.gerda-henkel-stiftung.de/night_of_artificial_creativity_teil_2?nav_id=6769, Minute 16:32 bis 33:40, zuletzt geprüft am 22.06.2018

zu erzeugen, sondern auch deren Qualität zu bewerten. Im Dialog – gewissermaßen dem künstlerischen Prozess – zwischen zwei konkurrierenden neuronalen Netzwerken werden ein Maler und ein Kurator repräsentiert. Durch gemeinsames Training der Netzwerke verbessert sich jedes der beiden in seiner eigenen Aufgabe. In diesem spezifischen Fall lernt das Maler-Netzwerk Pflanzen-Porträts aus Gesichtsbildern zu erstellen, das Kurator-Netzwerk, die Kreation des Malers zu bewerten. Das Training erfordert eine Reihe von Gesichtsbildern und Gemüsegesichtern aus dem Internet. Der Maler analysiert ein menschliches Antlitz und verwandelt es in Echtzeit in ein pflanzliches Gesicht. Der „Kurator" bewertet das Ergebnis und erzeugt einen kurativen Text.[73]

Allen Beispielen gemein ist die Impulsgebung bei der Gestaltung des Artefakts. Die Abbildung neuer Bildmotive („Next Rembrandt") oder neue Anreihungen von Videoclips sind originell und in der Form bisher nicht dagewesen. Auch im Falle von AIR gelingt es, ansprechende und gewohnt gute Bilder zu produzieren. Dennoch sind sie in weiten Teilen einfach sehr gute Nachahmungen, die bekannte Stilmittel der Kunst, wie Zerstörung des Gewohnten oder Regelbrüche, allerdings bisher nicht tangieren. Auch neue Stile, das legt „e-David" nahe, entspringen daraus aktuell nicht.

Produktgestaltung

Das Spielfeld umfasst das Design und die Herstellung materieller Gegenstände als kreative Tätigkeit. KK ist hier eng gekoppelt mit dem Einsatz von 3D-Planungssoftware sowie additiven Fertigungstechnologien.

Für die Planung von Gegenständen reichen grobe Raster, wie z. B. das Gerüst einer Drohne, welches vier Aufhängungen für Propeller und ein Chassis für Steuerungstechnik benötigt. Der Designer Eli D'Elia hat mittels der KK eine Drohne entworfen, bei der lediglich die rudimentären Anforderungen festgelegt waren, während das Chassis-Design gänzlich vom Algorithmus stammt. Das Resultat ist ein idealer Kompromiss zwischen Flugeigenschaften und Stabilität – mit erstaunlichen Ähnlichkeiten zu den Beckenknochen eines Flughörnchens.[74]

Ein ähnliches Beispiel stammt aus einer Forschungskooperation des Softwareunternehmens Autodesk mit Airbus. Hier wurde unter dem Titel „Generative Design" ein Algorithmus eingesetzt, um Trennwände für Flugzeugkabinen zu entwerfen. Vorgegeben waren nur die groben Anforderungen hinsichtlich der äußeren Form, während

---

[73] *https://www.youtube.com/watch?v=4sZsx4FpMxg&feature=youtu.be, zuletzt geprüft am 22.06 2013*

[74] *http://www.core77.com/posts/57167/A-Drone-on-its-Own-Using-AI-to-Design-and-Fly-a-UAV, zuletzt geprüft am 22.06.2018*

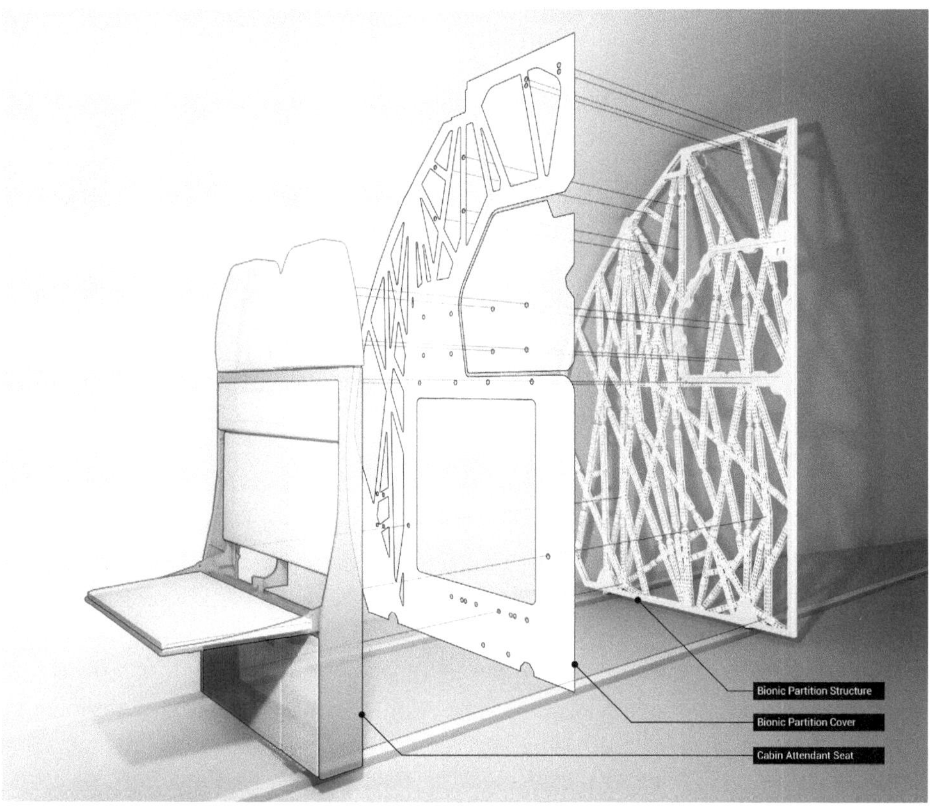

Abbildung 13.4: Softwaregenerierte Kabinentrennwand (Courtesy of The Living, an Autodesk Studio © 2018 Autodesk, Inc.)

der Algorithmus die gesamte innere Struktur der Trennwand erzeugte. Resultat war ein bionisches Design, das stabiler ist als herkömmliche Trennwände, und das bei halbem Gewicht.[75]

Eine weitere Kooperation ist Autodesk mit dem Motorsportunternehmen Bandito Brothers eingegangen, um ein ideales Chassis für einen Rennbuggy zu konstruieren. Hierzu rüsteten die Entwickler ein Fahrwerk mit Sensoren aus, um die Belastungsschwerpunkte im Renneinsatz zu messen. Die resultierenden Daten verarbeitete eine Software, um ein optimales Chassis-Design zu entwerfen.[76]

---

[75] *https://www.autodesk.de/customer-stories/airbus, zuletzt geprüft am 22.06.2018*

[76] *https://www.autodeskresearch.com/blog/when-iot-meets-generative-design-cars, zuletzt geprüft am 22.06.2018*

Abbildung 13.5: 3D-gedruckte Brücke (Foto: MX3D)

In ähnlicher Weise hat das „Smart Bridge Project" zum Ziel, eine computergenerierte, funktionstaugliche Brücke in Amsterdam zu drucken. Deren Design ist nicht festgelegt, sondern von einem Algorithmus entworfen. Das Bauwerk wird dann von zwei mit 3D-Druckern ausgerüsteten Roboterarmen direkt vor Ort am Amsterdamer Kanal produziert. Neben der Stabilität spielt auch die Ästhetik eine gravierende Rolle. In den ersten Prototypen entwarf der Algorithmus einen feinstrukturierten und geschwungenen Brückenkorpus. Die endgültige Version soll aus Stahl gedruckt werden.[77]

Künstliche Kreativität und der Wandel kreativer Arbeit

In allen Spielfeldern ergeben sich nicht allein technische, sondern auch gesellschaftliche und ethische Fragen. Kreativität und Innovation sind geradezu per Definition mit Verdrängung verbunden; wo etwas Neues entsteht, muss etwas Altes weichen. Ob KI im Allgemeinen Jobs schafft, verdrängt oder verändert, wird heftig diskutiert. Im Hinblick auf KK muss die Debatte jedoch die spezifische Konstellation von Technik, gesellschaftlicher Affinität zum Neuen und der sozialen Gruppe der Kreativen in Betracht ziehen.

Die Gruppe der Kreativen, denen die KK potenziell Konkurrenz macht, ist anders als die der Arbeitnehmer im fertigenden Gewerbe oder in der Sachbearbeitung, die

---

[77] *http://mx3d.com/smart-bridge/, zuletzt geprüft am 22.06.2018*

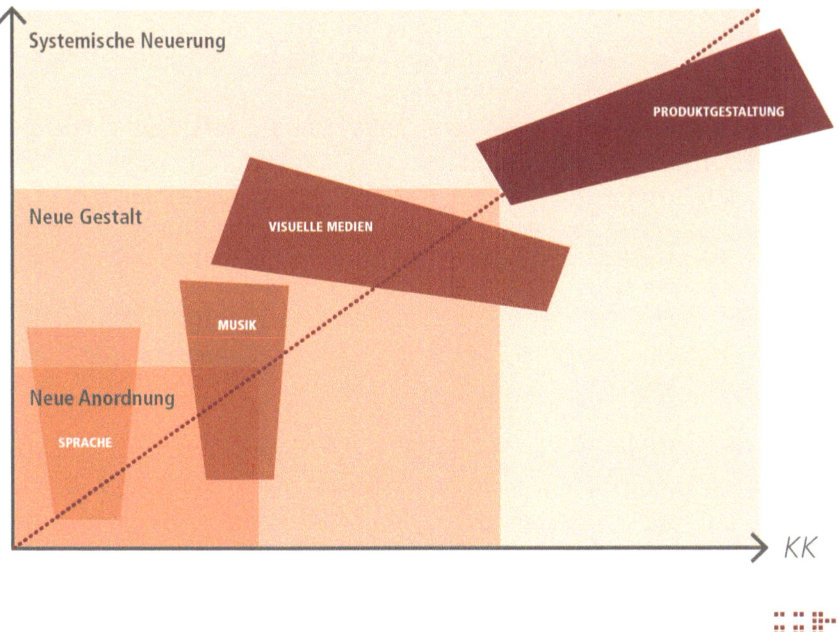

Abbildung 13.6: Potenzial von KK in den Spielfeldern Sprache, Musik, visuelle Medien und Produktgestaltung

bislang im Fadenkreuz der Automatisierung standen. Wie von Florida ausgeführt, bringen die Kreativen Innovationen im Allgemeinen sehr wirksam voran. Während Arbeit in Produktion und Sachbearbeitung anhand einer Lasterfüllung bemessen wird, schafft kreative Arbeit Neuheit, die günstig für Innovationen ist. In Bezug auf Technik sind Kreative häufig nicht allein frühe Nutzer, vielmehr sind sie auch Mit-Entwickler, weil sie aufgrund ihrer Neugier und Technologieaffinität in neue Anwendungsgebiete vorstoßen. Sie sind daran beteiligt zu definieren, was überhaupt als „kreativ" gilt. KK können sie folglich als Werkzeug einsetzen, um schneller und professioneller kreative Ergebnisse zu erzielen, auch ein gesteigertes Spektrum an Ausdrucksformen kann daraus resultieren.

Die Beispiele zeigen, dass KK zu einem weiteren Innovationsfeld für die etablierten Player im KI-Bereich wird. IBM, Google und Co. haben die möglichen Potenziale von KK erkannt und versuchen für ihre entsprechenden Schlüsseltechnologien, wie z. B. „Watson", Anwendungen zu finden. Der Einsatz dieser Technologien ermöglicht zweierlei: Sie hilft dabei, die menschliche Wahrnehmung besser zu verstehen sowie

neue Erkenntnisse durch KI für die Gestaltung von Produkten und neuen Geschäftsmodellen zu verwerten.

Bei der Vielzahl kreativer Tätigkeitsbereiche ist davon auszugehen, dass sich KK
unterschiedlich intensiv auf Arbeitsroutinen auswirken wird. Gemessen am wirtschaftlichen Interesse der großen und entwicklungstreibenden Technologie-Kon-
zerne ist davon auszugehen, dass KK zunächst dort zum Zuge kommt, wo die kommerziellen Verwertungschancen des kreativen Outputs am größten sind.

Es ist daher zu erwarten, dass sich die kreative Arbeit in den skizzierten Spielfeldern
jeweils unterschiedlich verändern wird:

„**Sprache** kann mit KK durchmischt werden, neue Bedeutungen werden jedoch vom
Menschen geschaffen."

Betrachtet man die Beispiele im Spielfeld „Sprache" durch das analytische Raster aus
Abbildung 3.4.1, sind diese vornehmlich in der unteren, linken Ecke zu verorten. Für
„WHIM", „MetaphorIsMyBusiness", „PoeTryMe" oder „Sunspring" muss der
Mensch jeweils einen relativ präzisen Möglichkeitsraum definieren, damit kreative
Ergebnisse produziert werden können. Deutlich wird, dass mittels KI Phrasen, Worte
und Buchstaben nach bestimmten Strukturen und Mustern neu angeordnet werden
können. Dabei können zwar Kombinationen entstehen, die sich in der gleichen Form
noch niemand ausgedacht hat und die originell sind, eine kreative Qualität, die auch
in einem wirtschaftlichen Produktionsprozess relevant ist, entsteht hier jedoch nicht
bzw. erst, wie im Beispiel von „Sunspring", unter gestaltender Leitung des Menschen.

„KK kann neue **Musik** erzeugen, diese sind jedoch gefällig und gehen nicht über
bekannte Formen hinaus."

Musik unterscheidet sich wesentlich von Sprache, weil ihr Sinn nicht über eine
begriffliche Bedeutung vermittelt wird, sondern durch eine ästhetische Erfahrung.
Damit kann Musik neu angeordnet werden, und es entsteht vergleichsweise einfach
ein sinnvoller Zusammenhang, weil etwas gut klingt. Damit hat KK das Potenzial,
Neuerungen zu schaffen, die Menschen als sinnvoll bewerten. Wenn also Menschen
einen Wirkungsraum festlegen, kann die KI eigenständig kreieren und dabei noch
nicht Bekanntes hervorbringen. Die bisher geläufigen Ergebnisse eignen sich z. B. als
Untermalung von Werbung oder für Einkaufserlebnisse in Shopping-Centern. Hier
sind sie vor allem auch dann interessant, wenn entsprechende GEMA-Gebühren vermieden werden können.

„Mit KK können **visuelle Medien** schneller gut aussehen, ein neues ‚Genie' ist die
KK jedoch nicht."

Die Beispiele im Spielfeld „visuelle Medien" zeigen, dass KK kreative Arbeit deutlich verändern kann. Zum Teil verändert sich die Rolle des Menschen dabei: im Produktionsprozess kann der Mensch vom Schaffenden zum Bewerter wie im Beispiel „Next Rembrandt" oder zum Verwerter wie beim Beispiel „AIR" werden. Kurzfristiger und zunächst gravierender ist jedoch die Geschwindigkeit, mit der etwas Neues hervorgebracht werden kann. Dass ein Musikvideo binnen Stunden neu generiert werden und dabei einen Überraschungseffekt beim Betrachter erzeugen kann, ist möglicherweise nicht im künstlerischen Sinne, wohl aber im Hinblick auf die werbende Wirkung von Musikvideos und die wirtschaftliche Struktur ihres Produktionsprozesses von Bedeutung. Ähnliches gilt für die KI-gestützte Anwendung von visuellen Filtern, die Bilder in kürzester Zeit bearbeiten inkl. eines, unter Umständen kurzweiligen, Neuheitseffekts. In diesem Spielfeld steht die Gruppe der Kreativen somit vor einer Aufgabe, die sie gewöhnt ist: sich neue Technologien anzueignen und diese schnell innerhalb eines gegeben Produktionsprozesses anzuwenden.

„Die kreative Verarbeitung von Werkstoffen in der **Produktgestaltung** wird durch KK grundsätzlich erneuert: Algorithmen bewältigen das Spannungsfeld zwischen materiellen Anforderungen und Ästhetik; sie führen den Menschen zu neuen Designprinzipien."

In der Produktgestaltung entfaltet KK die bislang stärkste Wirkung und lässt ihre Potenz aufscheinen, systemische Neuerungen zu schaffen. In den Beispielen liegt der schöpferische Akt des Designs beim Algorithmus, während der Mensch lediglich den Möglichkeitsraum absteckt und Informationen anordnet. Diesen Raum „erkunden" die Algorithmen. Daraus gehen Entwürfe hervor, die sich Menschen allein so nicht hätten ausdenken könnten. Insbesondere das Beispiel des Autochassis zeigt, dass die Güte der Entwürfe mit der Qualität der Daten ansteigt. Wenn ein Computer mehr Input erhält, entstehen für ihn auch mehr Möglichkeiten. Auf Grundlage dieser Bedingungen können Algorithmen Entwürfe entwickeln, deren Neuheit weit über die Gestaltung von Oberflächen hinausgeht. Der Mensch wird hier zum Zuarbeiter und ordnet Informationen an, die dann den Rahmen bilden, in dem die Technik systemische Neuerungen und gänzlich neue Lösungswege sowie ästhetische Prinzipien schafft. Das Spannungsfeld zwischen materiellen Anforderungen und Ästhetik, das in diesem Spielfeld besonders ausgeprägt ist, begünstigt die Eingriffstiefe der KK.

Bedingungen für Künstliche Kreativität

Alle Spielfelder entwickeln sich nicht losgelöst von allgemeinen gesellschaftlichen Trends sowie materiellen und kulturellen Bedingungen. Dabei lassen sich einige Punkte, die die Durchsetzung von KK unterstützen, zusammenfassen:

Die Bedeutung von kreativer Arbeit wächst in allen Feldern mit dem gesellschaftlichen Trend zur Individualisierung, der die Orientierung an neuen, besonderen und exklusiven Produkten nährt.

Die technischen Voraussetzungen zur Implementierung von KI sind bereits dann aussichtsreich, wenn kreative Arbeit stark technisch geprägt ist. Künstliche Kreativität öffnet hier die Möglichkeit, kreative Kompetenzen stärker zugunsten des Computers aufzuteilen.

Über Qualität wird die Kreativbranche intensiver diskutieren: Als Bewertungsraster für die Sinnhaftigkeit des Ergebnisses zieht KK Wahrscheinlichkeiten heran. Offen ist, inwiefern man langfristig einen computerbasierten Output als kreativ bezeichnen kann oder eher ein Massengeschmack angesprochen wird.

Der Konkurrenzdruck unter Kreativdienstleistern ist hoch, sodass Unternehmen nach neuen Wettbewerbsvorteilen suchen. Für die Produktionsprozesse kreativer Arbeit bedeutet dies hohe Anforderungen an Geschwindigkeit, bei gleichzeitig hohen Ansprüchen an Design und technischer Funktionalität.

Die Branchen bestehen aus vielen kleinen und mittleren Unternehmen, deren Arbeitsprozesse flexibel sind und die neue Technologien schnell aufgreifen und implementieren können.

Die Kreativarbeit ist aufgrund ihrer Kultur eine Spielwiese, auf der neue Sachen ausprobiert werden können. So lassen sich neue Konstellationen assistierender und/oder leitender Zusammenarbeit von Menschen und Algorithmen prototypisch erproben und in andere Tätigkeitsbereiche übertragen.

Literatur

Boden, Margaret A. (1992): Die Flügel des Geistes. Kreativität und künstliche Intelligenz. München: Artemis und Winkler.

Boden, Margaret A. (1998): Creativity and artificial intelligence. In: Artificial Intelligence 103 (1-2), S. 347–356. DOI: 10.1016/S0004-3702(98)00055-1.

Florida, Richard L. (2003): The Rise of the Creative Class. And How It's Transforming Work, Leisure, Community, and Everyday Life: Brilliance Corp.

Gervas (2013): Online verfügbar unter http://nil.fdi.ucm.es/sites/default/files/GervasAISB-2013CRC.pdf, zuletzt geprüft am 22.06.2018.

Joas, Hans (1996): Die Kreativität des Handelns. Frankfurt am Main: Suhrkamp.

Lévi-Strauss (1973): Das wilde Denken. Frankfurt am Main: Suhrkamp.

Reckwitz, Andreas (2014): Die Erfindung der Kreativität. Zum Prozess gesellschaftlicher Ästhetisierung. 4. Aufl. Berlin: Suhrkamp (Suhrkamp-Taschenbuch Wissenschaft).

Söndermann, Michael; Backes, Christoph; Arndt, Olaf; Brünink, Daniel (2009): Kultur- und Kreativwirtschaft: Ermittlung der gemeinsamen charakteristischen Definitionselemente der heterogenen Teilbereiche der „Kulturwirtschaft" zur Bestimmung ihrer Perspektiven aus volkswirtschaftlicher Sicht. Hg. v. Bundesministerium für Wirtschaft und Technologie. Köln, Bremen, Berlin.

Stubbe, Julian (2017): Articulating Novelty in Science and Art. The Comparative Technography of a Robotic Hand and a Media Art Installation. Wiesbaden: Springer VS.

Wiggins, Geraint A. (2006): Searching for computational creativity. In: New Gener Comput 24 (3), S. 209–222. DOI: 10.1007/BF03037332.

Ausblick

Volker Wittpahl

Viele KI-Entwicklungen und -Anwendungen sind schon vom Status einer technologisch basierten Idee in alltagstaugliche Anwendungen überführt worden. Dieser Umstand ist ebenso unabänderlich wie die Tatsache, dass die Entwicklung der KI-Technologie rasant weiter voranschreiten wird. Sie lässt sich nicht aufhalten oder wieder zurückdrängen. Treiber hierfür – im positiven wie im negativen Sinne – sind unter anderem globale Wirtschaftsakteure, die getrieben von Profit und Effizienz agieren.

Während der technologische Ausblick sicher ist, gibt es zur Weiterentwicklung der KI-Technologie noch viele Fragen, die offen sind. Im Bereich der Hardware-Entwicklung für KI-Systeme gibt es aktuell verschiedene Ansätze, die parallel verfolgt werden. Ein Ansatz ist, die optischen Computer als Hardware-Basis für KI-Systeme zu entwickeln (Meier 2018). Ein weiterer Ansatz ist die Entwicklung von neuromorpher Hardware (Honey 2018). Noch völlig offen ist die Frage, welches Potenzial sich erschließen lässt, wenn sich in einigen Jahren Quantenrechner für KI-Systeme nutzen lassen.

Europäische Stärken nutzen

Nicht nur die Entwicklungsrichtung der KI-Technologie ist offen, sondern auch die globale Technologieführerschaft. Die bislang gesetzten Favoriten sind China und die USA. Selbst wenn die USA bei gefühlter Technologieführerschaft derzeit die Nase vorne haben sollten, besitzt China einen Vorteil, der mittelfristig die Technologieführerschaft sichern wird: die Trainingsdaten.

Verglichen mit den USA hat China schon dreimal so viele Internet- und Smartphone-Nutzerinnen und Nutzer. Außerdem zahlt in China kaum noch jemand mit Bargeld, sondern fast ausschließlich mittels Smartphone. Hinzu kommen noch weitere sensorbasierte Umwelt- und Verkehrsdaten. So erzeugen Leihräder mit täglich 50 Millionen Fahrten 30 Terabyte an Daten pro Tag, was 300 Mal so viele sind wie in den USA.

Vor diesem Hintergrund stellt sich die Frage: Welche Chancen haben wir als Europäer auf globaler Ebene im KI-Bereich? Statt der Technologieführerschaft kann ein Ansatz die starke Ausrichtung auf Sicherheitsaspekte und hohe Standards sein, die Europa ähnlich wie im Fall des Datenschutzes eine positive Differenzierung im wirtschaftlichen Kontext erlaubt.

Grenzen definieren

Das Thema KI scheint umso mehr Fragen aufzuwerfen, je tiefer man in die Technologie und ihre Potenziale einsteigt. Was wird in Zukunft als wahrhaftig gelten, wenn beispielsweise Stimmen, Bilder und Nachrichten von KI-Systemen nach Belieben verändert werden können?

Zentral für die Nutzung von KI-Systemen in Zukunft wird eine Frage sein, die sich Organisationen, Gesellschaften und Individuen immer wieder stellen müssen: Welche Entscheidungen geben wir an die KI ab und welche Entscheidungen können und wollen wir nie an die KI abgeben?

Offen ist die Frage, wie KI-Systeme von Arbeitgebern eingesetzt werden dürfen. So nutzen große Firmen wie IBM, General Eletric oder Facebook KI für den Auswahlprozess von Mitarbeiterinnen und Mitarbeitern. Dazu erstellt eine KI Persönlichkeitsprofile und bewertet Arbeitsbeispiele. Bei Bewerbungsgesprächen werden mittels Skype oder Kameras vor Ort Gesichtsausdruck, Sprachwahl, Motivation oder Engagement der Bewerberinnen und Bewerber mittels KI beurteilt. Inzwischen arbeiten Firmen auch daran, mittels kontinuierlicher Datenanalyse von internen und öffentlichen Informationen die besten und die schlechtesten Mitarbeiterinnen und Mitarbeiter zu identifizieren (Volland 2018).

Eine weitere Herausforderung ist die Manipulation mittels KI. Liesl Yearsley, die ehemalige Geschäftsführerin der Firma Cognea, die Chat-Bots entwickelt, konnte für ihre Firmenkunden dafür sorgen, dass Chat-Bot-Nutzer ein bestimmtes Produkt kaufen und sich die Verkaufzahlen für die Firmenkunden so verdoppelten (ebd.). Inzwischen können KI-Systeme aus den Daten einer Gesichtserkennung mit Mimik-Analyse sowie mithilfe einer Stimmanalyse nach Höhe und Vibration unseren Gemütszustand erkennen und jede Regung bestimmen (ebd.). Aber dürfen die Gemütszustände von Nutzerinnen und Nutzern, die von KI-Systemen anhand von Sprachdaten erfasst werden, in emotionale Nutzerprofile münden? Falls ja, wie dürfen diese Profile eingesetzt und verwendet werden? Falls nein, wie wird die Erstellung derartiger emotionaler Nutzerprofile verhindert?

Internationale Leitlinien voranbringen

Im Jahr 2017 brachte ein offener Brief an die UN vom „Future of Life Institute" die Furcht vor den Risiken von künftigen autonomen Waffensystemen zum Ausdruck. Dieser Brief wurde unterschrieben vom Chef der Firma DeepMind, Elon Musk, dem deutschen KI-Experten Jürgen Schmidhuber und vielen weiteren (ebd.). In diesem Sinne wäre ein Lösungsansatz für viele Fragen im Kontext der KI eine Magna Carta für das digitale Zeitalter. Sie könnte beispielsweise die Konstitutionalisierung einer globalen Multi-Stakeholder-Institution zu KI-Governance als Ziel haben (KAS 2018).

KI ist dabei nie losgelöst zu betrachten, sondern muss immer in Kombination mit einem Anwendungssystem gedacht werden. Schaut man sich die Kombination KI und Robotik an, zeigen Videos von Boston Dynamics, wie schnell Maschinen auch komplexe Bewegung mithilfe von KI-Systemen gelernt haben. Beim Betrachten der Videos mag der ein oder andere „Oh mein Gott!"-Ausruf mit einem leichten Schauder verbunden sein, wenn man weiß, dass ein Großteil der Entwicklungsgelder vom Militär stammt.

Da man nicht davon ausgehen kann, dass der gesellschaftliche Diskurs schneller abgeschlossen werden kann als die KI-Technologie sich weiterentwickelt, ist die Einführung eines Ethik-Kodex für KI-Entwicklerinnen und -Entwickler eine mögliche (auf jeden Fall aber notwendige) Zwischenlösung, um die Übergangszeit der KI-Entwicklungen unbeschadet zu überleben.

Den eigenen Ansatz finden

Ignoranz ist keine Lösung für die Zukunft, daher sollte jeder Mensch KI-Entwicklungen aufmerksam verfolgen und beobachten. Wer für sich die nächste „Oh mein Gott"-Entwicklung von KI-Systemen entdeckt, sollte diese in die Zukunft weiterdenken, sei es in die Breite der Anwendungen oder in die Masse der Anwenderinnen und Anwender, und sich die möglichen Auswirkungen bewusst machen. In diesem Gedankenexperiment ist kein „Das kann ich mir nicht vorstellen" und kein „Das wird nie passieren" zugelassen. Abhängig vom persönlichen Fazit ist Stellung zu beziehen und ggf. aktives oder gestalterisches Handeln geboten.

Wichtig für die Diskussion ist: Erlauben wir uns, weiße und schwarze KI-Anwendungen für die zukünftige Welt zu denken – und zu hoffen, dass die Entwicklung der Zukunft sich irgendwo in der Mitte zwischen den Extremen wiederfindet.

Literatur

Konrad-Adenauer-Stiftung [KAS] (2018): Auslandsinformationen 1/2018. „Die digitale Zukunft". Konrad Adenauer Stiftung: Bonn. S. 18–31.

Honey, Christian (2018): Von Hardware zu Hirnware. In: Technology Review 4/2018. Heise Verlag: Hannover. S. 30–36.

Meier, Christian J. (2018): Laserschwert für Big Data. In: Technology Review 4/2018. Heise Verlag: Hannover. S. 10–11.

Volland, Holger (2018): „Die kreative Macht der Maschinen". Warum Künstliche Intelligenzen bestimmen, was wir morgen fühlen und denken. BELTZ: Weinheim.

Anhang

Autorinnen und Autoren

Dr. Wenke Apt

Dr. Wenke Apt studierte Internationale Betriebswirtschaftslehre, Public Policy und Demografie. Ihre Dissertation verfasste sie am Max-Planck-Institut für demografische Forschung. Sie ist seit 2011 Beraterin im Bereich Demografie, Cluster und Zukunftsforschung der VDI/VDE Innovation + Technik GmbH (VDI/VDE-IT). Derzeit beschäftigt sie sich vorrangig mit der Internationalisierung von Bildung, Forschung und Innovation wie auch dem Arbeiten in einer digitalisierten Welt.

Alfons Botthof

Alfons Botthof ist Physiker, Leiter des Bereichs Gesellschaft und Innovation in der VDI/VDE-IT und gehört der Leitung des Instituts für Innovation und Technik (iit) an. Seine Arbeitsschwerpunkte umfassen angewandte Innovationsforschung und Innovations- respektive Politikberatung zu Hochtechnologiethemen (u. a. digitale Technologien, autonome Systeme, Internet der Dinge und Dienste), die wissenschaftliche Begleitung von Innovationsprozessen sowie die Evaluation staatlicher Förderungsmaßnahmen. Alfons Botthof leitete die Begleitforschungen zu Autonomik für das Bundesministerium für Wirtschaft und Energie (BMWi) und ist eingebunden in Prozesse und Netzwerke zur Implementierung und Durchführung des Zukunftsprojekts Industrie 4.0 der Bundesregierung. Des Weiteren unterstützt er das Bundesministerium für Bildung und Forschung (BMBF) bei der Bearbeitung strategischer Themen.

Dr. Marc Bovenschulte

Marc Bovenschulte ist seit dem Jahr 2000 Mitarbeiter der VDI/VDE-IT, in der er seit dem Jahr 2011 den Bereich Demografie, Cluster und Zukunftsforschung leitet. Seit dem Jahr 2013 gehört er der Leitung des iit an. Als Biologe hat er eine besondere Nähe zu Begriffen wie „Firmen-DNA" oder „Innovationsökosystem" und begreift die technologische Entwicklung daher stets auch als evolutionäres „survival of the fittest": Die im Nutzungskontext am besten passende (und nicht zwangsläufig die technologisch am höchsten entwickelte) Lösung setzt sich durch.

Corinne Büching

Corinne Büching ist fachliche Beraterin der VDI/VDE-IT im Bereich Bildung und Wissenschaft. Als wissenschaftliche Mitarbeiterin beschäftigte sie sich in der Arbeitsgruppe Digitale Medien in der Bildung (Universität Bremen) und am Zentrum für Technik und Gesellschaft (Technische Universität Berlin) mit Forschungstätigkeiten im Bereich Lernen mit digitalen Medien, Maker-Bewegung und Cyberangriffe. Derzeit fokussiert sie sich thematisch auf die Digitalisierung der Hochschulen.

Dr. Anne Dwertmann

Anne Dwertmann studierte Humanbiologie und promovierte in der molekularen Krebsforschung. Seit 2013 arbeitet sie bei der VDI/VDE-IT als wissenschaftliche Mitarbeiterin für den Bereich Wirkstoffforschung und personalisierte Medizin. Sie ist Projektleiterin in der Projektträgerschaft zur Pharmaforschung und -entwicklung für das Referat „Forschung für globale Gesundheit" im BMBF und berät das Bundesgesundheitsministerium (BMG) in Fragen zur personalisierten Medizin.

Dr. Jan-Peter Ferdinand

Jan-Peter Ferdinand studierte Technik- und Organisationssoziologie an der Technischen Universität Berlin. In seiner Promotion untersuchte er Hardware-Start-ups, die sich aus Open Source Communities ausgründen. Analysen und Beratungen zu offenen und verteilten Innovationsprozessen sowie den dafür notwendigen Strukturen und Rahmenbedingungen bilden die Schwerpunkte seiner Praxiserfahrungen in Wissenschaft und Wirtschaft. Im Rahmen seiner Tätigkeit bei der VDI/VDE-IT arbeitet er in verschiedenen Projektzusammenhängen an Themen wie der digitalen Wertschöpfung, der Analyse regionaler Innovationssysteme und der Pfadentwicklung zukunftsrelevanter Technologien.

Peter Gabriel

Peter Gabriel hat Informatik an der TU Berlin studiert. Nach Tätigkeiten als wissenschaftlicher Mitarbeiter, Projektleiter und stellvertretender Abteilungsleiter an der Universität Dortmund, der TU Berlin und dem Fraunhofer-Institut für Software- und Systemtechnik ISST, Berlin, ist er seit 2001 Seniorberater bei der VDI/VDE-IT. Er ist Autor mehrerer Studien zur Technologiefolgenabschätzung der Informations- und Kommunikationstechnik (BSI), u. a. für das Bundesamt für Sicherheit in der Informationstechnik, das BMWi und den VDE. Peter Gabriel leitet die Begleitforschung zum Technologieprogramm PAiCE des BMWi.

Dr. Katrin Gaßner

Katrin Gaßner studierte Informatik und promovierte zum Wissensmanagement auf Basis verteilter Systeme. Nach einer wissenschaftlichen Mitarbeit am Fraunhofer-Institut für Software- und Systemtechnik ISST arbeitet sie seit 2006 bei der VDI/VDE-IT mit fachlichen Schwerpunkten wie Ambient Assisted Living, Logistik und Internet der Dinge, zu denen sie auch Studien mit veröffentlicht hat. Seit 2012 leitet sie die Projektträgerschaft „Kommunikationssysteme; IT-Sicherheit" im Auftrag des BMBF mit umfangreichen Bezügen u. a. zur Automobilbranche, Industrie 4.0 und zu gesellschaftlichen Fragestellungen der Digitalisierung.

Dr. Ernst Andreas Hartmann

Ernst Hartmann habilitierte sich 2002 für das Fach Arbeits- und Organisationspsychologie. In den 1990er-Jahren war er an der RWTH Aachen und bei den John-Deere-Werken Mannheim tätig, von 2001 bis 2004 bei der Arbeitsgemeinschaft Betriebliche Weiterbildungsforschung (ABWF). Seit 2004 ist er Bereichsleiter bei der VDI/VDE-IT; seit 2007 gehört er der Leitung des iit an. Seine Schwerpunkte liegen in den Themenfeldern Durchlässigkeit im Bildungssystem, wissenschaftliche Weiterbildung und digitale Hochschule.

Dr. Marcel Kappel

Marcel Kappel ist seit 2015 als wissenschaftlicher Berater bei der VDI/VDE-IT im Bereich „Kommunikationssysteme, Mensch-Technik-Interaktion, Gesundheit" für das BMBF und für den Modernitätsfonds des Bundesministeriums für Verkehr und digitale Infrastruktur (BMVI) tätig. Zuvor war er drei Jahre als Entwicklungsingenieur für Fahrzeugakustik und physikalische Komfortbewertung beschäftigt. An der Universität Potsdam promovierte er im Bereich der angewandten Physik kondensierter Materie mit Arbeiten auf den Gebieten Akustik, Sensorik und Physik der Musikinstrumente.

Dr. Moritz Kirste

Moritz Kirste ist promovierter Physiker und ist in der VDI/VDE-IT als Berater im Bereich Kommunikationssysteme, Mensch-Technik-Interaktion, Gesundheit tätig. Er befasst sich mit den Themen KI, Robotik, Data Science und innovativen, digitalen Technologien. Vor seiner Tätigkeit in der VDI/VDE-IT erforschte er in der Grundlagenforschung am Fritz-Haber-Institut der Max-Planck-Gesellschaft und der Academia Sinica in Taiwan physikalische und chemische Prozesse in der Gasphase. Moritz Kirste ist Gastdozent an der Beuth Hochschule für Technik Berlin und Rezensent für Fachzeitschriften.

Stephan Krumm

Stephan Krumm studierte Wirtschaftsingenieurwesen in den Fachrichtungen Elektrotechnik und Gesundheitstechnik in Ilmenau, Berlin und Barcelona. Seit 2017 arbeitet er bei der VDI/VDE-IT als wissenschaftlicher Mitarbeiter und berät das BMG in Fragen rund um die Themen e-Health und digitale Technologien. Vor dieser Tätigkeit war er als Berater im Bereich Krankenversicherung tätig und arbeitete u. a. an der Entwicklung von Benchmarkingansätzen zum Vergleich des Leistungsmanagements innerhalb der GKV.

Dr. Edgar Krune

Edgar Krune studierte Elektrotechnik an der TU Berlin. Dort forschte er anschließend am Institut für Hochfrequenz- und Halbleiter-Systemtechnologien und promovierte 2017 im Bereich Silizium-Photonik. In seiner Dissertation analysierte er die Performance von photonischen, jitterarmen und ultra-schnellen Analog-Digital-Umwandlern. Seit 2017 arbeitet er als wissenschaftlicher Mitarbeiter bei der VDI/VDE-IT im Bereich Mobilität der Zukunft und Europa. Derzeit beschäftigt er sich vor allem mit der Künstlichen Intelligenz im Rahmen des autonomen Fahrens und berät das Referat „Elektronik; Autonomes elektrisches Fahren" des BMBF.

Maxie Lutze

Maxie Lutze ist Informatikerin und Human-Factors-Expertin. Sie berät und forscht seit 2011 im Bereich „Demografischer Wandel, Cluster und Zukunftsforschung". Ihre Aufgabenschwerpunkte liegen in der fachlichen Begutachtung und Betreuung nationaler und europäischer Projekte sowie der Entwicklung innovations- und technologiepolitischer Maßnahmen. Sie verantwortet für das BMBF die Ausgestaltung der Initiative „Pflegeinnovationen 2020" und begleitet das Cluster „Zukunft der Pflege".

Dr. Dana-Kristin Mah

Dana-Kristin Mah ist fachliche Beraterin in der VDI/ VDE-IT im Bereich Bildung und Wissenschaft. Aktuell fokussiert sie sich auf die Digitalisierung von (Hochschul-)Bildung. Zuvor hat sie als wissenschaftliche Mitarbeiterin an der Universität Potsdam und der Technischen Universität Berlin zu Themen wie Studieneingangsphase, Hochschuldidaktik und Kompetenzentwicklung geforscht und gelehrt. In ihrer Promotion untersuchte sie akademische Kompetenzen von Studienanfängern und das Potenzial von Bildungstechnologien (Learning Analytics und Digital Badges) für einen erhöhten Studienverbleib.

Dr. Axel Mangelsdorf

Axel Mangelsdorf ist promovierter Innovationsökonom und seit 2017 als Berater für die VDI/VDE-IT tätig. Er arbeitet schwerpunktmäßig in normungs- und standardisierungsbezogenen Projekten. Vor seiner Zeit bei der VDI/VDE-IT arbeitete Axel Mangelsdorf als wissenschaftlicher Mitarbeiter und Berater für die Welthandelsorganisation und die Weltbank.

Dr. Stephan Otto

Stephan Otto studierte Lehramt für Gymnasium und Gesamtschulen für die Fächer Deutsch, Geschichte und Erziehungswissenschaften. Er wurde über eine Arbeit zu Schulpraktika in der Lehrendenbildung promoviert. Seit 2017 ist er bei der VDI/VDE-IT als wissenschaftlicher Mitarbeiter beschäftigt und in den Projektträgerschaften Digitale Hochschulbildung und Digitaler Wandel tätig. Zuvor war er wissenschaftlicher Mitarbeiter an der Universität Duisburg-Essen und dort u. a. in die Konzeption und Durchführung von innovativen Lehrveranstaltungen für angehende Lehrkräfte involviert.

Prisca Paulicke

Prisca Paulicke ist fachliche Beraterin für die Digitalisierung der Bildung. Seit mehreren Jahren beschäftigt sie sich mit komplexen digitalen Lern- und Trainingsinfrastrukturen in Wirtschaft und Wissenschaft. Ihr Fachgebiet ist die Identifikation von Bedarfen, Entwicklung von neuen Trainingskonzepten sowie die systemische Prozess- und Produktentwicklung. Das von ihr entwickelte mehrperspektivische Videosetting „Multiview" wird heute vielfach in der Lehrerbildung eingesetzt. Aktuell wurde sie gemeinsam mit dem Institut für Informatik der Universität Potsdam im Wettbewerb „Gelungene VR/AR-Lernszenarien 2018" ausgezeichnet.

Kai Priesack

Kai Priesack ist Wirtschaftsingenieur und arbeitet schwerpunktmäßig zu arbeits-, innovations- und technologiepolitischen Fragestellungen. Seit 2017 ist er Berater im Bereich Demografie, Cluster und Zukunftsforschung, wo er unter anderem im Auftrag des Bundesministeriums für Arbeit und Soziales (BMAS), des Sächsischen Staatsministeriums für Wirtschaft, Arbeit und Verkehr (SMWA) und des Büros für Technikfolgen-Abschätzung beim Deutschen Bundestag forscht und berät. Davor war Kai Priesack wissenschaftlicher Mitarbeiter am Lehrstuhl für Angewandte Mikroökonomik an der Humboldt-Universität zu Berlin.

Dr. Marieke Rohde

Marieke Rohde arbeitet seit 2018 bei der VDI/VDE-IT (Bereich Gesellschaft und Innovation) als Datenwissenschaftlerin und als Beraterin für KI, Robotik und Machine Learning in der Begleitforschung zu Technologieförderprogrammen des BMWi. Von 2016 bis 2017 war sie Teil des Gründerteams des KI-Start-ups Affective Signals GmbH, in dem sie ein Online-Verhandlungstraining aufgrund intelligenter Analyse nichtverbaler Sprachsignale aus Ton- und Bilddaten entwickelte. Davor arbeitete sie vierzehn Jahre in der akademischen Forschung (Robotik, KI, Kognitive Neurowissenschaft) im In- und Ausland. Sie hat mehr als 20 internationale Fachpublikationen veröffentlicht.

Dr. Antonia Schmalz

Antonia Schmalz studierte Physik und promovierte 2012 am Max-Planck-Institut für Quantenoptik. In der Münchner Geschäftsstelle der VDI/VDE-IT arbeitet sie als wissenschaftliche Mitarbeiterin in verschiedenen Projektträgerschaften rund um das Thema „Elektronische Systeme", unter anderem mit dem Schwerpunkt „Electronic Design Automation".

Dr. Markus Schürholz

Markus Schürholz studierte Physik und promovierte im Bereich Neurowissenschaft zur automatisierten Analyse von Hirnsignalen in Brain-Computer-Interfaces. Seit 2014 ist er als Berater bei der VDI/VDE-IT tätig, begutachtet Innovationsvorhaben und begleitet staatlich geförderte Forschungs- und Entwicklungsprojekte in den Bereichen Interaktions- und Gesundheitstechnologien. Er berät das Bundesministerium für Bildung und Forschung zum Themenkomplex Mensch-Technik-Interaktion.

Dr. Eike-Christian Spitzner

Eike-Christian Spitzner wurde 2012 an der Technischen Universität Chemnitz im Fach Experimentalphysik promoviert. Seine Forschungsschwerpunkte lagen in der chemischen Physik und der Entwicklung neuer Methoden zur Oberflächenanalyse auf der Nanometerskala. Seit 2014 ist er wissenschaftlicher Mitarbeiter bei der VDI/VDE-IT im Bereich Elektronik- und Mikrosysteme und befasst sich dort im Rahmen einer Projektträgerschaft für das BMBF unter anderem mit dem Themengebiet der Leistungselektronik.

Dr. Julian Stubbe

Julian Stubbe ist seit 2017 als Berater in der VDI/VDE-IT im Bereich Demografischer Wandel, Cluster und Zukunftsforschung tätig. Zuvor promovierte er an der Technischen Universität Berlin im Graduiertenkolleg „Innovationsgesellschaft heute", wo er sich mit Fragen gesellschaftlicher, wissenschaftlicher und künstlerischer Innovationen auseinandersetzte. Er veröffentlichte Aufsätze und eine Monographie zu Themen wie der gesellschaftlichen Bedeutung von Technologie und Kreativität sowie zu methodischen Fragen der Innovationsforschung.

Robert Thielicke

Robert Thielicke ist Diplom-Biologe, Ethnologe und seit 15 Jahren Wissenschaftsjournalist. Er arbeitete zehn Jahre lang für das Nachrichtenmagazin Focus, zuletzt als Redakteur für besondere Aufgaben. Seit Herbst 2012 ist er Chefredakteur von Technology Review, der deutschen Ausgabe der MIT Technology Review des US-amerikanischen Massachusetts Institute of Technology. Das Magazin ist führend in der deutschsprachigen Innovations-Berichterstattung und veranstaltet mit den „Innovatoren unter 35" sowie den „Innovators Summits" wichtige branchenübergreifende Events.

Dr. Martin Waldburger

Martin Waldburger verfügt über einen Abschluss als Diplom-Informatiker (Richtung Wirtschaftsinformatik) der Universität Zürich, wo er 2011 zu internationalen Verträgen im Internet promovierte und bis 2013 als Oberassistent (Postdoc) arbeitete, bevor er nach Deutschland zog und bei WIK-Consult als Senior Consultant tätig war. Seit 2016 arbeitet er bei der VDI/VDE-IT als wissenschaftlicher Mitarbeiter und Berater. Er leitet die Projektträgerschaft „Modernitätsfonds" (mFUND) zu datengetriebenen Innovationen in der Mobilität und betreut FuE-Projekte zu Datenschutz und Privatheit in der digitalen Welt.

Dr. Leo Wangler

Leo Wangler ist iit-Experte im Schwerpunkt Klima und Energie im Bereich Systeminnovation. Als Innovationsökonom befasst er sich mit strukturellen Veränderungen im Rahmen der zunehmenden Digitalisierung. Neben Unternehmensgründung und -finanzierung liegt sein Interessensschwerpunkt auf den wirtschaftlichen Effekten der Digitalisierung der industriellen Produktion (Industrie 4.0) und den damit einhergehenden Auswirkungen, insbesondere auf den Mittelstand.

Dr. Jan Wessels

Jan Wessels ist Politologe und arbeitet seit 2000 bei der VDI/VDE-IT. Seine Schwerpunkte liegen in der Evaluation von Forschungs-, Technologie- und Innovationspolitik sowie in der strategischen Politikberatung zu Themen der Innovationspolitik, insbesondere für das BMBF und das BMWi. Jan Wessels ist Sprecher des Arbeitskreises Forschungs-, Technologie- und Innovationspolitik der DeGEval – Gesellschaft für Evaluation.

Dr. Benjamin Wilsch

Benjamin Wilsch studierte Physik mit dem Schwerpunkt Festkörper-/Halbleiterphysik an der Humboldt-Universität zu Berlin sowie an der Freien Universität Berlin. Anschließend promovierte er 2016 an der Universität Grenoble Alpes zum Thema Magnetfeldsensorik für intelligente Stromnetze. Seit 2017 ist er wissenschaftlicher Mitarbeiter der VDI/VDE-IT im Bereich Mobilität der Zukunft und Europa. Der Schwerpunkt seiner Tätigkeiten liegt beim automatisierten Fahren, mit dem er sich unter anderem im Rahmen der Projektträgerschaft „Automatisiertes und vernetztes Fahren" (BMVI) sowie des EU-Projekts CARTRE befasst.

Dr. Steffen Wischmann

Steffen Wischmann ist seit 2013 bei der VDI/VDE-IT im Bereich „Gesellschaft und Innovation" tätig. Dort leitet er derzeit die Gruppe „Datenökonomie und Geschäftsmodelle" und analysiert aktuelle wirtschaftliche, wissenschaftliche und politische Entwicklungen in den Bereichen Industrie 4.0, Arbeitssystemgestaltung, Robotik- und Automatisierungstechnologien. Er leitet die Begleitforschung zu Technologieprogrammen des Bundesministeriums für Wirtschaft und Energie und vertritt das iit im VDI/VDE-GMA Fachausschuss 7.22 „Arbeitswelt Industrie 4.0".

Prof. Dr. Volker Wittpahl

Volker Wittpahl leitet seit 2016 das iit. Nach dem Studium der Mikroelektronik in Deutschland und Singapur sammelte er Industrieerfahrungen in den Bereichen Technologie-Marketing sowie Innovationsmanagement von Leistungselektronik für die Automobilbranche im Philips-Konzern. Mit seinem Wechsel zu Philips Design nach Eindhoven in den Niederlanden wurde er einer der Entwicklungsverantwortlichen im konzerneigenen interdisziplinären Think Tank. Dort entwickelte er aus den beobachteten Technologie-, Markt- und sozio-kulturellen Trends neue Produkte, Dienste und Geschäftsfelder für interne und externe Industriekunden. Seit 2014 ist Volker Wittpahl Professor an der Universität Klaipeda in Litauen und initiiert deutsch-baltische Projekte im Wissenstransfer.

Guido Zinke

Guido Zinke ist Volkswirt und berät, evaluiert und forscht im Auftrag der EU-Kommission sowie des BMBF und des BMWi zu digital-, innovations- und technologiepolitischen Fragestellungen. Seit 2017 ist er als Seniorberater und Projektleiter in der VDI/VDE-IT im Bereich Foresight, Gründungsforschung und digitale Transformation tätig. Zuvor arbeitete er als Politikberater für Kienbaum und Rambøll sowie für die Landesbank Baden-Württemberg.

Abkürzungsverzeichnis

ASIC   Application-specific Integrated Circuit (anwendungsspezifische
            Schaltungen)

CAD   Computer Aided Diagnosis

CMS   Content-Management-System

CNN   Convolutional Neural Networks

CPU   Central Processing Unit (Universal- oder Hauptprozessoren)

DL   Deep Learning (tiefes Lernen)

FTF   Fahrerlose Transportfahrzeuge

GAN   Generative Adversarial Networks

GPU   Grafikprozessoren

IOT   Internet of Things

KI   Künstliche Intelligenz

KNN   Künstliche neuronale Netze

LMS   Learning-Management-System

MOOC   Massive Open Online Course

ML   Machine Learning (maschinelles Lernen)

NLP   Natural Language Processing (Sprachverarbeitung)